高等职业教育"十三五"规划教材

安装工程计量与计价

主　编　何天刚　彭子茂　刘汉章

副主编　叶　姝　冯　燕　龚蔚兰

U0342646

北京理工大学出版社
BEIJING INSTITUTE OF TECHNOLOGY PRESS

内 容 提 要

本书按照高职高专院校人才培养目标以及专业教学改革成果，依据最新标准规范进行编写。本书共分为5个项目，主要内容包括工程计量与计价基础，安装工程工程量清单计价，通风空调工程计量与计价，电气设备安装工程计量与计价，给水排水、采暖、燃气工程计量与计价。

本书可作为高职高专院校工程造价管理等相关专业的教材，也可作为土建工程技术人员的继续教育教材及相关工程技术人员的参考用书。

图书在版编目(CIP)数据

安装工程计量与计价／何天刚，彭子茂，刘汉章主编．—北京：北京理工大学出版社，2017.3 (2017.4重印)

ISBN 978-7-5682-3736-9

Ⅰ.①安…　Ⅱ.①何…　②彭…　③刘…　Ⅲ.①建筑安装工程－工程造价　Ⅳ.①TU723.3

中国版本图书馆CIP数据核字(2017)第037013号

出版发行 /	北京理工大学出版社有限责任公司	
社　　址 /	北京市海淀区中关村南大街5号	
邮　　编 /	100081	
电　　话 /	(010)68914775(总编室)	
	(010)82562903(教材售后服务热线)	
	(010)68948351(其他图书服务热线)	
网　　址 /	http://www.bitpress.com.cn	
经　　销 /	全国各地新华书店	
印　　刷 /	北京紫瑞利印刷有限公司	
开　　本 /	787毫米×1092毫米　1/16	
印　　张 /	16	责任编辑 / 钟　博
字　　数 /	388千字	文案编辑 / 钟　博
版　　次 /	2017年3月第1版　2017年4月第2次印刷	责任校对 / 周瑞红
定　　价 /	42.00元	责任印制 / 边心超

图书出现印装质量问题，请拨打售后服务热线，本社负责调换

前　言

　　"安装工程计量与计价"是工程造价专业必修的主要专业课程之一。该课程的主要教学目的是：使学生了解工程建设的各阶段及对应的造价构成方面的基础知识；熟练掌握安装工程造价中人工、材料、机械费用的计算；掌握安装工程量清单的编制和工程量的计算规则；根据工程量清单进行投标报价；能够熟练地进行工程成本测算；能够对安装工程比较准确地进行估价。

　　为积极推进课程改革和教材建设，满足高职高专院校人才培养目标以及专业教材改革的需要，结合新标准、新规范，组织编写了本教材。本教材的编写力求突出以下特色：

　　（1）依据现行的《全国统一安装工程预算定额》《建设工程工程量清单计价规范》（GB 50500—2013）、《通用安装工程工程量计算规范》（GB 50856—2013）等相关规范，结合高等教育的要求，以社会需求为基本依据，以就业为导向，以学生为主体，在内容上注重与岗位实际要求紧密结合，符合国家对技能型人才培养的要求，体现教学组织的科学性和灵活性；在编写过程中，注重理论性、基础性、现代性，强化学习概念和综合思维，有助于学生知识与能力的协调发展。

　　（2）本书编写时倡导先进性、注重可行性，注意淡化细节，强调对学生思维能力的培养，编写时既考虑内容的相互关联性和体系的完整性，又不拘泥于此，对部分在理论研究上有较大意义，但在实践中实施尚有困难的内容就没有进行深入的讨论。

（3）以"知识目标—能力目标—项目小结—思考与练习"的形式，构建了一个"引导—学习—总结—练习"的教学全过程，给学生的学习和老师的教学作出了引导，并帮助学生从更深的层次思考、复习和巩固所学的知识。

（4）为提高学生对安装工程计量与计价的掌握能力，本书编写时强化实际操作训练，内容实用性和技巧性强的章节设计了相关的具备真实性的实践操作案例，习题设计多样化，题型不仅丰富，还具备启发性、趣味性，以实际操作训练加深对理论知识的理解，全方位强化学生对知识的掌握程度。

本书由贵州工商职业学院何天刚、湖南交通职业技术学院彭子茂、湖南电子科技职业学院刘汉章担任主编，湖南电子科技职业学院叶姝、冯燕、龚蔚兰担任副主编。具体编写分工为：何天刚编写项目四，彭子茂编写项目五，刘汉章编写项目二，冯燕、龚蔚兰编写项目三。

本书在编写过程中参阅了大量的文献，在此向这些文献的作者致以诚挚的谢意！由于编写时间仓促，编者的经验和水平有限，书中难免有不妥和错误之处，恳请读者和专家批评指正。

编　者

目录

项目一　工程计量与计价基础

知识目标

通过本项目的学习，了解工程计量与计价的含义、基本建设的概念与程序、工程建设定额及其体系、《全统定额》的组成与分册定额的特点及安装工程预算定额基价的确定，我国现行工程费用的构成；掌握基本建设的分类方法，预备费、建设期贷款利息的计算方法，建筑安装工程费用的组成及计算方法；理解工程造价的特点及重要性。

能力目标

对工程计量与计价有初步的认识，会计算预备费、建设期贷款利息、利润、税金等主要费用项目。

任务 1.1　认知工程计量与计价

工程计量与计价活动是一个动态的过程，从两个方面计算拟建工程的工程经济效果。

(1)工程计量。工程计量是指专业工程及其项目在具体实施过程中，作业组织品质、效率的标识性度量与审计，具体来说，就是计算消耗在工程中的人工、材料、机械台班数量。工程造价的确定，应该以该工程所要完成的工程实体数量为依据，对工程实体的数量作出正确的计算，并以一定的计量单位表述，这就需要进行工程计量，即工程量的计算，以此作为确定工程造价的基础。

(2)工程计价。工程计价是指从项目立项、评估决策起，直到竣工验收、交付使用为止，对建设项目的造价进行多次的估计、预测和确定，即以货币的形式反映工程成本。目前，我国现行的计价模式有定额计价模式和清单计价模式。

计量与计价的关系如图 1-1-1 所示。

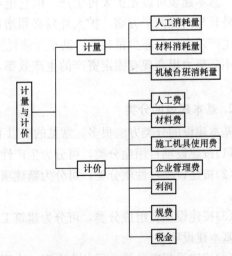

图 1-1-1　计量与计价的关系

任务 1.2　基本建设与工程造价

1.2.1　基本建设

1. 基本建设的概念

基本建设是指固定资产的扩大再生产，具体地讲，就是建造、购置和安装固定资产的活动以及与之相联系的工作。基本建设是一种综合性的经济活动，国民经济各部门，都有基本建设的经济活动，包括建设项目的投资决策、技术决策，建设布局、环保、工艺流程的确定，设备选型、生产准备和试生产，以及对工程项目的规划、勘察、设计和施工的监督活动。

基本建设主要由以下几个方面组成：

(1)建筑工程，是指永久性和临时性的建筑物、构筑物的土建工程，采暖、通风、给水排水、照明工程，动力、电信管线的敷设工程，道路、桥涵的建设工程，农田水利工程，以及基础的建造、场地平整、清理和绿化工程等。

(2)安装工程，是指生产、动力、电信、起重、运输、医疗、试验等设备的装配工程和安装工程，以及附属于被安装设备的管线敷设、保温、防腐、调试、运转试车等工作。

(3)设备、工器具及生产用具的购置，是指车间、实验室、医院、学校、宾馆、车站等生产、工作、学习场所应配备的各种设备、工具、器具、家具及实验设备的购置。

(4)勘察设计和其他基本建设工作，包括上述内容以外的工作，如土地征用、建设用场地原有建构筑物的拆迁、赔偿，建设单位的设计、施工、投资管理工作，生产职工培训、生产准备等工作。

基本建设是扩大再生产以提高人民物质、文化生活水平和加强经济和国防实力的重要手段。基本建设可以是扩大再生产，但它绝不是扩大再生产的唯一源泉。因为扩大再生产分为外延与内涵两个方面，扩大外延必须增加设备、扩大厂房，耗资较大。而扩大内涵即提高生产效率，只需少量耗资，甚至无须耗资。所以，提高企业的经济效益与社会总效益，必须不断努力提高现有固定资产的生产效率，而不应当单纯追求扩大外延，增加基本建设投资。

2. 基本建设的分类

基本建设的分类方法很多，常见的有以下几种分类方式：

(1)按建设项目用途分类，可分为生产性建设项目和非生产性建设项目。

(2)按建设项目性质分类，可分为新建项目、扩建项目、改建项目、迁建项目、恢复项目等。

(3)按建设项目组成分类，可分为建筑工程、设备安装工程、设备和工具及器具购置及其他基本建设项目。

(4)按建设规模分类，可分为大型、中型和小型项目。这种分类方法主要依据投资额度的大小。

3. 基本建设的程序

由于基本建设的工程整体性强，构造复杂，形体庞大，建设周期长，人力、物力、财力投入大，因此整个建设过程必须有计划，"按步骤"有序进行，亦即按基本建设程序运行，任何形式的中断、跨越、违序都意味着浪费和损失。

基本建设的程序是指建设项目在整个建设过程中各项建设活动必须遵守的先后次序，其是一项复杂的系统工程，涉及面广、内外协作配合环节多、影响因素复杂。我国的基本建设程序主要划分为决策阶段、设计阶段、施工阶段、竣工验收阶段，如图1-2-1所示。

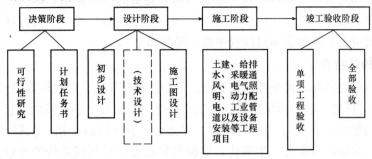

图1-2-1　基本建设程序

（1）决策阶段。决策阶段主要由工程可行性研究和计划任务书两个步骤组成。可行性研究是依据国民经济的发展计划，对建设项目的投资建设，从多方面对建设项目投资决策进行技术经济论证，得出是否可行的初步结论。计划任务是呈报主管机关审批（立项）的文件，是确定建设项目规模、编制设计文件的依据。计划任务书一般包括规划依据、建设缘由、条件分析工程规模、地址选择、主要项目、屏幕布局、设计要求、工期投资、组织管理等内容。

依据批准后的计划任务书及批文，经地方规划部门允许，方可进行勘测设计。

（2）设计阶段。建设项目一般采用两个阶段设计，即初步设计和施工图设计。重大工程项目进行三个阶段设计，即初步设计、技术设计和施工图设计。

1）初步设计。初步设计是一项带有规划性质的轮廓设计。其具体内容包括：设计说明书、设计图纸、工程概算书。

2）技术设计。技术设计是初步设计的深化。其内容包括：进一步确定初步设计所采用的产品方案和工艺流程，校正初步设计中设备的选择和建筑物的设计方案以及其他重大技术问题。同时，在技术设计阶段，还应编制修正的总概算。

3）施工图设计。施工图设计是初步设计和技术设计的具体化。其内容包括：具体确定各种型号、规格、设备及各种非标准设备的施工图；完整表现建筑物外形、内部空间分割、结构体系及建筑群组成和周围环境配合的施工图；各种运输、通信、管道系统和建筑设备的施工图等。

（3）施工阶段。施工阶段也称项目实施阶段，其内容包括：土建、给水排水、采暖通风、电气照明、动力配电、工业管道以及设备安装等工程项目。

（4）竣工验收阶段。竣工验收阶段是建设程序的最后阶段，是鉴定工程质量、办理工程转移手续的阶段，竣工验收的程序一般可按以下两个步骤进行：

1）单项工程验收。一个单项工程已按设计施工完毕，并能满足生产要求或具备使用条件，即可由建设单位组织验收。

2）全部验收。在整个项目全部工程建成后，必须根据国家有关规定，按工程的不同情况，由负责验收的单位组织建设、施工、设计单位以及建设银行，环境保护和其他有关部门共同组成验收委员会（或小组）进行验收。

1.2.2 工程造价

工程造价是指进行一个工程项目的建造所需要花费的全部费用，即从工程项目确定建设意向直至建成、竣工验收为止的整个建设期间所支出的总费用。这是保证工程项目建造正常进行的必要资金，是建设项目投资中最主要的部分。

1. 工程造价的特点

工程造价具有动态性、大额性、兼容性、个别性和差异性、层次性等特点。

（1）动态性。任何一项工程从决策到竣工交付使用，都有一个较长的建设时期，而且由于不可控因素的影响，在预计工期内，如工程变更、设备材料价格、工资标准以及费率、利率、汇率之类的动态因素会发生变化，这种变化必然会影响到造价的变动。所以，工程造价在整个建设期处于不确定状态，直至竣工决算后才能最终确定工程的实际造价。

（2）大额性。能够发挥投资效用的任何一项工程，不仅实物形体庞大，而且造价高昂。动辄数百万，甚至上百亿、上千亿元人民币。工程造价的大额性使其关系到有关各方面的重大经济利益，同时，也会对宏观经济产生重大影响。这就决定了工程造价的特殊地位，也说明了造价管理的重要意义。

（3）兼容性。工程造价的兼容性首先表现在其具有两种含义，工程造价既是建设一项工程预期开支或实际开支的全部固定资产投资价格，也是为建成一项工程，在土地市场、设备市场、技术劳务市场，以及承包市场等交易活动中预计或实际形成的建筑安装工程的价格和建设工程总价格。其次表现在工程造价构成因素的广泛性和复杂性。在工程造价中，成本因素非常复杂。其中，为获得建设工程用地支出的费用、项目可行性研究和规划设计费用、与政府一定时期政策（特别是产业政策和税收政策）相关的费用占有相当大的份额。再次，盈利的构成也较为复杂，资金成本较大。

（4）个别性和差异性。任何一项工程都有特定的用途、功能、规模。因此，对每一项工程的结构、造型、空间分割、设备配置和内外装饰都有具体的要求，因而工程内容和实物形态都具有个别性、差异性。产品的个别性和差异性决定了工程造价的个别性和差异性。同时，每项工程所处的地区、地段都不相同，这使这一特点得到了强化。

（5）层次性。造价的层次性取决于工程的层次性。一个建设项目往往含有多个能够独立发挥设计效能的单项工程（车间、写字楼、住宅楼等），一个单项工程又是由能够各自发挥专业效能的多个单位工程（土建工程、电气安装工程等）组成的，单位工程（如土建工程）又可划分为大型土方工程、基础工程、装饰工程等分部分项工程。与此相适应，工程造价有5个层次：建设项目总造价、单项工程造价、单位工程造价、分部工程造价和分项工程造价。即使只从造价的计算和工程管理的角度看，工程造价的层次性也是非常突出的。

2. 工程造价、建设项目投资费用和建筑产品价格之间的关系

一般可以理解为：投资费用包含工程造价，工程造价包含建筑产品价格。

由于建设项目投资费用的主要部分是由建筑安装工程费用、设备工器具购置费用以及工程建设其他费用所构成的，因此通常仅就工程项目的建设及建设期而言，从狭义的角度来看，人们习惯上将投资费用与工程造价等同，将投资控制与工程造价控制等同。

建筑产品价格构成是建筑产品价格各组成要素的有机组合形式。在通常情况下，建筑产品价格构成与建设项目总投资中的建筑安装工程费用构成相同，后者是从投资耗费角度进行的表述，前者反映商品价值的内涵，是对后者从价格学角度的归纳。

3. 工程造价的作用

(1)工程造价是项目决策的依据。建设工程投资大、生产和使用周期长等特点决定了项目决策的重要性。工程造价决定着项目的一次投资费用。投资者是否有足够的财务能力支付这笔费用，是否值得支付这项费用，是项目决策中要考虑的主要问题。财务能力是一个独立的投资主体必须首先解决的问题。如果建设工程的价格超过投资者的支付能力，就会迫使其放弃拟建的项目；如果项目投资的效果达不到预期目标，其也会自动放弃拟建的工程。因此，在项目决策阶段，建设工程造价就成为项目财务分析和经济评价的重要依据。

(2)工程造价是筹集建设资金的依据。投资体制的改革和市场经济的建立，要求项目的投资者必须有很强的筹资能力，以保证工程建设有充足的资金供应。工程造价基本上决定了建设资金的需要量，从而为筹集资金提供了比较准确的依据。当建设资金来源于金融机构的贷款时，金融机构在对项目的偿贷能力进行评估的基础上，也需要依据工程造价来确定给予投资者的贷款数额。

(3)工程造价是制订投资计划和控制投资的依据。工程造价在控制投资方面的作用非常明显。工程造价是通过多次性预估，最终通过竣工决算确定下来的。每一次预估的过程就是对造价的控制过程；而每一次估算对下一次估算又是对造价严格的控制。具体来说，每一次估算都不能超过前一次估算的一定幅度。这种控制是在投资者财务能力的限度内为取得既定的投资效益所必需的。建设工程造价对投资的控制也表现在利用制定各类定额、标准和参数，对建设工程造价的计算依据进行控制。在市场经济利益风险机制的作用下，造价对投资的控制作用成为投资的内部约束机制。

(4)工程造价是评价投资效果的重要指标。工程造价是一个包含着多层次工程造价的体系，就一个工程项目来说，它既是建设项目的总造价，又包含单项工程的造价和单位工程的造价，同时也包含单位生产能力的造价，或一平方米建筑面积的造价等。所有这些，使工程造价自身形成了一个指标体系。它能够为评价投资效果提供多种评价指标，并能够形成新的价格信息，为今后类似项目的投资提供参照系。

(5)工程造价是合理地进行利益分配和调节产业结构的手段。在市场经济中，工程造价受供求状况的影响，并在围绕价值的波动中实现对建设规模、产业结构和利益分配的调节。加上政府正确的宏观调控和价格政策导向后，工程造价在这方面的作用将会充分发挥出来。

1.2.3 基本建设的程序与工程造价的关系

工程项目从确定建设意向到建成、竣工验收的整个过程，不是固定不变的，而是一个随着工程不断进展而逐步深化、细化，逐渐接近工程实际造价的动态过程。造价管理人员在工程建设的各个阶段，不但要合理确定工程造价，更要有效控制工程造价，也要采取一定的措施，把工程造价控制在计划的造价限额内，及时纠正发生的偏差，以保证工程取得较好的投资效益。

任务 1.3　工程建设定额

1.3.1　工程定额

1. 定额的概念

定额是进行生产经营活动时，在人力、物力和财力消耗方面所应遵守或达到的数量标准。在建筑生产中，为了完成建筑产品，必须消耗一定数量的人工、材料和机械台班以及相应的资金。在一定的生产条件下，用科学方法制定出的生产质量合格的单位建筑产品所需要的人工、材料和机械台班等的数量标准，称为建筑工程定额。

2. 定额的分类

工程建设定额反映了工程建设产品和各种资源消耗之间的客观规律。工程建设定额是一个综合概念，它是多种类、多层次单位产品生产消耗数量标准的总和。为了对工程建设定额有一个全面的了解，可以按照不同的原则和方法对其进行科学的分类。

(1)按专业性质分类。工程建设定额按专业性质，可分为建筑工程定额、安装工程定额、仿古建筑及园林工程定额、装饰工程定额、公路工程定额、铁路工程定额、井巷工程定额、水利工程定额等。

(2)按生产要素分类。生产要素包括劳动者、劳动手段和劳动对象，反映其消耗的定额可分为人工消耗定额、材料消耗定额和机械台班消耗定额三种，如图 1-3-1 所示。

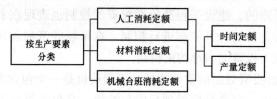

图 1-3-1　定额按生产要素分类

(3)按编制单位和执行范围的不同分类。工程建设定额按编制单位和执行范围的不同，可分为全国统一定额、行业统一定额、地区统一定额、企业定额和补充定额五种，如图 1-3-2 所示。

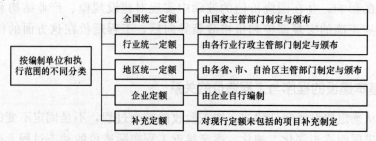

图 1-3-2　定额按编制单位和执行范围的不同分类

(4)按编制程序和用途分类。工程建设定额按编制程序和用途不同，可分为施工定额、预算定额、概算定额、概算指标和投资估算指标，如图 1-3-3 所示。

(5)按投资费用分类。按投资费用分类，工程建设定额可分为直接工程费定额、措施费定额、间接费定额、利润和税金定额、设备及工器具定额、工程建设其他费用定额，如图1-3-4 所示。

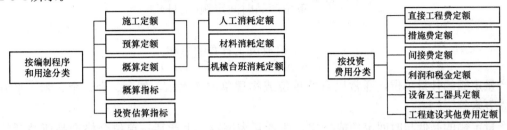

图 1-3-3　定额按编制程序和用途分类　　　图 1-3-4　定额按投资费用分类

在工程定额的分类中，可以看出各种定额之间的有机联系。它们相互区别、相互交叉、相互补充、相互联系，从而形成了一个与建设程序分阶段工作深度相适应、层次分明、分工有序的庞大的工程定额体系，如图 1-3-5 所示。

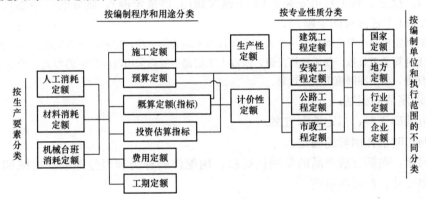

图 1-3-5　工程定额体系示意图

3. 劳动定额

劳动定额又称为人工定额，是建筑安装工人在正常的施工(生产)条件下、在一定的生产技术和生产组织条件下、在平均先进水平的基础上制定的。劳动定额表明每个建筑安装工人生产单位合格产品所必须消耗的劳动时间，或在单位时间所生产的合格产品的数量。

(1)劳动定额的表现形式。劳动定额的表现形式可分为时间定额和产量定额两种。

1)时间定额就是某种专业(工种)、某种技术等级的工人小组或个人，在合理的劳动组合、合理的使用材料、合理的施工机械配合条件下，生产某一单位合格产品所必需的工作时间，包括准备与结束时间、基本生产时间、辅助生产时间、不可避免的中断时间以及工人必要的休息时间。时间定额以工日为单位，每一工日按 8 h 计算。其计算公式如下：

$$单位产品时间定额(工日)=\frac{1}{每工产量}$$

或

$$单位产品时间定额(工日)=\frac{小组成员工日数总和}{台班产量}$$

2)产量定额就是在合理的劳动组合、合理的使用材料、合理的机械配合条件下，某种专业(工种)、某种技术等级的工人小组或个人，在单位工日中所完成的合格产品的数量。产量定额根据时间定额计算，其计算公式如下：

$$每工产量=\frac{1}{单位产品时间定额(工日)}$$

或

$$台班产量=\frac{小组成员工日数的总和}{单位产品时间定额(工日)}$$

产量定额的计量单位，通常以自然单位或物理单位来表示，如台、套、个、米、平方米、立方米等。

产量定额的高低与时间定额成反比，两者互为倒数。生产某一单位合格产品所消耗的工时越少，则在单位时间内的产品产量就越高；反之就越低。

$$时间定额×产量定额=1$$

在计算人工定额时，已知其中一种定额，就可算出另一种定额。

例如，安装一个螺纹阀门需要 0.48 工日(时间定额)，则每工产量＝1/0.48＝2.08 个(产量定额)。反之，每工日可安装 2.08 个螺纹阀门(产量定额)，则安装一个螺纹阀门需要1/2.08＝0.48(工日)(时间定额)。

注意：时间定额和产量定额是同一个人工定额量的不同表示方法，但有各自不同的用途。时间定额便于综合，便于计算总工日数，便于核算工资，所以人工定额一般均采用时间定额的形式。产量定额便于施工班组分配任务，便于编制施工作业计划。

(2)劳动定额的编制。

1)分析基础资料，拟定编制方案。

①影响工时消耗因素的确定。

技术因素：包括完成产品的类别；材料、构配件的种类和型号等级；机械和机具的种类、型号和尺寸；产品质量等。

组织因素：包括操作方法和施工的管理与组织；工作地点的组织；人员组成和分工；工资与奖励制度；原材料和构配件的质量及供应的组织；气候条件等。

②计时观察资料的整理。对每次计时观察的资料进行整理之后，要对整个施工过程的观察资料进行系统的分析研究和整理。

③日常积累资料的整理和分析。日常积累的资料主要有四类：第一类是现行定额的执行情况及存在问题的资料；第二类是企业和现场补充定额的资料，如因现行定额漏项而编制的补充定额资料，因解决采用新技术、新结构、新材料和新机械而产生的定额缺项所编制的补充定额资料；第三类是已采用的新工艺和新的操作方法的资料；第四类是现行的施工技术规范、操作规程、安全规程和质量标准等的资料。

④拟定定额的编制方案。编制方案的内容包括：提出对拟编定额的定额水平总的设想；拟定定额分章、分节、分项的目录；选择产品和人工、材料、机械的计量单位；设计定额表格的形式和内容。

2)确定正常的施工条件。

①拟定工作地点的组织。工作地点是工人施工活动的场所。拟定工作地点的组织时，要特别注意使人在操作时不受妨碍，所使用的工具和材料，应按使用顺序放置于工人最便于取用的地方，以减少疲劳和提高工作效率，工作地点应保持清洁和秩序井然。

②拟定工作组成。拟定工作组成就是将工作过程按照劳动分工的可能划分为若干工序，

以合理使用技术工人。可以采用两种基本方法：一种是把工作过程中各简单的工序，划分给技术熟练程度较低的工人去完成；另一种是分出若干个技术程度较低的工人，去帮助技术程度较高的工人工作。采用后一种方法就是把个人完成的工作过程，变成小组完成的工作过程。

③拟定施工人员编制。拟定施工人员编制即确定小组人数、技术工人的配备，以及劳动的分工和协作。其原则是使每个工人都能充分发挥作用，均衡地担负工作。

3）确定劳动定额消耗量的方法。时间定额是在拟定基本工作时间、辅助工作时间、不可避免中断时间、准备与结束的工作时间，以及休息时间的基础上制定的。

①拟定基本工作时间。基本工作时间在必需消耗的工作时间中占的比重最大。在确定基本工作时间时，必须细致、精确。基本工作时间消耗一般应根据计时观察资料来确定。其做法是：首先确定工作过程每一组成部分的工时消耗，然后综合出工作过程的工时消耗。如果组成部分的产品计量单位和工作过程的产品计量单位不符，就需先求出不同计量单位的换算系数，进行产品计量单位的换算，最后相加，求得工作过程的工时消耗。

②拟定辅助工作时间和准备与结束工作时间。辅助工作时间和准备与结束工作时间的确定方法与基本工作时间相同。但是，如果这两项工作时间在整个工作班工作时间消耗中所占比重不超过 5%～6%，则可归纳为一项，以工作过程的计量单位表示，确定出工作过程的工时消耗。

注意：如果在计时观察时不能取得足够的资料，也可采用工时规范或经验数据来确定。如具有现行的工时规范，可以直接利用工时规范中规定的辅助工作时间和准备与结束工作时间的百分比来计算。例如，根据工时规范的规定，各个工程的辅助和准备与结束工作时间、不可避免中断时间、休息时间等项，在工作日或作业时间中各占的百分比。

③拟定不可避免中断时间。在确定不可避免中断时间的定额时，必须注意由工艺特点所引起的不可避免中断时间才可列入工作过程的时间定额。不可避免中断时间需要根据测时资料通过整理分析获得，也可以根据经验数据或工时规范，以占工作日的百分比表示此项工时消耗的时间定额。

④拟定休息时间。休息时间应根据工作班作息制度、经验资料、计时观察资料，以及对工作的疲劳程度作全面的分析来确定。同时，应考虑尽可能利用不可避免中断时间作为休息时间。

从事不同工种、不同工作的工人，疲劳程度有很大差别。为了合理确定休息时间，往往要对从事各种工作的工人进行观察、测定，以及进行生理和心理方面的测试，以便确定其疲劳程度。国内外往往按工作轻重和工作条件的好坏，将各种工作划分为不同的级别。如我国某地区工时规范将体力劳动分为六类：轻便、较轻、中等、较重、沉重、最沉重。划分出疲劳程度的等级，就可以合理规定休息需要的时间。在上述引用的规范中，按 6 个等级划分其休息时间，见表 1-3-1。

表 1-3-1　休息时间占工作日的比重

疲劳程度	轻便	较轻	中等	较重	沉重	最沉重
等级	1	2	3	4	5	6
占工作日的比重/%	4.16	6.25	8.33	11.45	16.7	22.9

⑤拟定定额时间。确定的基本工作时间、辅助工作时间、准备与结束工作时间、不可

避免中断时间和休息时间之和，就是劳动定额的时间定额。根据时间定额可计算出产量定额，时间定额和产量定额互为倒数。利用工时规范，可以计算劳动定额的时间定额。其计算公式如下：

$$作业时间＝基本工作时间＋辅助工作时间$$

$$规范时间＝准备与结束工作时间＋不可避免的中断时间＋休息时间$$

$$工序作业时间＝基本工作时间＋辅助工作时间$$

$$＝基本工作时间/[1－辅助时间（\%）]$$

$$定额时间＝\frac{作业时间}{1－规范时间（\%）}$$

4. 机械台班使用定额

机械台班使用定额又称为机械台班消耗定额，是指在正常施工条件下，合理的劳动组合和使用机械，完成单位合格产品或某项工作所必需的机械工作时间，包括准备与结束工作时间、基本工作时间、辅助工作时间、不可避免中断时间以及使用机械的工人的生理需要与休息时间。

（1）机械台班使用定额的形式。机械台班使用定额的形式按其用途不同，可分为时间定额和产量定额。

1）机械时间定额是指在合理劳动组织与合理使用机械的条件下，完成单位合格产品所必需的工作时间，包括有效工作时间（正常负荷下的工作时间和降低负荷下的工作时间）、不可避免中断时间、不可避免无负荷工作时间。机械时间定额以"台班"表示，即一台机械工作一个作业班时间。一个作业班时间为 8 h。

$$单位产品机械时间定额（台班）＝\frac{1}{台班产量}$$

由于机械必须由工人小组配合，所以完成单位合格产品的时间定额的同时，还要列出人工时间定额，即

$$单位产品人工时间定额（工日）＝\frac{小组成员总人数}{台班产量}$$

2）机械产量定额是指在合理劳动组织与合理使用机械的条件下，机械在每个台班时间内应完成合格产品的数量。机械时间定额与机械产量定额互为倒数关系，即

$$机械产量定额（台班）＝\frac{1}{机械时间定额（台班）}$$

复式表示法有如下形式：

$$\frac{人工时间定额}{机械台班产量}或\frac{人工时间定额}{机械台班产量}\bigg|台班车次$$

（2）机械台班使用定额的编制。

1）确定正常的施工条件。拟定机械工作正常条件，主要是拟定工作地点的合理组织和合理的工人编制。

①工作地点的合理组织，就是对施工地点机械和材料的放置位置、工人从事操作的场所，作出科学合理的平面布置和空间安排。要求施工机械和操纵机械的工人在最小范围内移动，但又不阻碍机械运转和工人操作；应使机械的开关和操纵装置尽可能集中地装置在操纵工人的近旁，以节省工作时间和减轻劳动强度；应最大限度地发挥机械的效能，减少工人的手工操作。

②拟定合理的工人编制，就是根据施工机械的性能和设计能力，工人的专业分工和劳动工效，合理确定操纵机械的工人和直接参加机械化施工过程的工人的编制人数。应按要求保持机械的正常生产率和工人正常的劳动工效。

2)确定机械1h纯工作正常生产率。确定机械正常生产率时，必须先确定出机械纯工作1h的正常生产率。

机械纯工作时间，就是指机械的必需消耗时间。机械1h纯工作正常生产率，就是在正常施工组织条件下，具有必需的知识和技能的技术工人操纵机械1h的生产率。

根据机械工作特点的不同，机械1h纯工作正常生产率的确定方法也有所不同。对于循环动作机械，确定机械纯工作1h正常生产率的计算公式为：

$$\text{机械一次循环的正常延续时间} = \sum\left(\text{循环各组成部分正常延续时间}\right) - \text{交叠时间}$$

$$\text{机械纯工作1h循环次数} = \frac{60 \times 60(\text{s})}{\text{一次循环的正常延续时间}}$$

$$\text{机械纯工作1h正常生产率} = \text{机械纯工作1h正常循环次数} \times \text{一次循环生产的产品数量}$$

从公式中可以看出，计算循环机械纯工作1h正常生产率的步骤是：根据现场观察资料和机械说明书确定各循环组成部分的正常延续时间；将各循环组成部分的延续时间相加，减去各组成部分之间的交叠时间，求出循环过程的正常延续时间；计算机械纯工作1h的正常循环次数；计算机械纯工作1h的正常生产率。

对于连续动作机械，确定机械纯工作1h正常生产率要根据机械的类型和结构特征，以及工作过程的特点来进行。其计算公式为：

$$\text{连续动作机械纯工作1h正常生产率} = \frac{\text{工作时间内生产的产品数量}}{\text{工作时间(h)}}$$

注意：工作时间内的产品数量和工作时间的消耗，需要通过多次现场观察和机械说明书来取得数据。对于同一机械进行作业属于不同的工作过程，如挖掘机所挖土壤的类别不同，碎石机所破碎的石块硬度和粒径不同，均需分别确定其纯工作1h的正常生产率。

3)确定施工机械的正常利用系数。确定施工机械的正常利用系数是指机械在工作班内对工作时间的利用率。机械的利用系数和机械在工作班内的工作状况有着密切的关系。所以，要确定机械的正常利用系数，首先要拟定机械工作班的正常工作状况，保证合理利用工时。

确定机械正常利用系数，需要计算工作班正常状况下准备与结束工作时间，机械启动、机械维护等工作所必需消耗的时间，以及机械有效工作的开始与结束时间，从而进一步计算出机械在工作班内的纯工作时间和机械正常利用系数。机械正常利用系数的计算公式为：

$$\text{机械正常利用系数} = \frac{\text{机械在一个工作班内纯工作时间}}{\text{一个工作班延续时间(8h)}}$$

4)计算施工机械台班产量定额。计算施工机械台班产量定额是编制机械定额工作的最后一步。在确定了机械工作正常条件、机械1h纯工作正常生产率和机械正常利用系数之后，采用下列公式计算施工机械的产量定额：

$$\text{施工机械台班产量定额} = \text{机械1h纯工作正常生产率} \times \text{工作班纯工作时间}$$

5. 材料消耗定额

(1)材料消耗定额的概念。材料消耗定额是指在正常的施工(生产)条件下，在节约和合理使用材料的情况下，生产单位合格产品所必须消耗的一定品种、规格的材料、半成品、构配件等的数量标准。

（2）施工中材料消耗的组成。施工中材料的消耗，可分为必须消耗的材料和损失的材料两类。

必须消耗的材料是指在合理用料的条件下，生产合格产品所必须消耗的材料。它包括直接用于建筑和安装工程的材料、不可避免的施工废料、不可避免的材料损耗。

必须消耗的材料属于施工正常消耗，是确定材料消耗定额的基本数据。其中，对直接用于建筑和安装工程的材料，编制材料净用量定额；对不可避免的施工废料和材料损耗，编制材料损耗定额。

材料各种类型的损耗量之和称为材料损耗量，除去损耗量之后净用于工程实体上的数量称为材料净用量，材料净用量与材料损耗量之和称为材料总消耗量，损耗量与总消耗量之比称为材料损耗率，它们的关系用公式表示为：

$$损耗率 = \frac{损耗量}{总消耗量} \times 100\%$$

$$损耗量 = 总消耗量 - 净用量$$

$$净用量 = 总消耗量 - 损耗量$$

$$总消耗量 = \frac{净用量}{1 - 损耗率}$$

或

$$总消耗量 = 净用量 + 损耗量$$

为了简便，通常将损耗量与净用量之比作为损耗率，即

$$损耗率 = \frac{损耗量}{净用量} \times 100\%$$

$$总消耗量 = 净用量 \times (1 + 损耗率)$$

注意：材料的损耗率可通过观测和统计而确定。

6. 施工定额

（1）施工定额的概念。施工定额是以同一性质的施工过程或工序为测定对象，确定建筑安装工人在正常施工条件下，为完成单位合格产品所需人工、机械、材料消耗的数量标准，建筑安装企业定额一般称为施工定额。施工定额是施工企业直接用于建筑工程施工管理的一种定额。施工定额由劳动定额、材料消耗定额和机械台班定额组成，是最基本的定额。

（2）施工定额的作用。施工定额是施工企业进行科学管理的基础。施工定额的作用体现在以下几个方面：

1）施工定额是施工企业编制施工预算，进行工料分析和"两算对比"的基础；

2）施工定额是编制施工组织设计，施工作业设计和确定人工、材料及机械台班需要量计划的基础；

3）施工定额是施工企业向工作班（组）签发任务单、限额领料的依据；

4）施工定额是组织工人班（组）开展劳动竞赛、实行内部经济核算、承发包计取劳动报酬和奖励工作的依据；

5）施工定额是编制预算定额和企业补充定额的基础。

（3）施工定额的编制水平。定额水平是指规定消耗在单位产品上的劳动、机械和材料数量的多少。施工定额的水平应直接反映劳动生产率水平，同时，也反映劳动和物质消耗水平。

平均先进水平，是指在正常条件下，多数施工班组或生产者经过努力可以达到，少数班组或生产者可以接近，个别班组或生产者可以超过的水平。通常，它低于先进水平，略高于平均水平。这种水平使先进的班组和工人感到有一定压力，大多数处于中间水平的班组或工人感到定额水平可望也可及。平均先进水平不迁就少数落后者，而是使他们产生努力工作的责任感，尽快达到定额水平。所以，平均先进水平是一种鼓励先进、勉励中间、鞭策后进的定额水平。贯彻"平均先进"的原则，才能促进企业科学管理和不断提高劳动生产率，进而达到提高企业经济效益的目的。

1.3.2 全国统一安装工程预算定额

预算定额是规定消耗在合格质量的单位工程基本构造要素上的人工、材料和机械台班的数量标准，是计算建筑安装产品价格的基础。

预算定额是由国家主管部门或其授权机关组织编制、审批并颁发执行的。在现阶段，预算定额是一种法令性指标，是对基本建设实行宏观调控和有效监督的重要工具。各地区、各基本建设部门都必须严格执行，只有这样，才能保证全国的工程有一个统一的核算尺度，使国家对各地区、各部门工程设计、经济效果与施工管理水平可以进行统一的比较与核算。

1. 全国统一安装工程预算定额分册

《全国统一安装工程预算定额》（以下简称《全统定额》）是由原建设部组织修订和批准执行的。《全统定额》共分为十三册，包括：

(1)第一册　机械设备安装工程　GYD—201—2000；

(2)第二册　电气设备安装工程　GYD—202—2000；

(3)第三册　热力设备安装工程　GYD—203—2000；

(4)第四册　炉窑砌筑工程　GYD—204—2000；

(5)第五册　静置设备与工艺金属结构制作安装工程　GYD—205—2000；

(6)第六册　工业管道工程　GYD—206—2000；

(7)第七册　消防及安全防范设备安装工程　GYD—207—2000；

(8)第八册　给水排水、采暖、燃气工程　GYD—208—2000；

(9)第九册　通风空调工程　GYD—209—2000；

(10)第十册　自动化控制仪表安装工程　GYD—210—2000；

(11)第十一册　刷油、防腐蚀、绝热工程　GYD—211—2000；

(12)第十二册　通信设备及线路工程　GYD—212—2000；

(13)第十三册　建筑智能化系统设备安装工程　GYD—213—2003。

2.《全统定额》的组成

《全统定额》共分为十三册，每册均包括总说明、册说明、目录、章说明、定额项目表、附录。

(1)总说明主要说明定额的内容、适用范围、编制依据、作用，定额中人工、材料、机械台班消耗量的确定及其有关规定。

(2)册说明主要介绍该册定额的适用范围、编制依据、定额包括的工作内容和不包括的工作内容、有关费用（如脚手架搭拆费、高层建筑增加费）的规定以及定额的使用方法和使用中应注意的事项及有关问题。

（3）目录开列定额组成项目名称和页次，以方便查找相关内容。

（4）章说明主要说明定额章中以下几个方面的问题：①定额适用的范围；②界线的划分；③定额包括的内容和不包括的内容；④工程量计算规则和规定。

（5）定额项目表是预算定额的主要内容，包括：①分项工程的工作内容（一般列入项目表的表头）；②一个计量单位的分项工程人工、材料、机械台班消耗量；③一个计量单位的分项工程人工、材料、机械台班单价；④分项工程人工、材料、机械台班基价。

例如，表1-3-2所示是《全统定额》第八册《给水排水、采暖、燃气工程》第六章"小型容器制作安装"中大、小便槽冲洗水箱制作的定额项目表的内容。

表 1-3-2　大、小便槽冲洗水箱制作

工作内容：下料、坡口、平直、开孔、接板组对、装配零件、焊接、注水试验。　　　计量单位：100 kg

定额编号			8－549	5－550
项目			小便槽	大便槽
			1#～5#	1#～7#
名称		单位	单价/元	数	量
人工	综合工日	工日	23.22	2.990	2.990
材料	普通钢板(0#～3# δ3.5～δ4.0)	kg	3.580	105.000	104.420
	角钢∟60	kg	3.150	—	0.580
	碳钢气焊条＜φ2	kg	5.200	0.240	—
	电焊条　结422φ3.2	kg	5.410	—	3.220
	氧气	m³	2.060	4.420	5.450
	乙炔气	kg	13.330	1.510	1.830
	尼龙砂轮片 φ400	片	11.800	—	0.170
	尼龙砂轮片 φ100×16×3	片	3.170	—	2.130
	电	kW·h	0.360	—	1.100
	水	t	1.650	0.160	0.280
	木材(一级红松)	m³	2 281.000	0.200	0.120
机械	直流电焊机 20 kW	台班	47.700	—	0.660
	电焊条烘干箱 600×500×750	台班	25.880	—	0.070
	电动双梁起重机 5 t	台班	145.410	0.360	0.300
	管子切断机 φ150	台班	42.480	—	0.090
基价/元				984.63	862.20
其中	人工费/元			69.43	69.43
	材料费/元			862.85	712.03
	机械费/元			52.35	80.74

(6)附录放在每册定额表之后，为使用定额提供参考数据。其主要内容包括：①工程量计算方法及有关规定；②材料、构件、元件等重量表，配合比表，损耗率；③选用的材料价格表；④施工机械台班单价表；⑤仪器仪表台班单价表等。

3.《全统定额》相关系数的取定

为了减少活口，便于操作，所有定额均规定了一些系数，如高层建筑增加费系数、超高系数、脚手架搭拆系数、安装与生产同时进行增加费系数、在有害身体健康的环境中施工降效增加费系数、系统调试费系数等。

(1)脚手架搭拆费。安装工程脚手架搭拆及摊销费，在《全统定额》中采取两种取定方法：①把脚手架搭拆人工及材料摊销量编入定额各子目中；②绝大部分的脚手架则是采用系数的方法计算其脚手架搭拆费的。

(2)高层建筑增加费。

1)《全统定额》所指的高层建筑，是指 6 层以上(不含 6 层)的多层建筑，单层建筑物自室外设计标高±0.000 至檐口(或最高层地面)高度在 20 m 以上(不含 20 m)，不包括屋顶水箱、电梯间、屋顶平台出入口等高度的建筑物。

2)计算高层建筑增加费的范围包括暖气、给水排水、生活用燃气、通风空调、电气照明工程及其保温、刷油等。费用内容包括人工降效、材料、工具垂直运输增加的机械台班费用，施工用水加压泵的台班费用及工人上下班所乘坐的升降设备台班费等。

3)高层建筑增加费的计算方法。以高层建筑安装全部人工费(包括 6 层或 20 m 以下部分的安装人工费)为基数乘以高层建筑增加费率。同一建筑物有部分高度不同时，可按不同高度分别计算。单层建筑物在 20 m 以上的高层建筑计算高层建筑增加费时，先将高层建筑物的高度除以(每层高度)3 m，计算出相当于多层建筑物的层数，再按"高层建筑增加费用系数表"所列的相应层数的增加费率计算。

(3)场内运输费用。场内水平和垂直搬运是指施工现场设备、材料的运输。《全统定额》对运输距离作了如下规定：

1)材料和机具运输距离以工地仓库至安装地点 300 m 计算，管道或金属结构预制件的运距以现场预制厂至安装地点计算。上述运距已在定额内作了综合考虑，不得由于实际运距与定额不一致而调整。

2)设备运距按安装现场指定堆放地点至安装地点 70 m 以内计算。设备出库搬运不包括在定额内，应另行计算。

3)垂直运输的基准面，在室内为室内地平面，在室外为安装现场地平面。设备或操作物高度离楼地面超过定额规定高度时，应按规定系数计算超高费。设备的高度以设备基础为基准面，其他操作物以工程量的最高安装高度计算。

(4)安装与生产同时进行增加费。它是指扩建工程在生产车间或装置内施工，因生产操作或生产条件限制(如不准动火)干扰了安装正常进行，致使降低工效所增加的费用，不包括为了保证安全生产和施工所采取的措施费用。安装工作不受干扰则不应计此费用。

(5)在有害身体健康的环境中施工降效增加费。它是指在《民法通则》有关规定允许的前提下，在改建、扩建工程中由于车间装置范围内有害气体或高分贝噪声超过国家标准以致影响身体健康而降低效率所增加的费用。其不包括劳保条例规定应享受的工种保健费。

(6)定额调整系数的分类与计算办法。《全统定额》中规定的调整系数或费用系数分为两类：一类是子目系数，是在定额各章、节规定的各种调整系数，如超高系数、高层建筑增加费系数等，均属于子目系数；另一类是综合系数，是在定额总说明或册说明中规定的一些系数，如脚手架搭拆系数、安装与生产同时进行增加费系数、在有害身体健康的环境中施工降效增加费系数等。子目系数是综合系数的计算基础。

4. 安装工程预算定额基价的确定

(1)人工工日消耗量的确定。《全统定额》的人工工日不分列工种和技术等级，一律以综合工日表示，内容包括基本用工和人工幅度差。

(2)材料消耗量的确定。

1)《全统定额》中的材料消耗量包括直接消耗在安装工作内容中的主要材料、辅助材料和零星材料等，并计入了相应损耗。其内容和范围包括从工地仓库、现场集中堆放地点或现场加工地点到操作或安装地点的运输损耗、施工操作损耗、施工现场堆放损耗。

2)凡定额中材料数量内带有括号的材料均为主材。

(3)施工机械台班消耗量的确定。

1)《全统定额》中的施工机械台班消耗量是按正常合理的机械配备、机械施工工效测算确定的。

2)凡单位价值在 2 000 元以内、使用年限在两年以内、不构成固定资产的低值易耗的小型机械未列入定额，应在建筑安装工程费用定额中考虑。

(4)施工仪器仪表台班消耗量的确定。

1)《全统定额》的施工仪器仪表台班消耗量是按正常合理的仪器仪表配备、仪器仪表施工工效测算综合取定的。

2)凡单位价值在 2 000 元以内、使用年限在两年以内、不构成固定资产的低值易耗的小型仪器仪表未列入定额，应在建筑安装工程费用定额中考虑。

(5)关于水平和垂直运输。

1)设备：包括自安装现场指定堆放地点运至安装地点的水平和垂直运输。

2)材料、成品、半成品：包括自施工单位现场仓库或现场指定堆放地点运至安装地点的水平和垂直运输。

3)垂直运输基准面：室内是以室内地平面为基准面，室外是以安装现场地平面为基准面。

任务 1.4　建筑安装工程费用构成与计价程序

1.4.1　我国现行工程费用的构成

我国现行工程费用的构成主要划分为建筑安装工程费用、设备及工器具购置费用、工程建设其他费用、预备费、建设期贷款利息、固定资产投资方向调节税等几项。具体费用构成内容如图 1-4-1 所示。

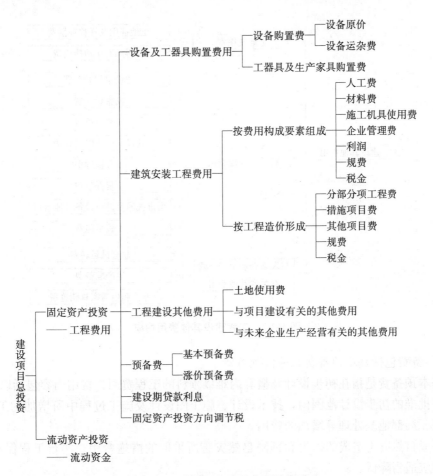

图 1-4-1 我国现行工程费用的构成

(1)设备及工器具购置费用是由设备购置费和工器具及生产家具购置费组成的，它是固定资产投资中的积极部分。在生产性工程建设中，设备及工器具购置费用占工程费用比重的增大，意味着生产技术的进步和资本有机构成的提高。

设备购置费是指达到固定资产标准，为建设工程项目购置或自制的各种国产或进口设备的费用。它由设备原价和设备运杂费构成。

工器具及生产家具购置费，是指新建或扩建项目初步设计规定的，保证初期正常生产必须购置的没有达到固定资产标准的设备、仪器、工卡模具、器具、生产家具和备品备件等的购置费用。一般以设备购置费为计算基数，按照部门或行业规定的工器具及生产家具费率计算。

(2)建筑安装工程费用。本部分内容将在 1.4.2 节具体介绍。

(3)工程建设其他费用是指从工程筹建到工程竣工验收交付使用的整个建设期间，除建筑安装工程费用和设备、工器具购置费外，为保证工程建设顺利完成和交付使用后能够正常发挥效用而发生的各项费用开支。长期以来，其他费用一直采用定性与定量相结合的方式，由主管部门制定费用标准，为合理确定工程造价提供依据。工程建设其他费用定额经批准后对建设项目实施全过程费用控制。工程建设其他费用定额包括土地使用费、与项目建设有关的其他费用和与未来生产经营有关的其他费用，如图 1-4-2 所示。

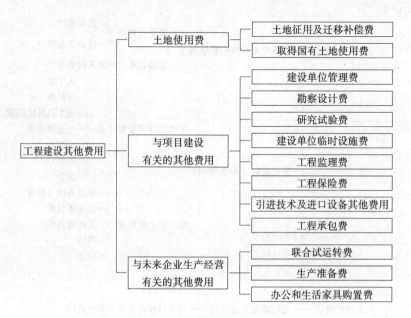

图 1-4-2　工程建设其他费用构成

(4)预备费包括基本预备费和涨价预备费。

1)基本预备费是指在初步设计及概算内难以预料的工程费用，费用内容包括以下几项：

①在批准的初步设计范围内，技术设计、施工图设计及施工过程中所增加的工程费用；设计变更、局部地基处理等增加的费用。

②一般自然灾害造成的损失和预防自然灾害所采取的措施费用。实行工程保险的工程项目费用应适当降低。

③竣工验收时为鉴定工程质量对隐蔽工程进行必要的挖掘和修复的费用。

基本预备费是以设备及工器具购置费用、建筑安装工程费用和工程建设其他费用三者之和为取费基础，乘以基本预备费费率进行计算。

2)涨价预备费是指建设项目在建设期间由于价格等变化引起工程造价变化的预测预留费用。费用内容包括人工、设备、材料、施工机械的价差费，建筑安装工程费及工程建设其他费用调整，利率、汇率调整等增加的费用。涨价预备费的测算方法，一般根据国家规定的投资综合价格指数，以估算年份价格水平的投资额为基数，采用复利方法计算。其计算公式为

$$PF = \sum_{t=1}^{n} I_t \left[(1+f)^t - 1 \right]$$

式中　PF——涨价预备费；

　　　n——建设期年份数；

　　　I_t——建设期中第 t 年的投资计划额，包括设备及工器具购置费用、建筑安装工程费用、工程建设其他费用及基本预备费；

　　　f——年均投资价格上涨率。

【例 1-4-1】　某建设项目，建设期为 3 年，各年投资计划额如下：第 1 年贷款 7 200 万元，第 2 年 10 800 万元，第 3 年 3 600 万元，年均投资价格上涨率为 6%。计算建设项目建设期间的涨价预备费。

【解】　第 1 年涨价预备费为：

$$PF_1 = I_1[(1+f)-1] = 7\ 200 \times 0.06 = 432(万元)$$

第 2 年涨价预备费为：

$$PF_2 = I_2[(1+f)^2-1] = 10\ 800 \times (1.06^2-1) = 1\ 334.88(万元)$$

第 3 年涨价预备费为：

$$PF_3 = I_2[(1+f)^3-1] = 3\ 600 \times (1.06^3-1) = 687.66(万元)$$

所以，建设期间的涨价预备费为：

$$PF = 432 + 1\ 334.88 + 687.66 = 2\ 454.54(万元)$$

(5)固定资产投资方向调节税。为了贯彻国家产业政策，控制投资规模，引导投资方向，调整投资结构，加强重点建设，促进国民经济持续稳定协调发展，国家将根据国民经济的运行趋势和全社会固定资产投资的状况，对进行固定资产投资的单位和个人开征或暂缓征收固定资产投资方向的调节税(该税征收对象不含中外合资经营企业、中外合作经营企业和外资企业)。

投资方向调节税根据国家产业政策和项目经济规模实行差别税率，税率分为 0%、5%、10%、15%、30%共 5 个档次，各固定资产投资项目按其单位工程分别确定适用的税率。

(6)建设期投资贷款利息是指建设项目使用银行或其他金融机构的贷款，在建设期应归还的借款的利息。建设项目筹建期间借款的利息，按规定可以计入购建资产的价值或开办费。当项目建设期超过一年时，为简化计算，可假定借款发生当年均在年中支用，按半年计息，年初欠款按全年计息，这样，建设期投资贷款的利息可按下式计算：

$$q_j = \left(P_{j-1} + \frac{1}{2}A_j\right) \cdot i$$

式中　q_j——建设期第 j 年应计利息；

　　　P_{j-1}——建设期第 $(j-1)$ 年年末贷款累计金额与利息累计金额之和；

　　　A_j——建设期第 j 年贷款金额；

　　　i——年利率。

【例 1-4-2】　某新建项目，建设期为 3 年，共向银行贷款 1 300 万元，贷款时间为：第 1 年 300 万元，第 2 年 600 万元，第 3 年 400 万元。年利率为 6%，计算建设期利息。

【解】　在建设期，各年利息计算如下：

第 1 年应计利息 $= \frac{1}{2} \times 300 \times 6\% = 9(万元)$

第 2 年应计利息 $= (300+9+\frac{1}{2} \times 600) \times 6\% = 36.54(万元)$

第 3 年应计利息 $= (300+9+600+36.54+\frac{1}{2} \times 400) \times 6\%$

　　　　　　　　$= 68.73(万元)$

建设期利息总和 $= 9+36.54+68.73 = 114.27(万元)$

(7)铺底流动资金是指生产经营性项目投产后，为进行正常生产运营，用于购买原材料、燃料，支付工资及其他经营费用等所需的周转资金。

1.4.2　建筑安装工程费用的组成

1. 按费用构成要素划分

建筑安装工程费用按费用构成要素划分，可分为人工费、材料(包含工程设备，下同)费、施工机具使用费、企业管理费、利润、规费和税金。其中，人工费、材料费、施工机具使用费、企业管理费和利润包含在分部分项工程费、措施项目费、其他项目费中，如图1-4-3所示。

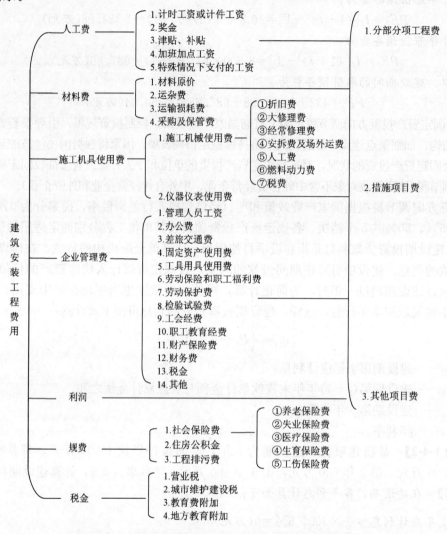

图 1-4-3　建筑安装工程费用的组成（按费用构成要素划分）

（1）人工费。人工费是指按工资总额构成规定，支付给从事建筑安装工程施工的生产工人和附属生产单位工人的各项费用。其内容包括：

1）计时工资或计件工资：是指按计时工资标准和工作时间或对已做工作按计件单价支付给个人的劳动报酬。

2）奖金：是指对超额劳动和增收节支的个人支付的劳动报酬，如节约奖、劳动竞赛奖等。

3）津贴、补贴：是指为了补偿职工特殊或额外的劳动消耗和因其他特殊原因支付给个人的津贴，以及为了保证职工工资水平不受物价影响支付给个人的物价补贴，如流动施工津贴、特殊地区施工津贴、高温(寒)作业临时津贴、高空津贴等。

4）加班加点工资：是指按规定支付的在法定节假日工作的加班工资和在法定日工作时间外延时工作的加点工资。

5)特殊情况下支付的工资：是指根据国家法律、法规和政策规定，因病、工伤、产假、计划生育假、婚丧假、事假、探亲假、定期休假、停工学习、执行国家或社会义务等原因按计时工资标准或计时工资标准的一定比例支付的工资。

（2）材料费。材料费是指施工过程中耗费的原材料、辅助材料、构配件、零件、半成品或成品、工程设备的费用。其内容包括：

1）材料原价：是指材料、工程设备的出厂价格或商家供应价格。

2）运杂费：是指材料、工程设备自来源地运至工地仓库或指定堆放地点所发生的全部费用。

3）运输损耗费：是指材料在运输装卸过程中不可避免的损耗费。

4）采购及保管费：是指为组织采购、供应和保管材料、工程设备的过程中所需要的各项费用。其中，包括采购费、仓储费、工地保管费、仓储损耗费。

工程设备是指构成或计划构成永久工程一部分的机电设备、金属结构设备、仪器装置及其他类似的设备和装置。

（3）施工机具使用费。施工机具使用费是指施工作业所发生的施工机械、仪器仪表使用费或其租赁费。

1）施工机械使用费。施工机械使用费以施工机械台班耗用量乘以施工机械台班单价表示，施工机械台班单价应由下列7项费用组成：

①折旧费：是指施工机械在规定的使用年限内，陆续收回其原值的费用。

②大修理费：是指施工机械按规定的大修理间隔台班进行必要的大修理，以恢复其正常功能所需的费用。

③经常修理费：是指施工机械除大修理以外的各级保养和临时故障排除所需的费用，包括为保障机械正常运转所需替换设备与随机配备工具附具的摊销和维护费用，以及机械运转中日常保养所需润滑与擦拭的材料费用及机械停滞期间的维护和保养费用等。

④安拆费及场外运费：安拆费是指施工机械（大型机械除外）在现场进行安装与拆卸所需的人工、材料、机械和试运转费用以及机械辅助设施的折旧、搭设、拆除等费用；场外运费是指施工机械整体或分体自停放地点运至施工现场或由一施工地点运至另一施工地点的运输、装卸、辅助材料及架线等费用。

⑤人工费：是指机上司机（司炉）和其他操作人员的人工费。

⑥燃料动力费：是指施工机械在运转作业中所消耗的各种燃料及水、电费等。

⑦税费：是指施工机械按照国家规定应缴纳的车船使用税、保险费及年检费等。

2）仪器仪表使用费。仪器仪表使用费是指工程施工所需使用的仪器仪表的摊销及维修费用。

（4）企业管理费。企业管理费是指建筑安装企业组织施工生产和经营管理所需的费用。其内容包括：

1）管理人员工资：是指按规定支付给管理人员的计时工资、奖金、津贴、补贴、加班加点工资及特殊情况下支付的工资等。

2）办公费：是指企业管理办公用的文具、纸张、账表、印刷、邮电、书报、办公软件、现场监控、会议、水电、烧水和集体取暖降温（包括现场临时宿舍取暖降温）等费用。

3）差旅交通费：是指职工因公出差、调动工作的差旅费、住勤补助费，市内交通费和误餐补助费，职工探亲路费，劳动力招募费，职工退休、退职一次性路费，工伤人员就医路费，工地转移费以及管理部门使用的交通工具的油料、燃料等费用。

4) 固定资产使用费：是指管理和试验部门及附属生产单位使用的属于固定资产的房屋、设备、仪器等的折旧、大修、维修或租赁费。

5) 工具用具使用费：是指企业施工生产和管理使用的不属于固定资产的工具，器具，家具，交通工具和检验、试验、测绘、消防用具等的购置、维修和摊销费。

6) 劳动保险和职工福利费：是指由企业支付的职工退职金、按规定支付给离休干部的经费、集体福利费、夏季防暑降温、冬季取暖补贴、上下班交通补贴等。

7) 劳动保护费：是指企业按规定发放的劳动保护用品的支出，如工作服、手套、防暑降温饮料以及在有碍身体健康的环境中施工的保健费用等。

8) 检验试验费：是指施工企业按照有关标准的规定，对建筑以及材料、构件和建筑安装物进行一般鉴定、检查所发生的费用，包括自设试验室进行试验所耗用的材料等费用。其中不包括新结构、新材料的试验费，对构件做破坏性试验及其他特殊要求检验试验的费用和建设单位委托检测机构进行检测的费用。此类检测发生的费用，由建设单位在工程建设其他费用中列支，但对施工企业提供的具有合格证明的材料进行检测不合格的，该检测费用由施工企业支付。

9) 工会经费：是指企业按工会法规定的全部职工工资总额比例计提的工会经费。

10) 职工教育经费：是指按职工工资总额的规定比例计提，企业为职工进行专业技术和职业技能培训，专业技术人员继续教育、职工职业技能鉴定、职业资格认定以及根据需要对职工进行各类文化教育所发生的费用。

11) 财产保险费：是指施工管理用财产、车辆等的保险费用。

12) 财务费：是指企业为施工生产筹集资金或提供预付款担保、履约担保、职工工资支付担保等所发生的各种费用。

13) 税金：是指企业按规定缴纳的房产税、车船使用税、土地使用税、印花税等。

14) 其他：包括技术转让费、技术开发费、投标费、业务招待费、绿化费、广告费、公证费、法律顾问费、审计费、咨询费、保险费等。

(5) 利润。利润是指施工企业完成所承包工程获得的盈利。

(6) 规费。规费是指按国家法律、法规规定，由省级政府和省级有关权力部门规定必须缴纳或计取的费用。其中包括：

1) 社会保险费。

①养老保险费：是指企业按照规定标准为职工缴纳的基本养老保险费。

②失业保险费：是指企业按照规定标准为职工缴纳的失业保险费。

③医疗保险费：是指企业按照规定标准为职工缴纳的基本医疗保险费。

④生育保险费：是指企业按照规定标准为职工缴纳的生育保险费。

⑤工伤保险费：是指企业按照规定标准为职工缴纳的工伤保险费。

2) 住房公积金：是指企业按照规定标准为职工缴纳的住房公积金。

3) 工程排污费：是指按照规定缴纳的施工现场工程排污费。

其他应列而未列入的规费，按实际发生计取。

(7) 税金。税金是指国家税法规定的应计入建筑安装工程造价内的营业税、城市维护建设税、教育费附加以及地方教育附加。

2. 按工程造价形成划分

建筑安装工程费用按工程造价形成划分，可分为分部分项工程费、措施项目费、其他项目费、规费、税金。其中，分部分项工程费、措施项目费、其他项目费包含人工费、材料费、施工机具使用费、企业管理费和利润，如图1-4-4所示。

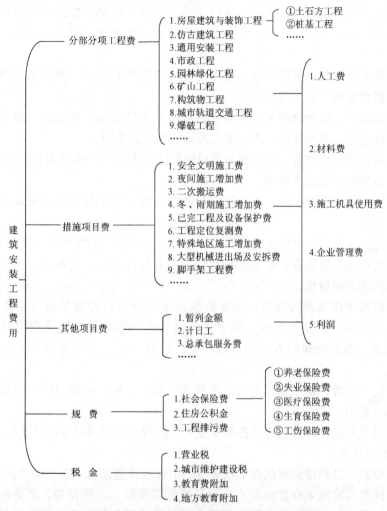

图1-4-4　建筑安装工程费用的组成(按工程造价形成划分)

(1)分部分项工程费。分部分项工程费是指各专业工程的分部分项工程应予列支的各项费用。

1)专业工程：是指按现行国家计量规范划分的房屋建筑与装饰工程、仿古建筑工程、通用安装工程、市政工程、园林绿化工程、矿山工程、构筑物工程、城市轨道交通工程、爆破工程等各类工程。

2)分部分项工程：是指按现行国家计量规范对各专业工程划分的项目，如房屋建筑与装饰工程划分的土石方工程、地基处理与桩基工程、砌筑工程、钢筋及钢筋混凝土工程等。各类专业工程的分部分项工程划分见现行国家或行业计量规范。

(2)措施项目费。措施项目费是指为完成建设工程施工，发生于该工程施工前和施工过程中的技术、生活、安全、环境保护等方面的费用。其内容包括：

1)安全文明施工费。

①环境保护费：是指施工现场为达到环保部门要求所需要的各项费用。

②文明施工费：是指施工现场文明施工所需要的各项费用。

③安全施工费：是指施工现场安全施工所需要的各项费用。

④临时设施费：是指施工企业为进行建设工程施工所必须搭设的生活和生产用的临时建筑物、构筑物和其他临时设施费用，包括临时设施的搭设、维修、拆除、清理费或摊销费等。

2)夜间施工增加费：是指因夜间施工所发生的夜班补助费、夜间施工降效、夜间施工照明设备摊销及照明用电等费用。

3)二次搬运费：是指因施工场地条件限制而发生的材料、构配件、半成品等一次运输不能到达堆放地点，必须进行二次或多次搬运所发生的费用。

4)冬、雨期施工增加费：是指在冬期或雨期施工需增加的临时设施、防滑、排除雨雪，人工及施工机械效率降低等费用。

5)已完工程及设备保护费：是指竣工验收前，对已完工程及设备采取的必要保护措施所发生的费用。

6)工程定位复测费：是指工程施工过程中进行全部施工测量放线和复测工作的费用。

7)特殊地区施工增加费：是指工程在沙漠或其边缘地区、高海拔、高寒、原始森林等特殊地区施工增加的费用。

8)大型机械进出场及安拆费：是指机械整体或分体自停放场地运至施工现场或由一个施工地点运至另一个施工地点，所发生的机械进出场运输及转移费用以及机械在施工现场进行安装、拆卸所需的人工费、材料费、机械费、试运转费和安装所需的辅助设施的费用。

9)脚手架工程费：是指施工需要的各种脚手架搭、拆、运输费用以及脚手架购置费的摊销（或租赁）费用。

措施项目及其包含的内容详见各类专业工程的现行国家或行业计量规范。

(3)其他项目费。

1)暂列金额：是指建设单位在工程量清单中暂定并包括在工程合同价款中的一笔款项。用于施工合同签订时尚未确定或者不可预见的所需材料、工程设备、服务的采购，施工中可能发生的工程变更、合同约定调整因素出现时的工程价款调整以及发生的索赔、现场签证确认等的费用。

2)计日工：是指在施工过程中，施工企业完成建设单位提出的施工图纸以外的零星项目或工作所需的费用。

3)总承包服务费：是指总承包人为配合、协调建设单位进行的专业工程发包，对建设单位自行采购的材料、工程设备等进行保管以及施工现场管理、竣工资料汇总整理等服务所需的费用。

(4)规费。建筑安装工程费用项目组成按造价形成划分时，规费的定义与按费用构成要素划分时相同。

(5)税金。建筑安装工程费用项目组成按造价形成划分时，税金的定义与按费用构成要素划分时相同。

1.4.3 建筑安装工程费用参考计算方法

1. 各费用构成要素参考计算方法

(1)人工费。

公式1:

$$人工费 = \sum(工日消耗量 \times 日工资单价)$$

$$日工资单价 = \frac{生产工人平均月工资(计时计件) + 平均月(奖金+津贴补贴+特殊情况下支付的工资)}{年平均每月法定工作日}$$

注:公式1主要适用于施工企业投标报价时自主确定人工费,也是工程造价管理机构编制计价定额确定定额人工单价或发布人工成本信息的参考依据。

公式2:

$$人工费 = \sum(工程工日消耗量 \times 日工资单价)$$

日工资单价是指施工企业平均技术熟练程度的生产工人在每工作日(国家法定工作时间内)按规定从事施工作业应得的日工资总额。

工程造价管理机构确定日工资单价应通过市场调查,根据工程项目的技术要求,参考实物工程量人工单价综合分析确定,最低日工资单价不得低于工程所在地人力资源和社会保障部门所发布的最低工资标准的:普工的1.3倍、一般技工的2倍、高级技工的3倍。

计价定额不可只列一个综合工日单价,应根据工程项目技术要求和工种差别适当划分多种日人工单价,确保各分部工程人工费的合理构成。

注:公式2适用于工程造价管理机构编制计价定额时确定定额人工费,是施工企业投标报价的参考依据。

(2)材料费。

1)材料费及其单价,其计算公式为

$$材料费 = \sum(材料消耗量 \times 材料单价)$$

$$单价 = (材料原价+运杂费) \times [1+运输损耗率(\%)] \times [1+采购及保管费费率(\%)]$$

2)工程设备费及其单价,其计算公式为

$$工程设备费 = \sum(工程设备量 \times 工程设备单价)$$

$$工程设备单价 = (设备原价+运杂费) \times [1+采购及保管费费率(\%)]$$

(3)施工机械使用费。

1)施工机械使用费及机械台班单价,其计算公式为

$$施工机械使用费 = \sum(施工机械台班消耗量 \times 机械台班单价)$$

$$机械台班单价 = 台班折旧费+台班大修费+台班经常修理费+台班安拆费及场外运费+台班人工费+台班燃料动力费+台班车船税费$$

注:工程造价管理机构在确定计价定额中的施工机械使用费时,应根据《全国统一施工机械台班费用编制规则》,并结合市场调查编制施工机械台班单价。施工企业可以参考工程造价管理机构发布的台班单价,自主确定施工机械使用费的报价,如租赁施工机械,公式为:

$$施工机械使用费 = \sum(施工机械台班消耗量 \times 机械台班租赁单价)$$

2)仪器仪表使用费。其计算公式为

仪器仪表使用费＝工程使用的仪器仪表摊销费＋维修费

（4）企业管理费费率。

1）以分部分项工程费为计算基础。

$$企业管理费费率(\%)=\frac{生产工人年平均管理费}{年有效施工天数×(人工单价＋每一工日机械使用费)}×100\%$$

2）以人工费和机械费合计为计算基础。

$$企业管理费费率(\%)=\frac{生产工人年平均管理费}{年有效施工天数×人工单价}×人工费占分部分项工程费比例(\%)$$

3）以人工费为计算基础。

$$企业管理费费率(\%)=\frac{生产工人年平均管理费}{年有效施工天数×人工单价}×100\%$$

注意：上述公式适用于施工企业投标报价时自主确定管理费，是工程造价管理机构编制计价定额确定企业管理费的参考依据。

工程造价管理机构在确定计价定额中的企业管理费时，应以定额人工费（或定额人工费＋定额机械费）作为计算基数，其费率根据历年工程造价积累的资料，辅以调查数据确定，列入分部分项工程和措施项目中。

（5）利润。

1）施工企业根据企业自身需求并结合建筑市场实际自主确定，列入报价中。

2）工程造价管理机构在确定计价定额中的利润时，应以定额人工费（或定额人工费＋定额机械费）作为计算基数，其费率根据历年工程造价积累的资料，并结合建筑市场实际确定，以单位（单项）工程测算，利润在税前建筑安装工程费中的比重可按不低于5%且不高于7%的费率计算。利润应列入分部分项工程和措施项目中。

（6）规费。

1）社会保险费和住房公积金。社会保险费和住房公积金应以定额人工费为计算基础，根据工程所在地省、自治区、直辖市或行业建设主管部门规定费率计算。其计算公式为

社会保险费和住房公积金＝∑（工程定额人工费×社会保险费和住房公积金费费率）

其中，社会保险费和住房公积金费费率可以每万元发承包价的生产工人人工费和管理人员工资含量与工程所在地规定的缴纳标准综合分析取定。

2）工程排污费。工程排污费等其他应列而未列入的规费应按工程所在地环境保护等部门规定的标准缴纳，按实计取列入。

（7）税金。税金计算公式为

税金＝税前造价×综合税率(\%)

综合税率：

1）纳税地点在市区的企业。

$$综合税率(\%)=\frac{1}{1-3\%-3\%×7\%-3\%×3\%-3\%×2\%}-1$$

2）纳税地点在县城、镇的企业。

$$综合税率(\%)=\frac{1}{1-3\%-3\%×5\%-3\%×3\%-3\%×2\%}-1$$

3）纳税地点不在市区、县城、镇的企业。

$$综合税率(\%)=\frac{1}{1-3\%-3\%\times1\%-3\%\times3\%-3\%\times2\%}-1$$

4)实行营业税改增值税的，按纳税地点现行税率计算。

2. 建筑安装工程计价参考公式

(1)分部分项工程费。其计算公式为

$$分部分项工程费=\sum(分部分项工程量\times综合单价)$$

式中，综合单价包括人工费、材料费、施工机械使用费、企业管理费和利润以及一定范围的风险费用(下同)。

(2)措施项目费。

1)国家计量规范规定应予计量的措施项目，其计算公式为

$$措施项目费=\sum(措施项目工程量\times综合单价)$$

2)国家计量规范规定不宜计量的措施项目计算方法如下：

①安全文明施工费。其计算公式为

$$安全文明施工费=计算基数\times安全文明施工费费率(\%)$$

计算基数应为定额基价(定额分部分项工程费+定额中可以计量的措施项目费)、定额人工费或(定额人工费+定额机械费)，其费率由工程造价管理机构根据各专业工程的特点综合确定。

②夜间施工增加费。其计算公式为

$$夜间施工增加费=计算基数\times夜间施工增加费费率(\%)$$

③二次搬运费。其计算公式为

$$二次搬运费=计算基数\times二次搬运费费率(\%)$$

④冬、雨期施工增加费。其计算公式为

$$冬、雨期施工增加费=计算基数\times冬、雨期施工增加费费率(\%)$$

⑤已完工程及设备保护费。其计算公式为

$$已完工程及设备保护费=计算基数\times已完工程及设备保护费费率(\%)$$

上述②～⑤项措施项目的计费基数应为定额人工费或(定额人工费+定额机械费)，其费率由工程造价管理机构根据各专业工程特点和调查资料综合分析后确定。

(3)其他项目费。

1)暂列金额由建设单位根据工程特点，按有关计价规定估算，施工过程中由建设单位掌握使用、扣除合同价款调整后如有余额，归建设单位。

2)计日工由建设单位和施工企业按施工过程中的签证计价。

3)总承包服务费由建设单位在招标控制价中根据总包服务范围和有关计价规定编制，施工企业投标时自主报价，施工过程中按签约合同价执行。

(4)规费和税金。建设单位和施工企业均应按照省、自治区、直辖市或行业建设主管部门发布的标准计算规费和税金，不得作为竞争性费用。

3. 相关问题的说明

(1)各专业工程计价定额的编制及其计价程序，均按相关规定实施。

(2)各专业工程计价定额的使用周期原则上为 5 年。

(3)工程造价管理机构在定额使用周期内，应及时发布人工、材料、机械台班价格信

息，实行工程造价动态管理，如遇国家法律、法规、规章或相关政策变化以及建筑市场物价波动较大时，应适时调整定额人工费、定额机械费以及定额基价或规费费率，使建筑安装工程费能反映建筑市场实际。

（4）建设单位在编制招标控制价时，应按照各专业工程的计量规范和计价定额以及工程造价信息编制。

（5）施工企业在使用计价定额时除不可竞争费用外，其余仅作参考，由施工企业投标时自主报价。

1.4.4 建筑安装工程计价程序

1. 建设单位工程招标控制价计价程序

建设单位工程招标控制价计价程序，见表1-4-1。

表1-4-1 建设单位工程招标控制价计价程序

工程名称： 标段：

序号	内 容	计算方法	金额/元
1	分部分项工程费	按计价规定计算	
1.1			
1.2			
1.3			
1.4			
1.5			
2	措施项目费	按计价规定计算	
2.1	其中：安全文明施工费	按规定标准计算	
.3	其他项目费		
3.1	其中：暂列金额	按计价规定估算	
3.2	其中：专业工程暂估价	按计价规定估算	
3.3	其中：计日工	按计价规定估算	
3.4	其中：总承包服务费	按计价规定估算	
4	规费	按规定标准计算	
5	税金（扣除不列入计税范围的工程设备金额）	（1+2+3+4）×规定税率	
招标控制价合计＝1+2+3+4+5			

2. 施工企业工程投标报价计价程序

施工企业工程投标报价计价程序，见表1-4-2。

表 1-4-2　施工企业工程投标报价计价程序

工程名称：　　　　　　　　　　　　　　　　　　标段：

序号	内容	计算方法	金额/元
1	分部分项工程费	自主报价	
1.1			
1.2			
1.3			
1.4			
1.5			
2	措施项目费	自主报价	
2.1	其中：安全文明施工费	按规定标准计算	
3	其他项目费		
3.1	其中：暂列金额	按招标文件提供金额计列	
3.2	其中：专业工程暂估价	按招标文件提供金额计列	
3.3	其中：计日工	自主报价	
3.4	其中：总承包服务费	自主报价	
4	规费	按规定标准计算	
5	税金（扣除不列入计税范围的工程设备金额）	(1＋2＋3＋4)×规定税率	
投标报价合计＝1＋2＋3＋4＋5			

3. 工程结算计价程序

工程结算计价程序，见表 1-4-3。

表 1-4-3　工程结算计价程序

工程名称：　　　　　　　　　　　　　　　　　　　标段：

序号	汇总内容	计算方法	金额/元
1	分部分项工程费	按合同约定计算	
1.1			
1.2			
1.3			
1.4			
1.5			
2	措施项目	按合同约定计算	
2.1	其中：安全文明施工费	按规定标准计算	
3	其他项目		
3.1	其中：专业工程结算价	按合同约定计算	
3.2	其中：计日工	按计日工签证计算	
3.3	其中：总承包服务费	按合同约定计算	
3.4	索赔与现场签证	按发承包双方确认数额计算	
4	规费	按规定标准计算	
5	税金(扣除不列入计税范围的工程设备金额)	(1+2+3+4)×规定税率	
工程结算总价合计＝1+2+3+4+5			

🖥️ ➤ 项目小结

　　本项目从基本建设、工程造价、工程定额、《全统定额》、我国现行工程费用构成、建筑安装工程费用构成与计算方法等方面，概括介绍了工程计量与计价的基础知识。通过本章的学习，学生应对工程造价与定额体系有一个初步的了解，能对工程造价的主要费用进行计算，为以后的课程学习打下基础。

一、填空题

1. 基本建设主要由_____、_____、_____和_____组成。

2. 基本建设按建设项目性质分类，可分为_____、_____、_____、_____、_____等。

3. 定额按生产要素分类可分为_____、_____和_____三种。

4.《全统定额》所指的高层建筑，是指_____以上的多层建筑，单层建筑物自室外设计标高±0.000至檐口（或最高层地面）高度在_____m以上，不包括屋顶水箱、电梯间、屋顶平台出入口等高度的建筑物。

5. 工程造价管理机构在确定计价定额中的利润时，应以定额人工费或_____作为计算基数，其费率根据历年工程造价积累的资料，并结合建筑市场实际确定，以单位（单项）工程测算，利润在税前建筑安装工程费的比重可按不低于_____且不高于_____的费率计算。

二、思考题

1. 如何理解工程造价、建设项目投资费用和建筑产品价格之间的关系？

2. 什么是劳动定额？劳动定额的表现形式是怎样的？

3. 定额项目表包含哪些内容？

4. 什么是规费？规费包括哪些费用？应如何计算？

三、计算题

1. 某建设项目，建设期为5年，各年投资计划额如下：第1年贷款23 200万元，第2年25 600万元，第3年14 300万元，第4年11 500万元，第5年6 500万元。年均投资价格上涨率为5%。计算建设项目建设期间涨价预备费。

2. 某新建项目，建设期为4年，共向银行贷款2 500万元，贷款时间为：第1年500万元，第2年600万元，第3年800万元，第4年600万元。年利率为5%，计算建设期利息。

项目二 安装工程工程量清单计价

🔵知识目标

通过本项目的学习，了解工程量清单计价模式和清单计价规范；理解工程量清单、招标控制价、投标报价、竣工结算价的编制方法；掌握工程量清单及其组成，工程计价表格的格式和应用。

🔵能力目标

对工程量清单计价方法有初步的认识，能够对工程量清单计价的过程有初步的理解，初步掌握招标工程量清单的编制方法。

任务 2.1 认知工程量清单计价

2.1.1 定额计价模式与工程量清单计价模式

长期以来，工程预算定额是我国承发包计价、定价的主要依据。现预算定额中规定的消耗量和有关施工措施性费用是按社会平均水平编制的，以此为依据形成的工程造价基本上也属于社会平均价格。这种平均价格可作为市场竞争的参考价格，但不能反映参与竞争企业的实际消耗和技术管理水平，这在一定程度上限制了企业的公平竞争，难以满足招标投标竞争定价和经评审的合理低价中标的要求。因此，改变以往的工程预算定额的计价模式，适应招标投标的需要，推行工程量清单计价办法是十分必要的。

工程量清单计价是建设工程招标投标中，按照国家统一的工程量清单计价规范，由招标人提供工程数量，投标人自主报价，经评审低价中标的工程造价计价模式。采用工程量清单计价能反映工程个别成本，有利于企业自主报价和公平竞争。

工程量清单计价法是一种有别于定额计价模式的方法，是一种主要由市场定价的计价模式，是由建筑产品发承包双方在建筑市场上根据供求状况、信息状况进行自由竞价，从而最终能够签订工程合同的方法。

2.1.2 工程量清单计价规范

为了适应我国建设工程管理体制改革以及建设市场发展的需要，规范建设工程各方的计价行为，进一步深化工程造价管理模式的改革，2003 年 2 月 17 日，原建设部以第 119 号公告发布了国家标准《建设工程工程量清单计价规范》(GB 50500—2003)(以下简称"03 规范")。"03 规范"是我国工程造价从传统的以预算定额为主的计价方式向国际上通行的工程量清单计价模式转变的成果，在推行过程中既积累了经验也发现了不足。

2008 年 7 月 9 日，中华人民共和国住房和城乡建设部总结了"03 规范"实施以来的经验，针对执行中存在的问题，不尽合理、可操作性不强的条款及表格格式等进行了修订，并颁布了国家标准《建设工程工程量清单计价规范》（GB 50500—2008）（以下简称"08 规范"），于 2008 年 12 月 1 日起实施。"03 规范"同时废止。

2012 年 12 月 25 日，在总结"08 规范"实施以来的经验，针对执行中存在的问题的基础上，相关部门对"08 规范"的相关内容进行了修订，并颁布了国家标准《建设工程工程量清单计价规范》（GB 50500—2013）（以下简称"13 计价规范"）、《房屋建筑与装饰工程工程量计算规范》（GB 50854—2013）、《仿古建筑工程工程量计算规范》（GB 50855—2013）、《通用安装工程工程量计算规范》（GB 50856—2013）、《市政工程工程量计算规范》（GB 50857—2013）、《园林绿化工程工程量计算规范》（GB 50858—2013）、《矿山工程工程量计算规范》（GB 50859—2013）、《构筑物工程工程量计算规范》（GB 50860—2013）、《城市轨道交通工程工程量计算规范》（GB 50861—2013）、《爆破工程工程量计算规范》（GB 50862—2013），于 2013 年 7 月 1 日起实施。"08 规范"同时废止。

《建设工程工程量清单计价规范》（GB 50500—2013）是统一工程量清单编制，调整建设工程工程量清单计价活动中发包人与承包人各种关系的规范文件，包括总则、术语、工程量清单编制、工程量清单计价、工程量清单计价表格等内容。"13 计价规范"分别就"计价规范"的适用范围、编制工程量清单应遵循的原则、工程量清单计价活动的规则、工程清单计价表格作了明确规定。

2.1.3　工程量清单计价方式与计价过程

1. 计价方式

根据"13 计价规范"的规定，使用国有资金投资的建设工程发承包，必须采用工程量清单计价。国有投资的资金包括国家融资资金、国有资金为主的投资资金。非国有资金投资的建设工程，宜采用工程量清单计价。

（1）国有资金投资的工程建设项目包括：

1）使用各级财政预算资金的项目；

2）使用纳入财政管理的各种政府性专项建设资金的项目；

3）使用国有企事业单位自有资金，并且国有资产投资者实际拥有控制权的项目。

（2）国家融资资金投资的工程建设项目包括：

1）使用国家发行债券所筹资金的项目；

2）使用国家对外借款或者担保所筹资金的项目；

3）使用国家政策性贷款的项目；

4）国家授权投资主体融资的项目；

5）国家特许的融资项目。

（3）国有资金为主的工程建设项目是指国有资金占投资总额 50% 以上，或虽不足 50% 但国有投资者实质上拥有控股权的工程建设项目。

实行工程量清单计价应采用综合单价法，不论是分部分项工程项目、措施项目、其他项目，还是以单价形式或以总价形式表现的项目，其综合单价的组成内容均包括完成该项目所需的、除规费和税金以外的所有费用。

2. 工程量清单计价过程

工程量清单计价的基本过程可以描述为：在统一工程量清单项目设置的基础上，制定工程量清单计量规则，根据具体工程的施工图纸计算出各个清单项目的工程量，再根据各种渠道所获得的工程造价信息和经验数据计算得到工程造价。计价过程如图 2-1-1 所示。

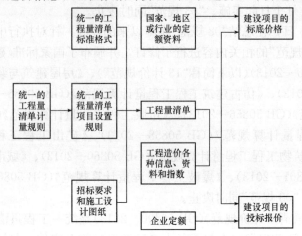

图 2-1-1　工程造价工程量清单计价过程示意图

2.1.4　工程量清单编制

工程量清单是载明建设工程分部分项工程项目、措施项目、其他项目的名称和相应数量以及规费、税金项目等内容的明细清单，它是招标文件的重要组成部分，由招标单位编制或委托有资质的工程造价咨询单位编制。工程量清单编制得准确、详尽、完整，有利于提高招标单位的管理水平，减少索赔事件的发生。招标工程量清单是工程量清单计价的基础，应作为编制招标控制价、投标报价、计算或调整工程量以及工程索赔等的依据之一。

1. 一般规定

(1)招标工程量清单应由招标人负责编制，若招标人不具有编制工程量清单的能力，则可根据《工程造价咨询企业管理办法》(建设部令第 149 号，2015 年修改)的规定，委托具有工程造价咨询资质的工程造价咨询人编制。

(2)招标工程量清单必须作为招标文件的组成部分，其准确性(数量不算错)和完整性(不缺项漏项)应由招标人负责。招标人应将工程量清单连同招标文件一并发(售)给投标人。投标人依据工程量清单进行投标报价时，对工程量清单不负有核实的义务，更不具备修改和调整的权力。如招标人委托工程造价咨询人编制工程量清单，其责任仍由招标人负责。

(3)招标工程量清单应以单位(项)工程为单位编制，应由分部分项工程项目清单、措施项目清单、其他项目清单、规费和税金项目清单组成。

(4)招标工程量清单应依据以下内容编制：

1)"13 计价规范"和相关工程的国家计量规范；

2)国家或省级、行业建设主管部门颁发的计价定额和办法；

3)建设工程设计文件及相关资料；

4)与建设工程有关的标准、规范、技术资料；

5)拟定的招标文件；

6)施工现场情况、地勘水文资料、工程特点及常规施工方案；

7)其他相关资料。

2. 分部分项工程项目

(1)分部分项工程项目清单必须载明项目编码、项目名称、项目特征、计量单位和工程量。这是构成一个分部分项工程项目清单的五个要素，在分部分项工程项目清单的组成中缺一不可。

(2)分部分项工程项目清单必须根据相关工程现行国家计量规范规定的项目编码、项目名称、项目特征、计量单位和工程量计算规则进行编制。表 2-1-1 所示为《通用安装工程工程量计算规范》(GB 50856—2013)中附录 D 电气设备安装工程"D.7 滑触线装置安装"清单项目设置与工程量计算规则的规范表格。表中详细规定了各分部分项工程(滑触线)的项目编码、项目名称、项目特征、计量单位、工程量计算规则和工作内容，在编制分部分项工程项目清单时，需根据表中的规定进行编制。具体可参见任务 2.3 中"2.3.3 招标工程量清单实例"。

表 2-1-1　滑触线装置安装清单项目设置与工程量计算规则

项目编码	项目名称	项目特征	计量单位	工程量计算规则	工作内容
030407001	滑触线	1. 名称 2. 型号 3. 规格 4. 材质 5. 支架形式、材质 6. 移动软电缆材质、规格、安装部位 7. 拉紧装置类型 8. 伸缩接头材质、规格	m	按设计图示尺寸以单相长度计算(含预留长度)	1. 滑触线安装 2. 滑触线支架制作、安装 3. 拉紧装置及挂式支持器制作、安装 4. 移动软电缆安装 5. 伸缩接头制作、安装

3. 措施项目

(1)措施项目清单必须根据相关工程现行国家计量规范的规定编制。

(2)由于工程建设施工特点和承包人组织施工生产的施工装备水平、施工方案及施工管理水平的差异，同一工程由不同承包人组织施工采用的施工技术措施也不完全相同，因此措施项目清单应根据拟建工程的实际情况列项。

4. 其他项目

(1)其他项目清单宜按照下列内容列项：

1)暂列金额。暂列金额是招标人在工程量清单中暂定并包括在合同价款中的一笔款项。"13 计价规范"中明确规定暂列金额用于施工合同签订时尚未确定或者不可预见的所需材料、设备、服务的采购，施工中可能发生的工程变更、合同约定调整因素出现时的工程价款调整以及发生的索赔、现场签证确认等的费用。暂列金额应根据工程特点按有关计价规定估算。

2)暂估价。暂估价是指招标阶段直至签订合同协议时，招标人在招标文件中提供的用于支付必然发生但暂时不能确定价格的材料以及专业工程的金额。暂估价包括材料暂估单价、工程设备暂估单价和专业工程暂估价。暂估价中的材料、工程设备暂估单价应根据工程造价信息或参照市场价格估算，列出明细表；专业工程暂估价应分不同专业，按有关计价规定估算，列出明细表。

3)计日工。计日工是为解决现场发生的零星工作的计价而设立的，其为额外工作和变更的计价提供了一个方便快捷的途径。计日工适用的所谓零星工作一般是指合同约定之外的或者因变更而产生的、工程量清单中没有相应项目的额外工作，尤其是那些时间不允许事先商定价格的额外工作。计日工以完成零星工作所消耗的人工工时、材料数量、机械台班进行计量，并按照计日工表中填报的适用项目的单价进行计价支付。

4)总承包服务费。总承包服务费是为了解决招标人在法律、法规允许的条件下进行专业工程发包，以及自行供应材料、设备，并需要总承包人对发包的专业工程提供协调和配合服务，对供应的材料、设备提供收、发和保管服务以及进行施工现场管理时发生的并向总承包人支付的费用。总承包服务费应列出服务项目及其内容等。

5. 规费

规费是根据省级政府或省级有关权力部门规定必须缴纳的，应计入建筑安装工程造价的费用。规费项目清单应按照下列内容列项：

(1)社会保险费，包括养老保险费、失业保险费、医疗保险费、工伤保险费、生育保险费。

(2)住房公积金。

(3)工程排污费。

6. 税金

税金项目清单应按照下列内容列项：

(1)营业税。

(2)城市维护建设税。

(3)教育费附加。

(4)地方教育附加。

规费和税金必须按国家或省级、行业建设主管部门的规定计算，不得作为竞争性费用。

任务 2.2　工程量清单计价

2.2.1　招标控制价

1. 一般规定

招标控制价是招标人根据国家或省级、行业建设主管部门颁发的有关计价的依据和办法，是按设计施工图纸计算的，对招标工程限定的最高工程造价。国有资金投资的工程建设项目必须实行工程量清单招标，并必须编制招标控制价。

招标控制价应由具有编制能力的招标人编制，当招标人不具有编制招标控制价的能力时，可委托具有相应资质的工程造价咨询人编制。工程造价咨询人接受招标人委托编制招标控制价，不得再就同一工程接受投标人委托编制投标报价。

招标人应将招标控制价及有关资料报送工程所在地或有该工程管辖权的行业管理部门的工程造价管理机构备查。

2. 招标控制价编制依据

招标控制价的编制应根据下列依据进行：

(1)"13 计价规范"。

(2)国家或省级、行业建设主管部门颁发的计价定额和计价办法。

(3)建设工程设计文件及相关资料。

(4)拟定的招标文件及招标工程量清单。

(5)与建设项目相关的标准、规范、技术资料。

(6)施工现场情况、工程特点及常规施工方案。

(7)工程造价管理机构发布的工程造价信息，当工程造价信息未发布时，参照市场价。

(8)其他的相关资料。

按上述依据进行招标控制价编制，应注意以下事项：

(1)使用的计价标准、计价政策应是国家或省、自治区、直辖市建设行政主管部门或行业建设主管部门颁布的计价定额和计价方法。

(2)采用的材料价格应是工程造价管理机构通过工程造价信息发布的材料单价，工程造价信息未发布材料单价的材料，其材料价格应通过市场调查确定。

(3)国家或省、自治区、直辖市建设行政主管部门或行业建设主管部门对工程造价计价中的费用或费用标准有规定的，应按规定执行。

3. 招标控制价的编制

(1)综合单价中应包括招标文件中划分的应由投标人承担的风险范围及其费用。招标文件中未明确的，如是工程造价咨询人编制，应提请招标人明确；如是招标人编制，应予以明确。

(2)分部分项工程和措施项目中的单价项目，应根据拟定的招标文件和招标工程量清单项目中的特征描述及有关要求确定综合单价计算。招标文件中提供了暂估单价的材料，按暂估的单价计入综合单价。

(3)措施项目中的总价项目应根据拟定的招标文件和常规施工方案采用综合单价计价。措施项目中的安全文明施工费必须按国家或省级、行业建设主管部门的规定计算，不得作为竞争性费用。

(4)其他项目费应按下列规定计价：

1)暂列金额。暂列金额应按招标工程量清单中列出的金额填写。

2)暂估价。暂估价包括材料暂估单价、工程设备暂估单价和专业工程暂估价。暂估价中的材料、工程设备单价应根据招标工程量清单列出的单价计入综合单价。

3)计日工。计日工包括计日工人工、材料和施工机械。在编制招标控制价时，对计日工中的人工单价和施工机械台班单价应按省级、行业建设主管部门或其授权的工程造价管理机构公布的单价计算；材料应按工程造价管理机构发布的工程造价信息中的材料单价计算，工程造价信息未发布材料单价的材料，其价格应按市场调查确定的单价计算。

4)总承包服务费。招标人编制招标控制价时，总承包服务费应根据招标文件中列出的内容和向总承包人提出的要求，按照省级或行业建设主管部门的规定或参照下列标准计算：

①招标人仅要求对分包的专业工程进行总承包管理和协调时，按分包的专业工程估算

造价的 1.5%计算。

②招标人要求对分包的专业工程进行总承包管理和协调，并同时要求提供配合服务时，根据招标文件中列出的配合服务内容和提出的要求，按分包的专业工程估算造价的 3%～5%计算。

③招标人自行供应材料的，按招标人供应材料价值的 1%计算。

（5）招标控制价的规费和税金必须按国家或省级、行业建设主管部门的规定计算。

4. 投诉与处理

（1）投标人经复核认为招标人公布的招标控制价未按照"13 计价规范"的规定进行编制的，应在招标控制价公布后 5 天内向招投标监督机构和工程造价管理机构投诉。

（2）投诉人投诉时，应当提交由单位盖章和法定代表人或其委托人签名或盖章的书面投诉书。投诉书应包括下列内容：

1）投诉人与被投诉人的名称、地址及有效联系方式；

2）投诉的招标工程名称、具体事项及理由；

3）投诉依据及有关证明材料；

4）相关的请求及主张。

（3）投诉人不得进行虚假、恶意投诉，阻碍招投标活动的正常进行。

（4）工程造价管理机构在接到投诉书后应在 2 个工作日内进行审查，对有下列情况之一的，不予受理：

1）投诉人不是所投诉招标工程招标文件的收受人；

2）投诉书提交的时间不符合上述第（1）条规定的；

3）投诉书不符合上述第（2）条规定的；

4）投诉事项已进入行政复议或行政诉讼程序的。

（5）工程造价管理机构应在不迟于结束审查的次日将是否受理投诉的决定书面通知投诉人、被投诉人以及负责该工程招投标监督的招投标管理机构。

（6）工程造价管理机构受理投诉后，应立即对招标控制价进行复查，组织投诉人、被投诉人或其委托的招标控制价编制人等单位人员对投诉问题逐一核对。有关当事人应当予以配合，并应保证所提供资料的真实性。

（7）工程造价管理机构应当在受理投诉的 10 天内完成复查，在特殊情况下可适当延长，并作出书面结论通知投诉人、被投诉人及负责该工程招投标监督的招投标管理机构。

（8）当招标控制价复查结论与原公布的招标控制价误差大于±3%时，应当责成招标人改正。

（9）招标人根据招标控制价复查结论需要重新公布招标控制价的，其最终公布的时间至招标文件要求提交投标文件截止时间不足 15 天的，应相应延长投标文件的截止时间。

2.2.2 投标报价

投标报价是指承包商计算、确定和报送招标工程投标总价格的活动。业主把承包商的报价作为主要标准来选择中标者，其同时也是业主和承包商就工程标价进行承包合同谈判的基础，直接关系到承包商投标的成败。报价是进行工程投标的核心。报价过高会失去承包机会，而报价过低虽然中标，但会给工程带来亏本的风险。因此，标价过高或过低都不可取，如何做出合适的投标报价，是投标者能否中标的最关键的问题。

1. 一般规定

(1)投标价应由投标人或受其委托具有相应资质的工程造价咨询人编制。

(2)投标价中除"13计价规范"中规定的规费、税金及措施项目清单中的安全文明施工费必须按国家或省级、行业建设主管部门的规定计价，不得作为竞争性费用外，其他项目的投标报价由投标人自主决定。

(3)投标人的投标报价不得低于工程成本。

(4)实行工程量清单招标，招标人在招标文件中提供工程量清单，其目的是使各投标人在投标报价中具有共同的竞争平台。因此，要求投标人必须按招标工程量清单填报价格，工程量清单的项目编码、项目名称、项目特征、计量单位、工程量必须与招标人招标文件中提供的招标工程量清单一致。

(5)投标人的投标报价不能高于招标控制价，否则，应予废标。

2. 投标报价的编制与复核

(1)投标报价应根据下列依据编制和复核：

1)"13计价规范"；

2)国家或省级、行业建设主管部门颁发的计价办法；

3)企业定额，国家或省级、行业建设主管部门颁发的计价定额和计价办法；

4)招标文件、招标工程量清单及其补充通知、答疑纪要；

5)建设工程设计文件及相关资料；

6)施工现场情况、工程特点及投标时拟定的施工组织设计或施工方案；

7)与建设项目相关的标准、规范等技术资料；

8)市场价格信息或工程造价管理机构发布的工程造价信息；

9)其他的相关资料。

(2)综合单价中应包括招标文件中要求投标人承担的风险内容及其范围(幅度)产生的风险费用，招标文件中未明确的，应提请招标人明确。在施工过程中，当出现的风险内容及其范围(幅度)在合同约定的范围内时，合同价款不作调整。

(3)分部分项工程和措施项目中的单价项目，应根据招标文件和招标工程量清单项目中的特征描述确定综合单价的计算。招投标过程中，当招标工程量清单项目特征描述与设计图纸不符时，投标人应以招标工程量清单的项目特征描述为准，确定投标报价的综合单价。当施工中的施工图纸或设计变更与招标工程量清单的项目特征描述不一致时，发承包双方应按实际施工的项目特征，依据合同约定重新确定综合单价计算。

(4)投标人可根据工程实际情况并结合施工组织设计，对招标人所列的措施项目进行增补。投标人根据投标施工组织设计或施工方案调整和确定的措施项目应通过评标委员会的评审。

措施项目中的总价项目应采用综合单价计价。其中，安全文明施工费应按国家或省级、行业建设主管部门的规定确定，且不得作为竞争性费用。

(5)其他项目应按下列规定报价：

1)暂列金额应按招标工程量清单中列出的金额填写，不得变动；

2)材料、工程设备暂估价应按招标工程量清单中列出的单价计入综合单价，不得变动和更改；

3)专业工程暂估价应按招标工程量清单中列出的金额填写，不得变动和更改；

4)计日工应按招标工程量清单中列出的项目和数量，自主确定综合单价并计算计日工金额；

5)总承包服务费应依据招标工程量清单中列出的专业工程暂估价内容和供应材料、设备情况，按照招标人提出协调、配合与服务的要求和施工现场管理的需要自主确定。

(6)规费和税金必须按国家或省级、行业建设主管部门的规定计算，不得作为竞争性费用。

(7)招标工程量清单与计价表中列明的所有需要填写单价和合价的项目，投标人均应填写且只允许有一个报价。未填写单价和合价的项目，可视为此项费用已包含在已标价工程量清单中其他项目的单价和合价之中。当竣工结算时，此项目不得重新组价予以调整。

(8)实行工程量清单招标，投标人的投标总价应当与组成已标价工程量清单的分部分项工程费、措施项目费、其他项目费和规费、税金的合计金额一致，即投标人在投标报价时，不能进行投标总价优惠(或降价、让利)，投标人对招标人的任何优惠(或降价、让利)均应反映在相应清单项目的综合单价中。

2.2.3 竣工结算与支付

1. 一般规定

(1)工程完工后，发承包双方必须在合同约定的时间内办理工程竣工结算。合同中未约定或约定不明确的，按"13 计价规范"中的有关规定处理。

(2)工程竣工结算应由承包人或受其委托具有相应资质的工程造价咨询人编制，并应由发包人或受其委托具有相应资质的工程造价咨询人核对。实行总承包的工程，由总承包人对竣工结算的编制负总责。

(3)当发承包双方或一方对工程造价咨询人出具的竣工结算文件有异议时，可向工程造价管理机构投诉，申请对其进行执业质量鉴定。

(4)工程造价管理机构对投诉的竣工结算文件进行质量鉴定，宜按"13 计价规范"的相关规定进行。

(5)由于竣工结算是反映工程造价计价规定执行情况的最终文件，竣工结算办理完毕，发包人应将竣工结算文件报送工程所在地或有该工程管辖权的行业管理部门的工程造价管理机构备案。竣工结算文件应作为工程竣工验收备案、交付使用的必备文件。

2. 编制与复核

(1)工程竣工结算应根据下列依据编制和复核：

1)"13 计价规范"；

2)工程合同；

3)发承包双方实施过程中已确认的工程量及其结算的合同价款；

4)发承包双方实施过程中已确认调整后追加(减)的合同价款；

5)建设工程设计文件及相关资料；

6)投标文件；

7)其他依据。

(2)分部分项工程和措施项目中的单价项目应依据发承包双方确认的工程量与已标价工程量清单的综合单价计算；发生调整的，应以发承包双方确认调整的综合单价计算。

（3）措施项目中的总价项目应依据已标价工程量清单的项目和金额计算；发生调整的，应以发承包双方确认调整的金额计算。其中，安全文明施工费应按照国家或省级、行业建设主管部门的规定计算。施工过程中，国家或省级、行业建设主管部门对安全文明施工费进行了调整的，措施项目费和安全文明施工费应作相应调整。

（4）办理竣工结算时，其他项目费的计算应按以下要求进行计价：

1）计日工的费用应按发包人实际签证确认的数量和合同约定的相应项目综合单价计算。

2）暂估价中的材料、工程设备是招标采购的，其单价按中标价在综合单价中调整。暂估价中的材料、设备为非招标采购的，其单价按发承包双方最终确认的单价在综合单价中调整。暂估价中的专业工程是招标发包的，其专业工程费按中标价计算。暂估价中的专业工程为非招标发包的，其专业工程费按发承包双方与分包人最终确认的金额计算。

3）总承包服务费应依据已标价工程量清单金额计算，发承包双方依据合同约定对总承包服务进行了调整的，应按调整后的金额计算。

4）索赔事件产生的费用在办理竣工结算时应在其他项目费中反映。索赔费用的金额应依据发承包双方确认的索赔事项和金额计算。

5）现场签证发生的费用在办理竣工结算时应在其他项目费中反映。现场签证费用金额依据发承包双方签证资料确认的金额计算。

6）合同价款中的暂列金额在用于各项价款调整、索赔与现场签证后，若有余额，则余额归发包人，若出现差额，则由发包人补足并反映在相应的工程价款中。

（5）规费和税金应按国家或省级、行业建设主管部门对规费和税金的计取标准计算。规费中的工程排污费应按工程所在地环境保护部门规定的标准缴纳后按实计取列入。

（6）由于竣工结算与合同工程实施过程中的工程计量及其价款结算、进度款支付、合同价款调整等具有内在联系，因此，发承包双方在合同工程实施过程中已经确认的工程计量结果和合同价款，在竣工结算办理中应直接进入结算，从而简化结算流程。

3. 竣工结算

竣工结算的编制与核对是工程造价计价中发承包双方应共同完成的重要工作。按照交易的一般原则，任何交易结束，都应做到钱、货两清，工程建设也不例外。工程施工的发承包活动作为期货交易行为，当工程竣工验收合格后，承包人将工程移交给发包人时，发承包双方应将工程价款结算清楚，即竣工结算办理完毕。

（1）合同工程完工后，承包人应在经发承包双方确认的合同工程期中价款结算的基础上汇总编制完成竣工结算文件，并在提交竣工验收申请的同时向发包人提交竣工结算文件。承包人未在合同约定的时间内提交竣工结算文件，经发包人催告后14天内仍未提交或没有明确答复的，发包人有权根据已有资料编制竣工结算文件，作为办理竣工结算和支付结算款的依据，承包人应予以认可。

因承包人无正当理由在约定时间内未递交竣工结算书，造成工程结算价款延期支付的，责任由承包人承担。

（2）发包人应在收到承包人提交的竣工结算文件后的28天内核对。发包人经核实，认为承包人还应进一步补充资料和修改结算文件的，应在上述时限内向承包人提出核实意见，承包人在收到核实意见后的28天内应按照发包人提出的合理要求补充资料，修改竣工结算文件，并应再次提交给发包人复核后批准。

（3）发包人应在收到承包人再次提交的竣工结算文件后的28天内予以复核，将复核结果通知承包人，并应遵守下列规定：

1)发包人、承包人对复核结果无异议的，应在7天内在竣工结算文件上签字确认，竣工结算办理完毕。

2)发包人或承包人对复核结果认为有误的，无异议部分按照本条第1)款规定办理不完全竣工结算；有异议部分由发承包双方协商解决；协商不成的，应按照合同约定的争议解决方式处理。

（4）发包人在收到承包人竣工结算文件后的28天内，不核对竣工结算或未提出核对意见的，应视为承包人提交的竣工结算文件已被发包人认可，竣工结算办理完毕。

（5）承包人在收到发包人提出的核实意见后的28天内，不确认也未提出异议的，应视为发包人提出的核实意见已被承包人认可，竣工结算办理完毕。

（6）发包人委托工程造价咨询人核对竣工结算的，工程造价咨询人应在28天内核对完毕，核对结论与承包人竣工结算文件不一致的，应提交给承包人复核；承包人应在14天内将同意核对结论或不同意见的说明提交工程造价咨询人。工程造价咨询人收到承包人提出的异议后，应再次复核，复核无异议的，应在7天内在竣工结算文件上签字确认，竣工结算办理完毕；复核后仍有异议的，对于无异议部分按照规定办理不完全竣工结算；有异议部分由发承包双方协商解决；协商不成的，应按照合同约定的争议解决方式处理。

承包人逾期未提出书面异议的，应视为工程造价咨询人核对的竣工结算文件已经承包人认可。

（7）对发包人或发包人委托的工程造价咨询人指派的专业人员与承包人指派的专业人员经核对后无异议并签名确认的竣工结算文件，除非发承包人能提出具体、详细的不同意见，否则发承包人都应在竣工结算文件上签名确认，如其中一方拒不签认，按下列规定办理：

1)若发包人拒不签认，承包人可不提供竣工验收备案资料，并有权拒绝与发包人或其上级部门委托的工程造价咨询人重新核对竣工结算文件。

2)若承包人拒不签认，发包人要求办理竣工验收备案的，承包人不得拒绝提供竣工验收资料，否则，由此造成的损失，承包人承担相应责任。

（8）合同工程竣工结算核对完成，发承包双方签字确认后，发包人不得要求承包人与另一个或多个工程造价咨询人重复核对竣工结算。

（9）发包人对工程质量有异议，拒绝办理工程竣工结算的，已竣工验收或已竣工未验收但实际投入使用的工程，其质量争议应按该工程保修合同执行，竣工结算应按合同约定办理；已竣工未验收且未实际投入使用的工程以及停工、停建工程的质量争议，双方应就有争议的部分委托有资质的检测鉴定机构进行检测，并应根据检测结果确定解决方案，或按工程质量监督机构的处理决定执行后办理竣工结算，无争议部分的竣工结算应按合同约定办理。

4. 结算款支付

（1）承包人应根据办理的竣工结算文件向发包人提交竣工结算款支付申请。申请应包括下列内容：

1)竣工结算合同价款总额；

2)累计已实际支付的合同价款；

3)应预留的质量保证金；

4)实际应支付的竣工结算款金额。

(2)发包人应在收到承包人提交的竣工结算款支付申请后 7 天内予以核实，向承包人签发竣工结算支付证书。

(3)发包人签发竣工结算支付证书后的 14 天内，应按照竣工结算支付证书列明的金额向承包人支付结算款。

(4)发包人在收到承包人提交的竣工结算款支付申请后 7 天内不予核实，不向承包人签发竣工结算支付证书的，视为承包人的竣工结算款支付申请已被发包人认可；发包人应在收到承包人提交的竣工结算款支付申请 7 天后的 14 天内，按照承包人提交的竣工结算款支付申请列明的金额向承包人支付结算款。

(5)工程竣工结算办理完毕后，发包人应按合同约定向承包人支付工程价款。发包人按合同约定应向承包人支付而未支付的工程款视为拖欠工程款。发包人未按照上述第(3)条和第(4)条规定支付竣工结算款的，承包人可催告发包人支付，并有权获得延迟支付的利息。发包人在竣工结算支付证书签发后或者在收到承包人提交的竣工结算款支付申请 7 天后的 56 天内仍未支付的，除法律另有规定外，承包人可与发包人协商将该工程折价，也可直接向人民法院申请将该工程依法拍卖。承包人应就该工程折价或拍卖的价款优先受偿。

5. 质量保证金

(1)发包人应按照合同约定的质量保证金比例从结算款中预留质量保证金。质量保证金用于承包人按照合同约定履行属于自身责任的工程缺陷修复义务的，为发包人有效监督承包人完成缺陷修复提供资金保证。

(2)承包人未按照合同约定履行属于自身责任的工程缺陷修复义务的，发包人有权从质量保证金中扣除用于缺陷修复的各项支出。经查验，工程缺陷由发包人的原因造成的，应由发包人承担查验和缺陷修复的费用。

(3)在合同约定的缺陷责任期终止后，发包人应按照规定，将剩余的质量保证金返还给承包人。

6. 最终结清

(1)缺陷责任期终止后，承包人已完成合同约定的全部承包工作，但合同工程的财务账目需要结清，因此承包人应按照合同约定向发包人提交最终结清支付申请。发包人对最终结清支付申请有异议的，有权要求承包人进行修正和提供补充资料。承包人修正后，应再次向发包人提交修正后的最终结清支付申请。

(2)发包人应在收到最终结清支付申请后的 14 天内予以核实，并应向承包人签发最终结清支付证书。

(3)发包人应在签发最终结清支付证书后的 14 天内，按照最终结清支付证书列明的金额向承包人支付最终结清款。

(4)发包人未在约定的时间内核实，又未提出具体意见的，应视为承包人提交的最终结清支付申请已被发包人认可。

(5)发包人未按期最终结清支付的，承包人可催告发包人支付，并有权获得延迟支付的利息。

(6)最终结清时，承包人被预留的质量保证金不足以抵减发包人工程缺陷修复费用的，承包人应承担不足部分的补偿责任。

(7)承包人对发包人支付的最终结清款有异议的，应按照合同约定的争议解决方式处理。

任务 2.3　工程计价表格

2.3.1　工程计价表格设置与要求

工程计价表宜采用统一格式。"13计价规范"给出了工程计价表格的格式，具体应用中可以其为基础，根据具体情况补充完善。

1. 工程量清单编制表格

根据"13计价规范"，工程量清单编制表格包括：封-1、扉-1、表-01、表-11、表-12（不含表-12-6～表-12-8）、表-13、表-20、表-21或表-22。具体表格格式参见"2.3.2 工程计价表格格式"。

其中：

（1）扉页应按规定的内容填写、签字、盖章，由造价员编制的工程量清单应有负责审核的造价工程师签字、盖章。受委托编制的工程量清单，应由造价工程师签字、盖章以及工程造价咨询人盖章。

（2）表-01总说明应按下列内容填写：

1）工程概况：建设规模、工程特征、计划工期、施工现场实际情况、自然地理条件、环境保护要求等。

2）工程招标和专业工程发包范围。

3）工程量清单编制依据。

4）工程质量、材料、施工等的特殊要求。

5）其他需要说明的问题。

2. 工程量清单计价编制表格

（1）招标控制价编制表格包括：封-2、扉-2、表-01、表-02、表-03、表-04、表-08、表-09、表-11、表-12（不含表-12-6～表-12-8）、表-13、表-20、表-21或表-22。

（2）投标报价编制表格包括：封-3、扉-3、表-01、表-02、表-03、表-04、表-08、表-09、表-11、表-12（不含表-12-6～表-12-8）、表-13、表-16，招标文件提供的表-20、表-21或表-22。

（3）竣工结算编制表格包括：封-4、扉-4、表-01、表-05、表-06、表-07、表-08、表-09、表-10、表-11、表-12、表-13、表-14、表-15、表-16、表-17、表-18、表-19、表-20、表-21或表-22。

其中：

（1）扉页应按规定的内容填写、签字、盖章，除承包人自行编制的投标报价和竣工结算外，受委托编制的招标控制价、投标报价、竣工结算，由造价员编制的应由负责审核的造价工程师签字、盖章以及工程造价咨询人盖章。

（2）总说明应按下列规定填写：

1）工程概况：建设规模、工程特征、计划工期、合同工期、实际工期、施工现场及变化情况、施工组织设计的特点、自然地理条件、环境保护要求等。

2)编制依据、其他需要说明的问题等。

2.3.2 工程计价表格格式

1. 工程计价文件封面

(1)招标工程量清单封面(封-1)。

_____工程

招标工程量清单

招　标　人：_____

（单位盖章）

造价咨询人：_____

（单位盖章）

年　月　日

（2）招标控制价封面（封-2）。

_____工程

招标控制价

招　标　人：_____

（单位盖章）

造价咨询人：_____

（单位盖章）

年　月　日

封-2

(3)投标总价封面(封-3)。

_____工程

投 标 总 价

投 标 人：_____
（单位盖章）

年　月　日

(4)竣工结算书封面(封-4)。

_____工程

竣工结算书

发　包　人：_____
(单位盖章)

承　包　人：_____
(单位盖章)

造价咨询人：_____
(单位盖章)

年　月　日

2. 工程计价文件扉页

(1)招标工程量清单扉页(扉-1)。

_____ 工程

招标工程量清单

招　标　人：_____　　造价咨询人：_____
　　　　　　　　（单位盖章）　　　　　　　　　　　　　　　　（单位资质专用章）

法定代表人　　　　　　　　　　　　　　法定代表人
或其授权人：_____　　或其授权人：_____
　　　　　　　　（签字或盖章）　　　　　　　　　　　　　　（签字或盖章）

编　制　人：_____　　复　核　人：_____
　　　　（造价人员签字盖专用章）　　　　　　　（造价工程师签字盖专用章）

编制时间：　年　月　日　　　　　　复核时间：　年　月　日

(2)招标控制价扉页(扉-2)。

_____工程

招标控制价

招标控制价(小写)：_____

(大写)：_____

招　标　人：_____　　　　造价咨询人：_____
　　　　　　　　（单位盖章）　　　　　　　　　　　　　　　　（单位资质专用章）

法定代表人　　　　　　　　　　　　　　　　法定代表人
或其授权人：_____　　　　或其授权人：_____
　　　　　　　　（签字或盖章）　　　　　　　　　　　　　　　（签字或盖章）

编　制　人：_____　　　　复　核　人：_____
　　　　　（造价人员签字盖专用章）　　　　　　　　　　（造价工程师签字盖专用章）

编制时间：　年　月　日　　　　　　　复核时间：　年　月　日

扉-2

(3)投标总价扉页(扉-3)。

投 标 总 价

招 标 人：＿＿＿＿＿＿＿＿＿＿＿＿＿＿＿

工 程 名 称：＿＿＿＿＿＿＿＿＿＿＿＿＿＿＿

投标总价(小写)：＿＿＿＿＿＿＿＿＿＿＿＿＿
　　　　(大写)：＿＿＿＿＿＿＿＿＿＿＿＿＿

投 标 人：＿＿＿＿＿＿＿＿＿＿＿＿＿＿＿
（单位盖章）

法定代表人
或其授权人：＿＿＿＿＿＿＿＿＿＿＿＿＿＿＿
（签字或盖章）

编 制 人：＿＿＿＿＿＿＿＿＿＿＿＿＿＿＿
（造价人员签字盖专用章）

时　　　间：　　年　月　日

扉-3

(4)竣工结算总价扉页(扉-4)。

_____工程

竣工结算总价

签约合同价(小写):_____ (大写):_____

竣工结算价(小写):_____ (大写):_____

发　包　人:_____ 承　包　人:_____ 造价咨询人:_____
　　　(单位盖章)　　　　　　(单位盖章)　　　　　(单位资质专用章)

法定代表人　　　　　　法定代表人　　　　　　法定代表人
或其授权人:_____ 或其授权人:_____ 或其授权人:_____
　　　(签字或盖章)　　　　(签字或盖章)　　　　(签字或盖章)

编　制　人:_____ 核　对　人:_____
　　(造价人员签字盖专用章)　　　　(造价工程师签字盖专用章)

编制时间:　年　月　日　　　　核对时间:　年　月　日

扉-4

3. 工程计价总说明(表-01)

总说明

工程名称: 第 页 共 页

表-01

4. 工程计价汇总表

(1)建设项目招标控制价/投标报价汇总表(表-02)。

建设项目招标控制价/投标报价汇总表

工程名称: 第 页 共 页

序号	单项工程名称	金额/元	其中: /元		
			暂估价	安全文明施工费	规费
合　计					
注:本表适用于建设项目招标控制价或投标报价的汇总。					

表-02

（2）单项工程招标控制价/投标报价汇总表（表-03）。

单项工程招标控制价/投标报价汇总表

工程名称：   第 页 共 页

序号	单位工程名称	金额/元	其中：/元		
			暂估价	安全文明施工费	规费
	合 计				
注：本表适用于单项工程招标控制价或投标报价的汇总。暂估价包括分部分项工程中的暂估价和专业工程暂估价。					

表-03

（3）单位工程招标控制价/投标报价汇总表（表-04）。

单位工程招标控制价/投标报价汇总表

工程名称：   标段：   第 页 共 页

序号	汇总内容	金额/元	其中：暂估价/元
1	分部分项工程		
1.1			
1.2			
1.3			
1.4			
1.5			
2	措施项目		
2.1	其中：安全文明施工费		
3	其他项目		
3.1	其中：暂列金额		
3.2	其中：专业工程暂估价		
3.3	其中：计日工		
3.4	其中：总承包服务费		
4	规费		
5	税金		
招标控制价合计＝1＋2＋3＋4＋5			
注：本表适用于单位工程招标控制价或投标报价的汇总，如无单位工程划分，单项工程也使用本表汇总。			

表-04

（4）建设项目竣工结算汇总表（表-05）。

建设项目竣工结算汇总表

工程名称：　　　　　　　　　　　　　　　　　　　　　　　　第　页　共　页

序号	单项工程名称	金额/元	其中：/元	
			安全文明施工费	规费
	合　　计			

表-05

（5）单项工程竣工结算汇总表（表-06）。

单项工程竣工结算汇总表

工程名称：　　　　　　　　　　　　　　　　　　　　　　　　第　页　共　页

序号	单位工程名称	金额/元	其中：/元	
			安全文明施工费	规费
	合　　计			

表-06

(6)单位工程竣工结算汇总表(表-07)。

单位工程竣工结算汇总表

工程名称： 标段： 第 页 共 页

序号	汇总内容	金额/元
1	分部分项工程	
1.1		
1.2		
1.3		
1.4		
1.5		
2	措施项目	
2.1	其中：安全文明施工费	
3	其他项目	
3.1	其中：专业工程结算价	
3.2	其中：计日工	
3.3	其中：总承包服务费	
3.4	其中：索赔与现场鉴证	
4	规费	
5	税金	
竣工结算总价合计＝1＋2＋3＋4＋5		

注：如无单位工程划分，单项工程也使用本表汇总。

表-07

5. 分部分项工程和措施项目计价表

(1)分部分项工程和单价措施项目清单与计价表(表-08)。

分部分项工程和单价措施项目清单与计价表

工程名称：　　　　　　　　　　　　标段：　　　　　　　　　　　　第　页　共　页

序号	项目编码	项目名称	项目特征描述	计量单位	工程量	金额/元			
						综合单价	合计	其中	
								暂估价	
			本页小计						
			合　计						
注：为计取规费等的使用，可在表中增设其中："定额人工费"。									

表-08

（2）综合单价分析表（表-09）。

综合单价分析表

工程名称：　　　　　　　　　　　　标段：　　　　　　　　　　　　第　页　共　页

项目编码		项目名称		计量单位		工程量	
清单综合单价组成明细							

定额编码	定额项目名称	定额单位	数量	单　价				合　价			
				人工费	材料费	机械费	管理费和利润	人工费	材料费	机械费	管理费和利润
人工单价		小　计									
元/日工		未计价材料费									
清单项目综合单价											

	主要材料名称、规格、型号	单位	数量	单价/元	合价/元	暂估单价/元	暂估合价/元
材料费明细							
	其他材料费			—		—	
	材料费小计			—		—	
注：1. 如不使用省级或行业建设主管部门发布的计价依据，可不填写定额编号、名称等。							
2. 招标文件提供了暂估单价的材料，按暂估的单价填入表内"暂估单价"栏及"暂估合价"栏。							

表-09

(3)综合单价调整表(表-10)。

综合单价调整表

工程名称：　　　　　　　　　　　　　标段：　　　　　　　　　　　　第　页　共　页

序号	项目编码	项目名称	已标价清单综合单价/元					调整后综合单价/元				
			综合单价	其中				综合单价	其中			
				人工费	材料费	机械费	管理费和利润		人工费	材料费	机械费	管理费和利润

造价工程师(签章)：　　　　发包人代表(签章)：　　　　　　造价人员(签章)：　　　　承包人代表(签章)：

　　　　　　　　　　　日期：　　　　　　　　　　　　　　　　　　　　　日期：

注：综合单价调整应附调整依据。

表-10

（4）总价措施项目清单与计价表(表-11)。

总价措施项目清单与计价表

工程名称：　　　　　　　　　　　　标段：　　　　　　　　　　　第　页　共　页

序号	项目编码	项目名称	计算基础	费率/%	金额/元	调整费率/%	调整后金额/元	备注
		安全文明施工费						
		夜间施工增加费						
		二次搬运费						
		冬雨期施工增加费						
		已完工程及设备保护费						
		合　计						

编制人(造价人员)：　　　　　　　　　　　　　　复核人(造价工程师)：

注：1. "计算基础"中安全文明施工费可为"定额基价""定额人工费"或"定额人工费＋定额机械费"，其他项目可为"定额人工费"或"定额人工费＋定额机械费"。

2. 按施工方案计算的措施费，若无"计算基础"和"费率"的数值，也可只填"金额"数值，但应在备注栏说明施工方案的出处或计算方法。

表-11

6. 其他项目计价表

（1）其他项目清单与计价汇总表(表-12)。

其他项目清单与计价汇总表

工程名称：　　　　　　　　　　标段：　　　　　　　　　　第　页　共　页

序号	项目名称	金额/元	结算金额/元	备　注
1	暂列金额			明细详见表-12-1
2	暂估价			
2.1	材料(工程设备)暂估价/结算价	—		明细详见表-12-2
2.2	专业工程暂估价/结算价			明细详见表-12-3
3	计日工			明细详见表-12-4
4	总承包服务费			明细详见表-12-5
5	索赔与现场签证	—		明细详见表-12-6
	合　计			—

注：材料(工程设备)暂估单价计入清单项目综合单价，此处不汇总。

表-12

（2）暂列金额明细表（表-12-1）。

暂列金额明细表

工程名称：　　　　　　　　　　　　标段：　　　　　　　　　　第　页　共　页

序号	项目名称	计量单位	暂定金额/元	备　注
1				
2				
3				
4				
5				
6				
7				
8				
9				
10				
11				
	合　计			—

注：此表由招标人填写，如不能详列，也可只列暂定金额总额，投标人应将上述暂列金额计入投标总价中。

表-12-1

（3）材料（工程设备）暂估单价及调整表（表-12-2）。

材料（工程设备）暂估单价及调整表

工程名称：　　　　　　　　　　　　标段：　　　　　　　　　　第　页　共　页

序号	材料（工程设备）名称、规格、型号	计量单位	数量		暂估/元		确认/元		差额±/元		备注
			暂估	确认	单价	合价	单价	合价	单价	合价	
合　计											

注：此表由招标人填写"暂估单价"，并在备注栏说明暂估单价的材料、工程设备拟用在哪些清单项目上，投标人应将上述材料、工程设备暂估单价计入工程量清单综合单价报价中。

表-12-2

（4）专业工程暂估价及结算价表（表-12-3）。

专业工程暂估价及结算价表

工程名称：　　　　　　　　　　　标段：　　　　　　　　　第 页 共 页

序号	工程名称	工程内容	暂估金额/元	结算金额/元	差额±/元	备 注
合 计						

注：此表"暂估金额"由招标人填写，投标人应将"暂估金额"计入投标总价中。结算时按合同约定结算金额填写。

表-12-3

（5）计日工表（表-12-4）。

计日工表

工程名称：　　　　　　　　　　　标段：　　　　　　　　　第 页 共 页

编号	项目名称	单位	暂定数量	实际数量	综合单价/元	合价/元	
						暂定	实际
一	人工						
1							
2							
3							
4							
人工小计							
二	材料						
1							
2							
3							
4							
5							
材料小计							
三	施工机械						
1							
2							
3							
4							
施工机械小计							
四、企业管理费和利润							
总 计							

注：此表"项目名称""暂定数量"由招标人填写，编制招标控制价时，单价由招标人按有关规定确定；投标时，单价由投标人自主报价，按暂定数量计算合价计入投标总价中；结算时，按发承包双方确定的实际数量计算合价。

表-12-4

（6）总承包服务费计价表（表-12-5）。

总承包服务费计价表

工程名称：　　　　　　　　　　标段：　　　　　　　　　第　页　共　页

序号	项目名称	项目价值/元	服务内容	计算基础	费率/%	金额/元
1	发包人发包专业工程					
2	发包人提供材料					
	合　计	—	—	—	—	

注：此表"项目名称""服务内容"由招标人填写，编制招标控制价时，费率及金额由招标人按有关计价规定确定；
　　投标时，费率及金额由投标人自主报价，计入投标总价中。

表-12-5

（7）索赔与现场签证计价汇总表（表-12-6）。

索赔与现场签证计价汇总表

工程名称：　　　　　　　　　　标段：　　　　　　　　　第　页　共　页

序号	签证及索赔项目名称	计量单位	数量	单价/元	合价/元	索赔及签证依据
—	本页小计	—	—	—		—
—	合　计	—	—	—		—

注：签证及索赔依据是指经双方认可的签证单和索赔依据的编号。

表-12-6

(8)费用索赔申请(核准)表(表-12-7)。

费用索赔申请(核准)表

工程名称：　　　　　　　　　　标段：　　　　　　　　　　编号：

致：＿＿＿＿＿＿＿＿＿＿＿＿＿＿＿＿＿＿＿＿＿＿＿＿＿＿＿＿＿＿＿＿＿＿＿(发包人全称)

致：＿＿＿＿＿＿＿＿＿＿＿＿＿＿＿＿＿＿＿＿＿＿＿＿＿＿＿＿＿＿＿(发包人全称)

　　根据施工合同条款＿＿＿＿＿条的约定，由于＿＿＿＿＿＿＿＿＿＿＿原因，我方要求索赔金额(大写)＿＿＿＿＿＿＿＿，(小写＿＿＿＿)，请予核准。

附：1. 费用索赔的详细理由和依据：
　　2. 索赔金额的计算：
　　3. 证明材料：

承包人(章)

造价人员＿＿＿＿　　　　　承包人代表＿＿＿＿　　　　　日　期＿＿＿＿

复核意见： 　　根据施工合同条款＿＿＿＿＿条的约定，你方提出的费用索赔申请经复核： 　　□不同意此项索赔，具体意见见附件。 　　□同意此项索赔，索赔金额的计算，由造价工程师复核。 监理工程师＿＿＿＿ 日　期＿＿＿＿	复核意见： 　　根据施工合同条款＿＿＿＿＿条的约定，你方提出的费用索赔申请经复核，索赔金额为(大写)＿＿＿＿＿＿(小写＿＿＿＿)。 造价工程师＿＿＿＿ 日　期＿＿＿＿

审核意见：
　　□不同意此项索赔。
　　□同意此项索赔，与本期进度款同期支付。

发包人(章)
发包人代表＿＿＿＿
日　期＿＿＿＿

注：1. 在选择栏中的"□"内作标识"√"。
　　2. 本表一式四份，由承包人填报，发包人、监理人、造价咨询人、承包人各存一份。

表-12-7

(9)现场签证表(表-12-8)。

现场签证表

工程名称：　　　　　　　　　　　　　标段：　　　　　　　　　　　编号：

施工部位		日　期	

致：_____(发包人全称)

　　根据_____(指令人姓名)　年　月　日的口头指令或你方_____(或监理人)　年　月　日的书面通知，我方要求完成此项工作应支付价款金额为(大写)_____(小写_____)，请予核准。

附：1. 签证事由及原因：

　　2. 附图及计算式：

承包人(章)

造价人员_____　　　　　承包人代表_____　　　　　日　期_____

复核意见： 　　你方提出的此项签证申请经复核： □不同意此项签证，具体意见见附件。 □同意此项签证，签证金额的计算，由造价工程师复核。 监理工程师_____ 日　期_____	复核意见： 　　□此项签证按承包人中标的计日工单价计算，金额为(大写)_____元，(小写_____元)。 　　□此项签证因无计日工单价，金额为(大写)_____元，(小写_____)。 造价工程师_____ 日　期_____

审核意见：

□不同意此项签证。

□同意此项签证，价款与本期进度款同期支付。

发包人(章)

发包人代表_____

日　期_____

注：1. 在选择栏中的"□"内作标识"√"。

　　2. 本表一式四份，由承包人在收到发包人(监理人)的口头或书面通知后填写，发包人、监理人、造价咨询人、承包人各存一份。

表-12-8

7. 规费、税金项目计价表(表-13)

规费、税金项目计价表

工程名称：　　　　　　　　　　标段：　　　　　　　　　　第　页　共　页

序号	项目名称	计算基础	计算基数	计算费率/%	金额/元
1	规费	定额人工费			
1.1	社会保险费	定额人工费			
(1)	养老保险费	定额人工费			
(2)	失业保险费	定额人工费			
(3)	医疗保险费	定额人工费			
(4)	工伤保险费	定额人工费			
(5)	生育保险费	定额人工费			
1.2	住房公积金	定额人工费			
1.3	工程排污费	按工程所在地环境保护部门收取标准，按实计入			
2	税金	分部分项工程费＋措施项目费＋其他项目费＋规费－按规定不计税的工程设备金额			
合　计					

编制人(造价人员)：　　　　　　　　　　　复核人(造价工程师)：

表-13

8. 工程计量申请(核准)表(表-14)

工程计量申请(核准)表

工程名称：　　　　　　　　　　标段：　　　　　　　　　　第　页　共　页

序号	项目编码	项目名称	计量单位	承包人申请数量	发包人核实数量	发承包人确认数量	备注

承包人代表：	监理工程师：	造价工程师：	发包人代表：
日期：	日期：	日期：	日期：

表-14

9. 合同价款支付申请(核准)表

(1) 预付款支付申请(核准)表(表-15)。

预付款支付申请(核准)表

工程名称：   标段：   编号：

致：_____（发包人全称）

　　我方根据施工合同的约定，现申请支付工程预付款额为(大写)_____(小写_____)，请予核准。

序号	名　　称	申请金额/元	复核金额/元	备　　注
1	已签约合同价款金额			
2	其中：安全文明施工费			
3	应支付的预付款			
4	应支付的安全文明施工费			
5	合计应支付的预付款			

承包人(章)

造价人员_____　　　　承包人代表_____　　　　日　期_____

复核意见： □与合同约定不相符，修改意见见附件。 □与合同约定相符，具体金额由造价工程师复核。 监理工程师_____ 日　期_____	复核意见： 　　你方提出的支付申请经复核，应支付预付款金额为(大写)_____(小写_____)。 造价工程师_____ 日　期_____

审核意见：
□不同意。
□同意，支付时间为本表签发后的 15 天内。

发包人(章)
发包人代表_____
日　期_____

注：1. 在选择栏中的"□"内作标识"√"。
　　2. 本表一式四份，由承包人填报，发包人、监理人、造价咨询人、承包人各存一份。

表-15

（2）总价项目进度款支付分解表（表-16）。

总价项目进度款支付分解表

工程名称：　　　　　　　　　　　标段：　　　　　　　　　　　单位：元

序号	项目名称	总价金额	首次支付	二次支付	三次支付	四次支付	五次支付	
	安全文明施工费							
	夜间施工增加费							
	二次搬运费							
	社会保险费							
	住房公积金							
	合　　计							

编制人（造价人员）：　　　　　　　　　　　复核人（造价工程师）：

注：1. 本表应由承包人在投标报价时根据发包人在招标文件明确的进度款支付周期与报价填写，签订合同时，发承包双方可就支付分解协商调整后作为合同附件。

　　2. 单价合同使用本表，"支付"栏时间应与单价项目进度款支付周期相同。

　　3. 总价合同使用本表，"支付"栏时间应与约定的工程计量周期相同。

表-16

(3)进度款支付申请(核准)表(表-17)。

进度款支付申请(核准)表

工程名称： 标段： 编号：

致：＿＿＿＿＿＿＿＿＿＿＿＿＿＿＿＿＿＿＿＿＿＿＿＿＿＿＿＿＿＿＿＿＿＿＿(发包人全称)

我方于＿＿＿＿至＿＿＿＿期间已完成了＿＿＿＿工作，根据施工合同的约定，现申请支付本周期的合同款额为(大写)＿＿＿＿(小写＿＿＿＿)，请予核准。

序号	名 称	实际金额/元	申请金额/元	复核金额/元	备 注
1	累计已完成的合同价款				
2	累计已实际支付的合同价款				
3	本周期合计完成的合同价款				
3.1	本周期已完成单价项目的金额				
3.2	本周期应支付的总价项目的金额				
3.3	本周期已完成的计日工价款				
3.4	本周期应支付的安全文明施工费				
3.5	本周期应增加的合同价款				
4	本周期合计应扣减的金额				
4.1	本周期应抵扣的预付款				
4.2	本周期应扣减的金额				
5	本周期应支付的合同价款				

附：上述3、4详见附件清单。

承包人(章)

造价人员＿＿＿＿＿＿ 承包人代表＿＿＿＿＿＿ 日 期＿＿＿＿＿＿

复核意见： □与实际施工情况不相符，修改意见见附件。 □与实际施工情况相符，具体金额由造价工程师复核。 监理工程师＿＿＿＿＿＿ 日 期＿＿＿＿＿＿	复核意见： 你方提出的支付申请经复核，本周期已完成合同款额为(大写)＿＿＿＿(小写＿＿＿＿)，本周期应支付金额为(大写)＿＿＿＿(小写＿＿＿＿)。 造价工程师＿＿＿＿＿＿ 日 期＿＿＿＿＿＿

审核意见：
□不同意。
□同意，支付时间为本表签发后的15天内。

发包人(章)
发包人代表＿＿＿＿＿＿
日 期＿＿＿＿＿＿

注：1. 在选择栏中的"□"内作标识"√"。
　　2. 本表一式四份，由承包人填报，发包人、监理人、造价咨询人、承包人各存一份。

表-17

（4）竣工结算款支付申请（核准）表（表-18）。

竣工结算款支付申请(核准)表

工程名称：　　　　　　　　　标段：　　　　　　　　　编号：

致：＿＿＿＿＿＿＿＿＿＿＿＿＿＿＿＿＿＿＿＿＿＿＿＿＿＿＿＿＿＿＿＿＿（发包人全称）

　　我方于＿＿＿＿＿至＿＿＿＿＿期间已完成合同约定的工作，工程已经完工，根据施工合同的约定，现申请支付竣工结算合同款额为(大写)＿＿＿＿＿＿(小写＿＿＿＿＿＿)，请予核准。

序号	名　称	申请金额/元	复核金额/元	备　注
1	竣工结算合同价款总额			
2	累计已实际支付的合同价款			
3	应预留的质量保证金			
4	应支付的竣工结算款金额			

承包人(章)

造价人员＿＿＿＿＿＿　　　　承包人代表＿＿＿＿＿＿　　　　日　　期＿＿＿＿＿＿

复核意见： □与实际施工情况不相符，修改意见见附件。 □与实际施工情况相符，具体金额由造价工程师复核。　　　　　　　　　　监理工程师＿＿＿＿＿　　　　　　　　　　日　　期＿＿＿＿＿	复核意见： 　　你方提出的竣工结算款支付申请经复核，竣工结算款总额为(大写)＿＿＿＿＿(小写＿＿＿＿＿)，扣除前期支付以及质量保证金后应支付金额为(大写)＿＿＿＿＿(小写＿＿＿＿＿)。 　　　　　　　　　　造价工程师＿＿＿＿＿　　　　　　　　　　日　　期＿＿＿＿＿

审核意见：

□不同意。

□同意，支付时间为本表签发后的 15 天内。

发包人(章)

发包人代表＿＿＿＿＿

日　　期＿＿＿＿＿

注：1. 在选择栏中的"□"内作标识"√"。

　　2. 本表一式四份，由承包人填报，发包人、监理人、造价咨询人、承包人各存一份。

表-18

(5)最终结清支付申请(核准)表(表-19)。

最终结清支付申请(核准)表

工程名称： 标段： 编号：

致：＿＿＿＿＿＿＿＿＿＿＿＿＿＿＿＿＿＿＿＿＿＿＿＿＿＿＿（发包人全称）

我方于＿＿＿＿＿至＿＿＿＿＿期间已完成了缺陷修复工作，根据施工合同的约定，现申请支付最终结清合同款额为(大写)＿＿＿＿＿(小写＿＿＿＿＿)，请予核准。

序号	名 称	申请金额/元	复核金额/元	备 注
1	已预留的质量保证金			
2	应增加因发包人原因造成缺陷的修复金额			
3	应扣减承包人不修复缺陷、发包人组织修复的金额			
4	最终应支付的合同价款			

上述 3、4 详见附件清单。

承包人(章)

造价人员＿＿＿＿＿＿ 承包人代表＿＿＿＿＿＿ 日 期＿＿＿＿＿＿

复核意见：

□与实际施工情况不相符，修改意见见附件。

□与实际施工情况相符，具体金额由造价工程师复核。

监理工程师＿＿＿＿＿＿
日 期＿＿＿＿＿＿

复核意见：

你方提出的支付申请经复核，最终应支付金额为(大写)＿＿＿＿＿＿＿＿(小写＿＿＿＿＿＿＿)。

造价工程师＿＿＿＿＿＿
日 期＿＿＿＿＿＿

审核意见：

□不同意。

□同意，支付时间为本表签发后的 15 天内。

发包人(章)
发包人代表＿＿＿＿＿＿
日 期＿＿＿＿＿＿

注：1. 在选择栏中的"□"内作标识"√"。如监理人已退场，监理工程师栏可空缺。

2. 本表一式四份，由承包人填报，发包人、监理人、造价咨询人、承包人各存一份。

表-19

10. 主要材料、工程设备一览表

(1)发包人提供材料和工程设备一览表(表-20)。

发包人提供材料和工程设备一览表

工程名称：　　　　　　　　　　　标段：　　　　　　　　　第　页　共　页

序号	材料(工程设备)名称、规格、型号	单位	数量	单价/元	交货方式	送达地点	备注

注：此表由招标人填写，供投标人在投标报价、确定总承包服务费时参考。

表-20

(2)承包人提供主要材料和工程设备一览表(适用于造价信息差额调整法)(表-21)。

承包人提供主要材料和工程设备一览表
(适用于造价信息差额调整法)

工程名称：　　　　　　　　　　　标段：　　　　　　　　　第　页　共　页

序号	名称、规格、型号	单位	数量	风险系数/%	基准单价/元	投标单价/元	发承包人确认单价/元	备注

注：1. 此表由招标人填写除"投标单价"栏外的内容，投标人在投标时自主确定投标单价。
　　2. 招标人应优先采用工程造价管理机构发布的单价作为基准单价，未发布的，通过市场调查确定其基准单价。

表-21

(3)承包人提供主要材料和工程设备一览表(适用于价格指数差额调整法)(表-22)。

承包人提供主要材料和工程设备一览表

（适用于价格指数差额调整法）

工程名称：　　　　　　　　标段：　　　　　　　　　第　页　共　页

序号	名称、规格、型号	变值权重 B	基本价格指数 F_0	现行价格指数 F_t	备注
	定值权重 A		—	—	
	合　计	1	—	—	

注：1. "名称、规格、型号""基本价格指数"栏由招标人填写，基本价格指数应首先采用工程造价管理机构发布的价格指数，没有时，可采用发布的价格代替。如人工、机械费也采用本法调整，由招标人在"名称"栏填写。

2. "变值权重"栏由投标人根据该项人工、机械费和材料、工程设备价值在投标总报价中所占比例填写，1减去其比例为定值权重。

3. "现行价格指数"按约定付款证书相关周期最后一天的前42天的各项价格指数填写，该指数应首先采用工程造价管理机构发布的价格指数，没有时，可采用发布的价格代替。

表-22

2.3.3 招标工程量清单实例

1. 工程设计说明

(1)本工程为某办公楼通风空调工程。

(2)按设计图示：

1)ZK 系列空调器组装式、10 000 m³/h、质量为 350 kg/台，共 8 台。

2)吊顶式 YSFP-300 型风机盘管共 40 台。

3)镀锌钢板风管，绝热层厚为 25 mm。风管制作规格分别为：

①$D=1\ 200$ mm，板材厚为 1.2 mm，风管中心线长度为 350 m。

②$D=1\ 000$ mm，板材厚为 1.0 mm，风管中心线长度为 350 m。

③$D=330$ mm，板材厚为 0.75 mm，风管中心线长度为 700 m。

4)风管上风阀设计为止回阀，规格分别为：

①$D=900$ mm，8 台。

· 73 ·

②$D=800$ mm，8 台。

5）风口为双层百叶风口，规格为：400 mm$\times 240$ mm，共 100 个。

6）钢百叶窗，规格为：$1\,000$ mm$\times 1\,000$ mm，共 8 个。

2. 招标工程量清单编制

以"1. 工程设计说明"为基础，依据"13 计价规范"、《通用安装工程工程量计算规范》（GB 50856—2013），应用本书前述工程量清单编制要求与工程计价表格，编制通风空调工程招标工程量清单。有关通风空调工程工程量计量内容，详见本书项目三的相关内容。

<u>　　　某办公楼通风空调安装　　</u>　工程

招标工程量清单

招　标　人：<u>　　　×××　　　</u>

（单位盖章）

造价咨询人：<u>　　　×××　　　</u>

（单位盖章）

××年×月×日

封-1

<u>　　　某办公楼通风空调安装　　　</u>**工程**

招标工程量清单

招　标　人：<u>　　×××　　</u>

(单位盖章)

造价咨询人：<u>　　×××　　</u>

(单位资质专用章)

法定代表人
或其授权人：<u>　　×××　　</u>

(签字或盖章)

法定代表人
或其授权人：<u>　　×××　　</u>

(签字或盖章)

编　制　人：<u>　　×××　　</u>

(造价人员签字盖专用章)

复　核　人：<u>　　×××　　</u>

(造价工程师签字盖专用章)

编制时间：××年×月×日

复核时间：××年×月×日

总 说 明

工程名称：某办公楼通风空调安装工程　　　　　　　　　　　第　页　共　页

1. 工程概况：如建设地址、建设规模、工程特征、交通状况、环保要求等
2. 工程招标和专业工程发包范围
3. 工程量清单编制依据
4. 工程质量、材料、施工等的特殊要求
5. 其他需要说明的问题

表-01

分部分项工程和单价措施项目清单与计价表

工程名称：某办公楼通风空调安装工程　　　　标段：　　　　　　第　页　共　页

序号	项目编码	项目名称	项目特征描述	计量单位	工程量	综合单价	合价	其中暂估价
1	030701003001	空调器	ZK 系列组装式，10 000 m^3/h，质量为 350 kg/台	台	8			
2	030701004001	风机盘管安装	吊顶式 YSFP-300 型	台	40			
3	030702001001	碳钢通风管道	镀锌薄钢板，D1 200 mm，板材厚 1.2 mm	m^2	1 318.80			
4	030702001002	碳钢通风管道	镀锌薄钢板，D1 000 mm，板材厚 1.0 mm	m^2	1 099.00			
5	030702001003	碳钢通风管道	镀锌薄钢板，D330 mm，板材厚 0.75 mm	m^2	725.34			
6	030703001001	碳钢阀门	碳钢止回阀，D900 mm	个	8			
7	030703001002	碳钢阀门	碳钢止回阀，D800 mm	个	8			
8	030703007001	碳钢风口、散流器、百叶窗	碳钢双层百叶风口，400 mm×240 mm	个	100			
9	030703007002	碳钢风口、散流器、百叶窗	碳钢百叶窗，1 000 mm×1 000 mm	个	8			
10	030704001001	通风工程检测、调试	漏光试验、风量测定、风压测定、风口及阀门调整	系统	1			
			本页小计					
			合　计					

表-08

总价措施项目清单与计价表

工程名称：某办公楼通风空调安装工程　　　　标段：　　　　　　　　第 页 共 页

序号	项目编码	项目名称	计算基础	费率/%	金额/元	调整费率/%	调整后金额/元	备注
1	031302001001	安全文明施工费						
2	031302004001	二次搬运费						
3	031302006001	已完工程及设备保护费						
4	031301017001	脚手架搭拆						
合　计					21 561.42			

编制人(造价人员)：　　　　　　　　　　　　　复核人(造价工程师)：

表-11

其他项目清单与计价汇总表

工程名称：　　　　　　　　　　　标段：　　　　　　　　第 页 共 页

序号	项目名称	金额/元	结算金额/元	备　注
1	暂列金额	1 500.00		明细详见表-12-1
2	暂估价			
2.1	材料(工程设备)暂估价/结算价	—		明细详见表-12-2
2.2	专业工程暂估价/结算价			
3	计日工			明细详见表-12-4
4	总承包服务费			
5	索赔与现场签证	—		
合　计		2 598.73		

表-12

暂列金额明细表

工程名称：某办公楼通风空调安装工程　　　标段：　　　　　　　　第　页　共　页

序号	项目名称	计量单位	暂定金额/元	备注
1	政策性调整和材料价格风险	项	1 000.00	
2	其他	项	500.00	
	合计		1 500.00	

表-12-1

材料(工程设备)暂估单价及调整表

工程名称：某办公楼通风空调安装工程　　　标段：　　　　　　　　第　页　共　页

序号	材料(工程设备)名称、规格、型号	计量单位	数量		暂估/元		确认/元		差额/元		备注
			暂估	确认	单价	合价	单价	合价	单价	合价	
1	ZK 系列空调器	台	8		3 000	24 000					
合计			24 000								

表-12-2

计日工表

工程名称：某办公楼通风空调安装工程　　　　标段：　　　　　　　　

编号	项目名称	单位	暂定数量	实际数量	综合单价/元	合价/元 暂定	合价/元 实际
一	人工						
1	通风工	工时	10				
2							
3							
4							
	人工小计						
二	材料						
1	氧气	m²	8				
2	乙炔气	m²	3				
3							
4							
5							
	材料小计						
三	施工机械						
1	交流电焊机	台班	1				
2	咬口机	台班	1				
3							
4							
	施工机械小计						
四、企业管理费和利润							
	总　　计						

表-12-4

规费、税金项目计价表

工程名称：某办公楼通风空调安装工程　　　　标段：　　　　　　　　

序号	项目名称	计算基础	计算基数	计算费率/%	金额/元
1	规费	定额人工费			
1.1	社会保险费	定额人工费			
(1)	养老保险费	定额人工费			
(2)	失业保险费	定额人工费			
(3)	医疗保险费	定额人工费			
(4)	工伤保险费	定额人工费			
(5)	生育保险费	定额人工费			
1.2	住房公积金	定额人工费			
1.3	工程排污费	按工程所在地环境保护部门收取标准，按实计入			
2	税金	分部分项工程费＋措施项目费＋其他项目费＋规费－按规定不计税的工程设备金额			
	合　　计				

编制人(造价人员)：×××　　　　　　　　　复核人(造价工程师)：×××

表-13

➤ 项目小结

本项目从定额计价模式与清单计价模式导入，以《建设工程工程量清单计价规范》(GB 50500—2013)为编制依据，系统、概要地介绍了工程量清单、招标控制价、投标报价、竣工结算价的编制方法与相关规定，给出了工程计价表格，并列举了通风空调工程招标工程量清单编制实例，为工程量清单计价文件的具体编制打下基础。

➤ 思考与练习

一、填空题

1. 使用国有资金投资的建设工程发承包，必须采用_____计价。

2. 工程量清单是载明建设工程_____、_____、其他项目的名称和相应数量以及_____、_____等内容的明细清单。

3. 招标控制价是招标人根据国家或省级、行业建设主管部门颁发的有关计价依据和办法，按设计施工图纸计算的，对招标工程限定的_____工程造价。

4. 合同工程完工后，承包人应向发包人提交竣工结算文件。发包人应在收到承包人提交的竣工结算文件后的_____天内核对。

二、思考题

1. 招标控制价的编制依据有哪些？

2. 如何理解投标人的投标总价应当与组成已标价工程量清单的分部分项工程费、措施项目费、其他项目费和规费、税金的合计金额一致？

3. 编制投标报价时，总说明应包括哪些内容？

项目三 通风空调工程计量与计价

知识目标

通过本项目的学习，了解通风空调工程定额计价与清单计价的区别与联系，理解全统定额和清单计量规范关于通风空调的适用范围、项目组成；掌握通风空调工程施工图的识读方法、全统定额说明和计算规则、工程量清单项目设置和计算规则。

能力目标

会识读通风空调工程施工图，会查阅定额项目表及清单计量规范，能对工程项目进行工程量计算，并进行报价。

任务 3.1 认知通风空调工程

3.1.1 通风空调工程

1. 通风工程

通风工程是将被污染的空气或含有大量热蒸汽、有害物质、不符合卫生标准的室内空气直接或经净化后排出室外，把新鲜空气补充进来，使室内达到符合卫生标准或满足生产工艺的要求。

(1)通风系统的分类。

1)通风系统按动力划分，可分为自然通风和机械通风。

①自然通风。自然通风是利用室内外冷、热空气密度的差异，以及建筑物迎风面和背风面风压的高低而进行空气交换的通风方式。

②机械通风。机械通风是利用通风机所产生的风压(负压或正压)，向厂房(房间)内送入或排出一定数量的空气，从而进行空气交换的通风方式。

2)通风系统按作用范围划分，可分为全面通风、局部通风和混合通风。

①全面通风。全面通风是在整个房间内，全面地进行空气交换。有害物在很大范围内产生并扩散的房间，就需要全面通风，以排出有害气体或送入大量的新鲜空气，将有害气体浓度冲淡到允许浓度以内。

②局部通风。局部通风是将污浊空气或有害气体直接从产生的部位抽出，防止扩散到全室；或将新鲜空气送到某个局部地区，改善局部地区的环境条件。

③混合通风。混合通风是将全面的送风和局部的排风，或全面的排风和局部的送风混合起来的通风形式。

3）通风系统按工艺要求划分，可分为送风系统和排风系统。

①送风系统。送风系统是向室内输送新鲜的、用适当方法处理过的空气。

②排风系统。排风系统是将室内产生的污浊、有害高温空气排到室外大气中，消除室内环境的污染，保证工作人员免受其害。

（2）通风系统的组成。

1）送风系统。送风系统的组成如图3-1-1所示。

①新风口：新鲜空气入口。

②空气处理设备：由空气过滤、加热、加湿等部分组成。

③通风机：将处理好的空气送入风管的设备。

④送风管：将通风机送来的新风送到各房间，管上装有调节阀、送风口、防火阀、检查孔等部件。

⑤送（出）风口：装于送风管上，将处理后的空气均匀送入各房间。

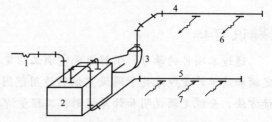

图 3-1-1　送风系统的组成

1—新风口；2—空气处理设备；3—通风机；4—送风管；
5—回风管；6—送（出）风口；7—吸（回）风口

⑥管道配件（管件）：弯头、三通、四通、异径管、导流片、静压箱等。

⑦管道部件：各种风口、阀、排气罩、风帽、检查孔、测定孔和风管支、吊、托架。

2）排风系统。排风系统一般有图3-1-2所示的几种形式。其组成如下：

①排风口：将浊气吸入排风管内。有吸风口、排风口、侧吸罩、吸风罩等部件。

②排风管：也称回风管，指输送污浊空气的管道，管上装有回风口、防火阀等部件。

③排风机：将浊气通过机械从排风管排出。

④风帽：将浊气排入大气中，并防止空气、雨雪倒灌的部件。

⑤除尘器：可利用排风机的吸力将灰尘及有害物质吸入除尘器中，再集中排除。

⑥其他管件和部件：同送风系统所述。

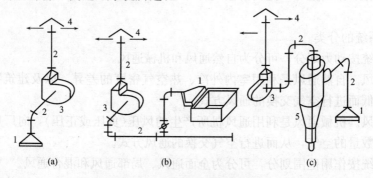

(a)　　　　　　　(b)　　　　　　　(c)

图 3-1-2　排风系统组成示意图

(a)P系统；(b)侧吸罩P系统；(c)除尘P系统

1—排风口；2—排风管；3—排风机；4—风帽；5—除尘器

2. 空调工程

空调工程是不论外界和内部条件如何变化，均采用一定技术手段创造并保持建筑物内部空间的空气温度、相对湿度、气流速度和洁净度（室内空气含尘粒的多少）在一定限值内。

(1)空调工程的分类。空调系统根据不同的使用要求，可分为舒适性空调系统（一般空调系统）、恒温恒湿空调系统、空气洁净空调系统和控制噪声空调系统等。

1)舒适性空调系统。它主要用于夏季降温除湿，使房间内温度保持为18 ℃～28 ℃，相对湿度为40%～70%。

2)恒温恒湿空调系统。它主要用于电子、精密机械和仪表的生产车间。这些场所要求将温度和湿度控制在一定范围内，误差很小，这样才能确保产品质量。

3)空气洁净空调系统。这类系统主要是在生产电气元器件、药品、外科手术、烧伤护理、食品工业等行业中应用。它不仅对温度、湿度有要求，而且对空气中的含尘量也有严格的规定，要求达到一定的洁净标准。

4)控制噪声空调系统。它主要应用在电视厅、录音、录像场所及播音室等，用以保证演播和录制的音像质量。

(2)空调系统的组成。空调系统多为定型设备，一般组成包括百叶窗、保温阀、空气过滤器、一次加热器、调节阀门、喷淋室、二次加热器等。

1)百叶窗：用于挡住室外杂物进入。

2)保温阀：当空调系统停止工作时，可防止室外空气进入。

3)空气过滤器：清除空气中的灰尘。

4)一次加热器：安装在喷淋室和冷却器前的加热器，用于提高空气湿度和增加吸湿。

5)调节阀门：调节一、二次循环风量，使室内空气循环使用，以节约冷（热）量。

6)喷淋室：可以根据使用需要喷淋不同温度的水，对空气进行加热、加湿、冷却减湿等空气处理过程。

7)二次加热器：安装在喷淋室或冷却器之间的加热器，用于加热喷淋室的空气，以保证送入室内的空气具有一定的温度和相对湿度。

3.1.2　通风空调工程施工图

1. 通风空调工程施工图的组成及内容

通常，通风空调工程施工图由设计施工说明、主要设备材料明细表、平面图、系统图、剖面图、详图及系统原理图组成。

(1)设计施工说明。其主要是在施工图纸上无法用线型或符号表达的一些内容，如技术标准、质量要求等。

(2)主要设备材料明细表。它是指工程所需各种设备和主要材料的名称、规格、型号、品牌厂家、数量等的明细表。

(3)平面图。平面图主要表达通风空调管道、设备的平面布置情况。

1)在平面图中主要以双线表示风管、异径管、弯头、检查孔的位置，并应注明风管的轴线长度尺寸、各管道及管件的截面尺寸。

2)各种设备的平面布置尺寸、标注编号及说明其型号、规格的设备明细表。

3)各种调节阀、防火阀、送排风口等均用图例表示，并注明规格、型号。

(4)系统图，即系统轴测图，也称透视图。其完整、形象地把管道、部件及设备之间的相对位置及空间关系表示出来，图上还注明规格尺寸、标高等。系统图一般用单线表示，按比例绘制。

(5)剖面图。其表示管道及设备在高度方向的布置情况及主要尺寸，即注明管径或截面尺寸、标高。

(6)详图。其表明风管、部件及设备制作和安装的具体形式、方法和详细构造及加工尺寸。对于一般性的通风空调工程，通常都使用国家标准图集。对于一些有特殊要求的工程，则由设计院设计施工详图。

(7)系统原理图。其表明整个系统的原理和流程，可不按比例绘制，只需绘出设备、附件、仪表、部件和各种管道之间的相互关系。

2. 通风空调工程施工图识读

阅读通风空调工程施工图，要从平面图开始，将平面图、剖面图、系统图结合起来对照阅读，一般情况下可以顺着气流的流动方向逐段阅读。对于排风系统，可以从吸风口开始，沿着管路直到室外排风口。要熟悉有关图例、符号、设计及施工说明，通过说明了解系统的组成形式、系统所用的材料、设备、保温绝热、刷油的做法及其他主要施工方法。

3. 通风空调工程施工图常用图形符号

(1)水、汽管道。

1)水、汽管道代号表示方法，见表 3-1-1。

表 3-1-1　水、汽管道代号

序号	代号	管道名称	备　注
1	RG	采暖热水供水管	可附加 1、2、3 等表示一个代号、不同参数的多种管道
2	RH	采暖热水回水管	可通过实线、虚线表示供、回关系
3	LG	空调冷水供水管	—
4	LH	空调冷水回水管	—
5	KRG	空调热水供水管	—
6	KRH	空调热水回水管	—
7	LRG	空调冷、热水供水管	—
8	LRH	空调冷、热水回水管	—
9	LQG	冷却水供水管	—
10	LQH	冷却水回水管	—
11	n	空调冷凝水管	—
12	PZ	膨胀水管	—
13	BS	补水管	—
14	X	循环管	—
15	LM	冷媒管	—
16	YG	乙二醇供水管	—
17	YH	乙二醇回水管	—
18	BG	冰水供水管	—
19	BH	冰水回水管	—
20	ZG	过热蒸汽管	—
21	ZB	饱和蒸汽管	可附加 1、2、3 等表示一个代号、不同参数的多种管道

序号	代号	管道名称	备注
22	Z2	二次蒸汽管	—
23	N	凝结水管	—
24	J	给水管	—
25	SR	软化水管	—
26	CY	除氧水管	—
27	GG	锅炉进水管	—
28	JY	加药管	—
29	YS	盐溶液管	—
30	XI	连续排污管	—
31	XD	定期排污管	—
32	XS	泄水管	—
33	YS	溢水(油)管	—
34	R_1G	一次热水供水管	—
35	R_1H	一次热水回水管	—
36	F	放空管	—
37	FAQ	安全阀放空管	—
38	O1	柴油供油管	—
39	O2	柴油回油管	—
40	OZ1	重油供油管	—
41	OZ2	重油回油管	—
42	OP	排油管	—

2)水、汽管道阀门和附件图例,见表3-1-2。

表 3-1-2　水、汽管道阀门和附件图例

序号	名　称	图　例	备　注
1	截止阀		—
2	闸阀		—
3	球阀		—
4	柱塞阀		—
5	快开阀		—
6	蝶阀		

序号	名　称	图　例	备　注
7	旋塞阀		—
8	止回阀		
9	浮球阀		—
10	三通阀		—
11	平衡阀		—
12	定流量阀		—
13	定压差阀		—
14	自动排气阀		
15	集气罐、放气阀		
16	截流阀		—
17	调节止回关断阀		水泵出口用
18	膨胀阀		—
19	排入大气或室外		
20	安全阀		
21	角阀		
22	底阀		
23	漏斗		—
24	地漏		—
25	明沟排水		

序号	名 称	图 例	备 注
26	向上弯头		—
27	向下弯头		—
28	法兰封头或管封		—
29	上出三通		—
30	下出三通		—
31	变径管		—
32	活接头或法兰连接		—
33	固定支架		—
34	导向支架		—
35	活动支架		—
36	金属软管		—
37	可屈挠橡胶软接头		—
38	Y形过滤器		—
39	疏水器		—
40	减压阀		左高右低
41	直通型（或反冲型）除污器		—
42	除垢仪		—
43	补偿器		—
44	矩形补偿器		—

序号	名　称	图　　例	备　注
45	套管补偿器		—
46	波纹管补偿器		—
47	弧形补偿器		—
48	球形补偿器		—
49	伴热管		—
50	保护套管		—
51	爆破膜		—
52	阻火器		—
53	截流孔板、减压孔板		—
54	快速接头		—
55	介质流向	→　或　⇒	在管道断开处，流向符号宜标注在管道中心线上，其余可同管径标注位置
56	坡度及坡向	$i=0.003$　或　$i=0.003$	坡度数值不宜与管道起、止点标高同时标注。标注位置同管径标注位置

（2）风道。

1）风道代号表示方法，见表 3-1-3。

表 3-1-3　风道代号

序　号	代　号	管道名称	备　注
1	SF	送风管	—
2	HF	回风管	一、二次回风可附加1、2区别
3	PF	排风管	—
4	XF	新风管	—
5	PY	消防排烟风管	—
6	ZY	加压送风管	—
7	P(Y)	排风排烟兼用风管	—
8	XB	消防补风风管	—
9	S(B)	送风兼消防补风风管	—

2）风道、阀门及附件图例，见表 3-1-4。

表 3-1-4 风道、阀门及附件图例

序号	名 称	图 例	备 注
1	矩形风管	***×***	宽×高(mm×mm)
2	圆形风管	φ***	φ直径(mm)
3	风管向上		—
4	风管向下		—
5	风管上升摇手弯		—
6	风管下降摇手弯		—
7	天圆地方		左接矩形风管, 右接圆形风管
8	软风管		—
9	圆弧形弯头		—
10	带导流片的矩形弯头		—
11	消声器		
12	消声弯头		—
13	消声静压箱		—
14	风管软接头		—
15	对开多叶调节风阀		—
16	蝶阀		—
17	插板阀		—

序号	名 称	图 例	备 注
18	止回风阀		—
19	余压阀	DPV DPV	—
20	三通调节阀		—
21	防烟、防火阀	*** ***	***表示防烟、防火阀名称代号
22	方形风口		—
23	条缝形风口		—
24	矩形风口		—
25	圆形风口		—
26	侧面风口		—
27	防雨百叶		—
28	检修门	J J	—
29	气流方向		左为通用表示法，中表示送风，右表示回风
30	远程手控盒	B	防排烟用
31	防雨罩		—

（3）暖通空调设备。暖通空调设备图例，见表 3-1-5。

表 3-1-5　暖通空调设备图例

序号	名称	图　例	备　注
1	散热器及手动放气阀		左为平面图画法，中为剖面图画法，右为系统图（Y轴侧）画法
2	散热器及温控阀		—
3	轴流风机		—
4	轴（混）流式管道风机		—
5	离心式管道风机		—
6	吊顶式排气扇		—
7	水泵		—
8	手摇泵		—
9	变风量末端		—
10	空调机组加热、冷却盘管		从左到右分别为加热、冷却及双功能盘管
11	空气过滤器		从左至右分别为粗效、中效及高效
12	挡水板		—
13	加湿器		—
14	电加热器		—
15	板式换热器		—
16	立式明装风机盘管		—
17	立式暗装风机盘管		—
18	卧式明装风机盘管		

序号	名称	图 例	备 注
19	卧式暗装风机盘管		—
20	窗式空调器		—
21	分体空调器	室内机　室外机	—
22	射流诱导风机		—
23	减振器		左为平面图画法，右为剖面图画法

任务 3.2　通风空调工程定额内容与应用

3.2.1　通风空调工程定额内容

1. 定额适用范围

《全统定额》第九册《通风空调工程》适用于工业与民用建筑的新建、扩建项目中的通风空调工程。

2. 定额与其他分册的关系及界限划分

(1)全统定额和机械设备安装工程预算定额中，都编有通风机安装项目。两定额同时列有相同风机安装项目，属于通风空调工程的均执行通风空调工程定额。

(2)通风空调的刷油、绝热、防腐蚀，执行《全统定额》第十一册《刷油、防腐蚀、绝热工程》相应定额。

1)薄钢板风管刷油漆按其工程量执行相应项目，仅外(或内)面刷油漆者，定额乘以系数1.2；内外均刷油漆者，定额乘以系数1.1(其法兰加固框、吊托支架已包括在此系数内)。

2)薄钢板部件刷油漆按其工程量执行金属结构刷油项目，定额乘以系数1.15。

3)不包括在风管工程量内而单独列项的各种支架(不锈钢吊托支架除外)，按其工程量执行相应项目。

4)薄钢板风管、部件以及单独列项的支架，其除锈不分锈蚀程度，一律按其第一遍刷油的工程量执行轻锈相应项目。

5)绝热保温材料不需粘结者，执行相应项目时需减去其中的粘结材料，人工乘以系数0.5。

6)风道及部件在加工厂预制的，其场外运费由各省、自治区、直辖市自行制定。

3. 定额关于有关费用的规定

(1)脚手架搭拆费按人工费的3%计算，其中人工工资占25%。

(2)高层建筑增加费(指高度在 6 层或 20 m 以上的工业与民用建筑),按表 3-2-1 计算(其中全部为人工工资)。

表 3-2-1　通风空调工程的高层建筑增加费

层　数	9 层以下 (30 m)	12 层以下 (40 m)	15 层以下 (50 m)	18 层以下 (60 m)	21 层以下 (70 m)	24 层以下 (80 m)
按人工费的 百分比/%	1	2	3	4	5	6
层　数	27 层以下 (90 m)	30 层以下 (100 m)	33 层以下 (110 m)	36 层以下 (120 m)	39 层以下 (130 m)	42 层以下 (140 m)
按人工费的 百分比/%	8	10	13	16	19	22
层　数	45 层以下 (150 m)	48 层以下 (160 m)	51 层以下 (170 m)	54 层以下 (180 m)	57 层以下 (190 m)	60 层以下 (200 m)
按人工费的 百分比/%	25	28	31	34	37	40

(3)超高增加费(指操作物高度距离楼地面 6 m 以上的工程)按人工费的 15% 计算。

(4)系统调整费按系统工程人工费的 13% 计算,其中,人工工资占 25%。

(5)安装与生产同时进行增加的费用,按人工费的 10% 计算。

(6)在有害身体健康的环境中施工增加的费用,按人工费的 10% 计算。

(7)定额中人工、材料、机械凡未按制作和安装分别列出的,其制作费与安装费的比例可按表 3-2-2 划分。

表 3-2-2　通风空调工程制作费与安装费比例划分

项　　目	制作占比例/%			安装占比例/%		
	人工	材料	机械	人工	材料	机械
薄钢板通风管道制作安装	60	95	95	40	5	5
调节阀制作安装	—	—	—	—	—	—
风口制作安装	—	—	—	—	—	—
风帽制作安装	75	80	99	25	20	1
罩类制作安装	78	98	95	22	2	5
消声器制作安装	91	98	99	9	2	1
空调部件及设备支架制作安装	86	98	95	14	2	5
通风空调设备安装	—	—	—	100	100	100
净化通风管道及部件制作安装	60	85	95	40	15	5
不锈钢板通风管道及部件制作安装	72	95	95	28	5	5
铝板通风管道及部件制作安装	68	95	95	32	5	5
塑料通风管道及部件制作安装	85	95	95	15	5	5
玻璃钢通风管道及部件安装	—	—	—	100	100	100
复合型风管制作安装	60	—	99	40	100	1

4. 定额的组成

定额共分为：薄钢板通风管道制作安装、调节阀制作安装、风口制作安装、风帽制作安装、罩类制作安装、消声器制作安装、空调部件及设备支架制作安装、通风空调设备安装、净化通风管道及部件制作安装、不锈钢板通风管道及部件制作安装、铝板通风管道及部件制作安装、塑料通风管道及部件制作安装、玻璃钢通风管道及部件安装、复合型风管制作安装14个分部工程。

3.2.2　通风空调工程定额计量与计价应用

1. 薄钢板通风管道制作安装

(1)计量与计价说明。

1)工作内容。

①风管制作：放样、下料、卷圆、折方、轧口、咬口，制作直管、管件、法兰、吊托支架、钻孔、铆焊、上法兰、组对。

②风管安装：找标高、打支架墙洞、配合预留孔洞、埋设吊托支架、组装、使风管就位、找平、找正、制垫、垫垫、上螺栓、紧固。

2)整个通风系统设计采用渐缩管均匀送风者，圆形风管按平均直径，矩形风管按平均周长执行相应规格项目，其人工乘以系数2.5。

3)镀锌薄钢板风管项目中的板材是按镀锌薄钢板编制的，如设计要求不用镀锌薄钢板者，板材可以换算，其他不变。

4)风管导流叶片不分单叶片和香蕉形双叶片均执行同一项目。

5)如制作空气幕送风管时，按矩形风管平均周长执行相应风管规格项目，其人工乘以系数3，其余不变。

6)薄钢板通风管道制作安装项目中，包括弯头、三通、变径管、天圆地方等管件及法兰、加固框和吊托支架的制作用工，但不包括过跨风管落地支架。落地支架执行设备支架项目。

7)薄钢板风管项目中的板材，如设计要求厚度不同者可以换算，但人工、机械不变。

8)软管接头使用人造革而不使用帆布者可以换算。

9)项目中的法兰垫料，如设计要求使用材料品种不同者可以换算，但人工不变。使用泡沫塑料者，每千克橡胶板换算为泡沫塑料0.125 kg；使用闭孔乳胶海绵者，每千克橡胶板换算为闭孔乳胶海绵0.5 kg。

10)柔性软风管适用于由金属、涂塑化纤织物、聚酯、聚乙烯、聚氯乙烯薄膜、铝箔等材料制成的软风管。

11)柔性软风管安装按图示中心线长度以"m"为单位计算；柔性软风管阀门安装，以"个"为单位计算。

(2)计量与计价规则。

1)风管制作安装，按施工图规格不同以展开面积计算，不扣除检查孔、测定孔、送风口、吸风口等所占面积。圆形风管展开面积的计算公式为

$$F = \pi D L$$

式中　F——圆形风管展开面积(m^2)；

D——圆形风管直径（m）；

L——管道中心线长度（m）。

矩形风管按图示周长乘以管道中心线长度计算。

2）风管长度一律以施工图示中心线长度为准（主管与支管以其中心线交点划分），包括弯头、三通、变径管、天圆地方等管件的长度，但不得包括部件所占长度。直径和周长按图示尺寸为准展开，咬口重叠部分已包括在定额内，不得另行增加。

3）风管导流叶片制作安装按图示叶片的面积计算。

4）整个通风系统设计采用渐缩管均匀送风者，圆形风管按平均直径计算，矩形风管按平均周长计算。

5）柔性软风管安装按图示中心线长度以"m"为计量单位。柔性软风管阀门安装，以"个"为计量单位。

6）软管（帆布接口）制作安装按图示尺寸以"m²"为计量单位。

7）风管检查孔质量按定额中"国标通风部件标准质量表"计算。

8）风管测定孔制作安装按其型号以"个"为计量单位。

9）薄钢板通风管道的制作安装中，已包括法兰、加固框和吊托支架，不得另行计算。

（3）计量与计价应用。

【例 3-2-1】 如图 3-2-1 所示，某通风系统设计圆形渐缩风管均匀送风，采用 1 mm 镀锌薄钢板，风管直径 $D_1=800$ mm，$D_2=400$ mm，风管中心线长度为 10 m，咬口连接。试计算圆形渐缩风管工程量，并套用全统定额计算安装费用。

【解】 碳钢通风管道工程量计算规则：按设计图示内径以展开面积计算，其中圆形风管渐缩管按平均直径计算展开面积，即：

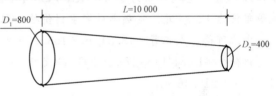

碳钢通风管道工程量：$(0.8+0.4)/2\times\pi\times10=18.84(\text{m}^2)$

图 3-2-1 某圆形渐缩风管示意图

整个通风系统设计采用渐缩管均匀送风者，圆形风管按平均直径，矩形风管按平均周长执行相应规格项目，其人工乘以系数 2.5。

圆形风管平均直径＝$(800+400)/2=600$（mm）

查《全统定额》第九册《通风空调工程》，镀锌薄钢板圆形风管定额项目表见表 3-2-3。

表 3-2-3 镀锌薄钢板圆形风管定额项目表　　　　　计量单位：10 m²

定额编号			9—1	9—2	9—3	9—4
项　目			镀锌薄钢板圆形风管（$\delta=1.2$ mm 以内咬口）直径（mm）			
			200 以下	500 以下	1 120 以下	1 120 以上
材料	铁铆钉	kg	4.270	—	0.270	0.210	0.140
	橡胶板 $\delta1\sim\delta3$	kg	7.490	1.400	1.240	0.970	0.920
	膨胀螺栓 M12	套	2.080	2.000	2.000	1.500	1.000
	乙炔气	kg	13.330	0.100	0.140	0.160	0.210
	氧气	m³	2.060	0.280	0.390	0.450	0.590

定额编号			9—1	9—2	9—3	9—4
项　目			镀锌薄钢板圆形风管(δ=1.2 mm 以内咬口)直径(mm)			
			200 以下	500 以下	1 120 以下	1 120 以上
机械	交流电焊机 21 kV·A	台班	35.670	0.160	0.130	0.040	0.020
	台式钻床 ϕ16×12.7	台班	7.310	0.690	0.580	0.430	0.350
	法兰卷圆机 L40×4	台班	33.960	0.500	0.320	0.170	0.050
	剪板机 6.3×2 000	台班	82.160	0.040	0.020	0.010	0.010
	卷板机 2×1 600	台班	40.760	0.040	0.020	0.010	0.010
	咬口机 1.5	台班	40.300	0.040	0.030	0.010	0.010
	电锤 520 W	台班	9.030	0.060	0.060	0.040	0.040
基价/元			480.92	378.10	345.09	408.34
其中	人工费/元		338.78	208.75	156.27	197.83
	材料费/元		107.34	145.40	176.48	203.55
	机械费/元		34.80	23.95	12.34	6.96

由表 3-2-3 可知,镀锌薄钢板圆形风管厚 1 mm、周长 600 mm,应套用定额 9—3,计量单位为 10 m²,基价单价为 345.09 元,人工费单价为 156.27 元,材料费单价为 176.48 元,机械费单价为 12.34 元。定额未计取主材价格,取 1 mm 镀锌钢板单价为 41.37 元。

由此可得,人工费=18.84/10×156.27×2.5=736.03(元);

材料费=18.84/10×[176.48+11.38(定额 9—3 中每 10 m² 风管镀锌钢板用量为 11.38 m²)×41.37]=1 219.46(元);

机械费=18.84/10×12.34=23.25(元);

基价=736.03+1 219.46+23.25=1 978.74(元)。

具体计算结果见表 3-2-4。

表 3-2-4　镀锌薄钢板圆形风管定额费用

序号	定额编号	工程项目	单位	数量	基价/元	人工费/元	材料费/元	机械费/元
1	9—3	镀锌薄钢板圆形风管	10 m²	1.884	1 978.74	736.03	1 219.46	23.25

【例 3-2-2】 图 3-2-2 所示为矩形弯头 320 mm×1 600 mm 导流叶片,中心角 α=90°,半径 r=200 mm,导流叶片片数为 10 片,数量为 1 组。试计算其工程量,并套用全统定额计算安装费用。

【解】 弯头导流叶片工程量:导流叶片弧长×弯头边长 B×片数=3.14×90×0.2/180×1.60×10=5.02(m²)

套用全统定额 9—40,计量单位为 m²,基价单价为 79.94 元,人工费单价为 36.69 元,材料费单价为 43.25 元。

由此可得,基价=5.02×79.94=401.30(元);

人工费=5.02×36.69=184.18(元);

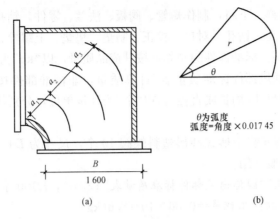

图 3-2-2 导流叶片示意图

(a)导流叶片安装图；(b)导流叶片局部图

材料费=5.02×43.25=217.12(元)。

具体计算结果见表 3-2-5。

表 3-2-5 弯头导流叶片定额费用

序号	定额编号	工程项目	单位	数量	基价/元	人工费/元	材料费/元	机械费/元
1	9—40	矩形弯头 320 mm×1 600 mm 导流叶片	m²	5.02	401.30	184.18	217.12	—

【例 3-2-3】 某通风系统风管上装有 10 个风管检查孔。其中，5 个风管检查孔尺寸为 270 mm×230 mm，另 5 个风管检查孔尺寸为 520 mm×480 mm。试计算风管检查孔工程量，并套用全统定额计算安装费用。

【解】 查《全统定额》"国标通风部件标准质量表"T614 可知，尺寸为 270 mm×230 mm 的风管检查孔 1.68 kg/个，安装 5 个，尺寸为 520 mm×480 mm 的风管检查孔 4.95 kg/个，安装 5 个。风管检查孔工程量：1.68×5+4.95×5=33.15(kg)。

套全统定额 9—42，计量单位为 100 kg，基价单价为 1 147.41 元，人工费单价为 486.92 元，材料费单价为 543.99 元，机械费单价为 116.50 元。

由此可得，基价=33.15/100×1 147.41=380.37(元)；

人工费=33.15/100×486.92=161.41(元)；

材料费=33.15/100×543.99=180.33(元)；

机械费=33.15/100×116.50=38.62(元)。

具体计算结果见表 3-2-6。

表 3-2-6 风管检查孔定额费用

序号	定额编号	工程项目	单位	数量	基价/元	人工费/元	材料费/元	机械费/元
1	9—42	风管检查孔	100 kg	0.331 5	380.37	161.41	180.33	38.62

2. 调节阀制作安装

(1)计量与计价说明。工作内容：

1)调节阀制作：放样、下料，制作短管、阀板、法兰、零件，钻孔、铆焊、组合成型。

2)调节阀安装：号孔、钻孔、对口、校正、制垫、垫垫、上螺栓、紧固、试动。

(2)计量与计价规则。标准部件的制作，按其成品质量，以"kg"为计量单位，根据设计型号、规格，按"国际通风部件标准质量表"计算质量，非标准部件按图示成品质量计算。部件的安装按图示规格尺寸(周长或直径)，以"个"为计量单位，分别执行相应定额。下同。

(3)计量与计价应用。

【例3-2-4】 某工程安装手柄式圆形塑料蝶阀10个，尺寸为D100。试计算其工程量，并套用全统定额计算安装费用。

【解】 查《全统定额》"国标通风部件标准质量表"T354-1，D100手柄式圆形塑料蝶阀质量为0.86 kg/个。故，蝶阀工程量=0.86×10=8.6(kg)。

套用《全统定额》9—51，计量单位为100 kg，基价单价为1 580.21元，人工费单价为700.55元，材料费单价为416.87元，机械费单价为462.79元。

由此可得，基价=8.6/100×1 580.21=135.90(元)；

人工费=8.6/100×700.55=60.25(元)；

材料费=8.6/100×416.87=35.85(元)；

机械费=8.6/100×462.79=39.80(元)。

具体计算结果见表3-2-7。

表3-2-7 蝶阀定额费用

序号	定额编号	工程项目	单位	数量	基价/元	人工费/元	材料费/元	机械费/元
1	9—51	手柄式圆形塑料蝶阀	100 kg	0.086	135.90	60.25	35.85	39.80

3. 风口制作安装

(1)计量与计价说明。工作内容：

1)风口制作：放样、下料、开孔，制作零件、外框、叶片、网框、调节板、拉杆、导风板、弯管、天圆地方、扩散管、法兰，钻孔、铆焊、组合成型。

2)风口安装：对口、上螺栓、制垫、垫垫、找正、找平、固定、试动、调整。

(2)计量与计价规则。钢百叶窗及活动金属百叶风口的制作，以"m²"为计量单位，安装按规格尺寸以"个"为计量单位。

(3)计量与计价应用。

【例3-2-5】 某工程制作、安装矩形碳钢送风口2个，尺寸为80 mm×69 mm。试计算其制作、安装工程量，并套用全统定额计算安装费用。

【解】 (1)风口制作。查《全统定额》"国标通风部件标准质量表"T203，80×69矩形送风口质量为2.84 kg/个，则2个送风口质量=2×2.84=5.68(kg)。套《全统定额》9—102，计量单位100 kg，基价单价为1 148.61元，人工费单价为657.82元，材料费单价为449.00元，机械费单价为41.79元。

由此可得，基价=5.68/100×1 148.61=65.24(元)；

人工费=5.68/100×657.82=37.36(元)；

材料费=5.68/100×449.00=25.50(元)；

机械费=5.68/100×41.79=2.37(元)。

（2）送风口安装。风口周长＝（80＋69）×2＝298（mm）。套用《全统定额》9－138，计量单位为"个"，基价单价为7.96元，人工费单价为3.48元，材料费单价为4.48元。

由此可得，基价＝2×7.96＝15.92（元）；

人工费＝2×3.48＝6.96（元）；

材料费＝2×4.48＝8.96（元）。

计算结果见表3-2-8。

表 3-2-8　送风口定额费用

序号	定额编号	工程项目	单位	数量	基价/元	人工费/元	材料费/元	机械费/元
1	9－102	矩形风口制作	100 kg	0.056 8	65.24	37.36	25.50	2.37
2	9－138	矩形送风口安装	个	2	15.92	6.96	8.96	—

4. 风帽制作安装

（1）计量与计价说明。工作内容：

1）风帽制作：放样、下料、咬口，制作法兰、零件，钻孔、铆焊、组装。

2）风帽安装：安装、找正、找平、制垫、垫垫、上螺栓、固定。

（2）计量与计价规则。

1）风帽筝绳制作安装，按图示规格、长度，以"kg"为计量单位。

2）风帽泛水制作安装，按图示展开面积，以"m²"为计量单位。

5. 罩类制作安装

工作内容：

（1）罩类制作：放样、下料、卷圆，制作罩体、来回弯、零件、法兰，钻孔、铆焊、组合成型。

（2）罩类安装：埋设支架、吊装、对口、找正、制垫、垫垫、上螺栓、固定配重环及钢丝绳、试动调整。

6. 消声器制作安装

（1）计量与计价说明。工作内容：

1）消声器制作：放样、下料、钻孔，制作内外套管、木框架、法兰，铆焊、粘贴、填充消声材料，组合。

2）消声器安装：组对、安装、找正、找平、制垫、垫垫、上螺栓、固定。

（2）计量与计价应用。

【例3-2-6】　某工程安装弧形声流式消声器3个，尺寸为800 mm×800 mm，安装阻抗复合式消声器2个，尺寸为800 mm×500 mm。试计算其工程量，并套用全统定额计算安装费用。

【解】　查《全统定额》"国标通风部件标准质量表"T701-5，800×800弧形声流式消声器质量为629 kg/个，查T701-6，800×500阻抗复合式消声器质量为82.68 kg/个。故，弧形声流式消声器工程量＝629×3＝1 887（kg），阻抗复合式消声器工程量＝82.68×2＝165.36（kg）。

（1）弧形声流式消声器。套用《全统定额》9－199，计量单位为100 kg，基价单价为687.10元，人工费单价为258.44元，材料费单价为356.59元，机械费单价为72.07元。

由此可得，基价＝1 887/100×687.10＝12 965.58（元）；

人工费＝1 887/100×258.44＝4 876.76(元)；

材料费＝1 887/100×356.59＝6 728.85(元)；

机械费＝1 887/100×72.07＝1 359.96(元)。

(2)阻抗复合式消声器。套用《全统定额》9－200，计量单位为100 kg，基价单价为960.03 元，人工费单价为365.71 元，材料费单价为585.05 元，机械费单价为9.27 元。

由此可得，基价＝165.36/100×960.03＝1 587.51(元)；

人工费＝165.36/100×365.71＝604.74(元)；

材料费＝165.36/100×585.05＝967.44(元)；

机械费＝165.36/100×9.27＝15.33(元)。

具体计算结果见表3-2-9。

表3-2-9　消声器定额费用

序号	定额编号	工程项目	单位	数量	基价/元	人工费/元	材料费/元	机械费/元
1	9－199	弧形声流式消声器	100 kg	18.87	12 965.58	4 876.76	6 728.85	1 359.96
2	9－200	阻抗复合式消声器	100 kg	1.653 6	1 587.51	604.74	967.44	15.33

7. 空调部件及设备支架制作安装

(1)计量与计价说明。

1)工作内容。

①金属空调器壳体：

a. 制作：放样、下料、调直、钻孔，制作箱体、水槽，焊接、组合、试装；

b. 安装：就位、找平、找正，连接、固定、表面清理。

②挡水板：

a. 制作：放样、下料，制作曲板、框架、底座、零件，钻孔、焊接、成型；

b. 安装：找平、找正，上螺栓、固定。

③滤水器、溢水盘：

a. 制作：放样、下料、配制零件，钻孔、焊接、上网、组合成型；

b. 安装：找平、找正，焊接管道、固定。

④密闭门：

a. 制作：放样、下料，制作门框、零件、开视孔，填料、铆焊、组装；

b. 安装：找正、固定。

⑤设备支架：

a. 制作：放样、下料、调直、钻孔、焊接、成型；

b. 安装：测位、上螺栓、固定、打洞、埋支架。

2)清洗槽、浸油槽、晾干架、LWP滤尘器支架制作安装，执行设备支架项目。

3)风机减振台座执行设备支架项目，定额中不包括减振器用量，应依据设计图纸按实计算。

4)玻璃挡水板执行钢板挡水板相应项目，其材料、机械均乘以系数0.45，人工不变。

5)保温钢板密闭门执行钢板密闭门项目，其材料乘以系数0.5，机械乘以系数0.45，人工不变。

(2)计量与计价规则。

1)挡水板制作安装，按空调器断面面积计算。

2)钢板密闭门制作安装，以"个"为计量单位。

3)设备支架制作安装，按图示尺寸，以"kg"为计量单位，执行第五册《静置设备与工艺金属结构制作安装工程》定额相应项目和工程量计算规则。

4)电加热器外壳制作安装，按图示尺寸，以"kg"为计量单位。

5)风机减振台座制作安装执行设备支架定额，定额内不包括减振器，应按设计规定另行计算。

(3)计量与计价应用。

【例3-2-7】 图3-2-3所示为某挡水板。试计算其工程量，并套用全统定额计算安装费用。

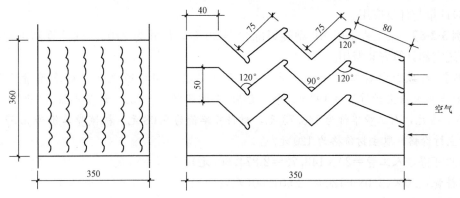

图3-2-3 某挡水板示意图

【解】 挡水板工程量：$360×350=126\ 000(mm^2)=0.126(m^2)$

套用全统定额9—206，计量单位为"m^2"，基价单价为838.86元，人工费单价为159.06元，材料费单价为662.28元，机械费单价为17.52元。

由此可得，基价$=0.126×838.86=105.70(元)$；

人工费$=0.126×159.06=20.04(元)$；

材料费$=0.126×662.28=83.45(元)$；

机械费$=0.126×17.52=2.21(元)$。

具体计算结果见表3-2-10。

表3-2-10 挡水板定额费用

序号	定额编号	工程项目	单位	数量	基价/元	人工费/元	材料费/元	机械费/元
1	9—206	六折曲板钢板挡水板	m^2	0.126	105.70	20.04	83.45	2.21

8. 通风空调设备安装

(1)计量与计价说明。

1)工作内容。

①开箱检查设备、附件、底座螺栓。

②吊装、找平、找正、垫垫、灌浆、螺栓固定、装梯子。

2)通风机安装项目内包括电动机安装，其安装形式包括A、B、C或D型，也适用不锈钢和塑料风机安装。

3)设备安装项目的基价中不包括设备费和应配备的地脚螺栓价格。

4)诱导器安装执行风机盘管安装项目。

5)风机盘管的配管执行第八册《给水排水、采暖、燃气工程》相应项目。

（2）计量与计价规则。

1)风机安装，按设计的不同型号，以"台"为计量单位。

2)整体式空调机组安装，空调器按不同质量和安装方式，以"台"为计量单位；分段组装空调器，按质量以"kg"为计量单位。

3)风机盘管安装，按安装方式不同，以"台"为计量单位。

4)空气加热器、除尘设备安装，按质量不同，以"台"为计量单位。

（3）计量与计价应用。

【例3-2-8】 某工程采用XP型旋风除尘器20台，尺寸为ϕ700。试计算其工程量，并套用全统定额计算安装费用。

【解】 旋风除尘器工程量＝20台。查《全统定额》"国标通风部件标准质量表"T501，ϕ700XP型旋风除尘器质量为193 kg/个。套用《全统定额》9－232，计量单位为"台"，基价单价为152.38元，人工费单价为143.73元，材料费单价为5.08元，机械费单价为3.57元。定额未计主材价格，取主材价格为120元/台。

由此可得，人工费＝20×143.73＝2 874.60(元)；

材料费＝20×(5.08＋120)＝2 501.60(元)；

机械费＝20×3.57＝71.40(元)；

基价＝2 874.60＋2 501.60＋71.40＝5 447.60(元)。

具体计算结果见表3-2-11。

表3-2-11　除尘器定额费用

序号	定额编号	工程项目	单位	数量	基价/元	人工费/元	材料费/元	机械费/元
1	9－232	XP型旋风除尘器	台	20	5 447.60	2 874.60	2 501.60	71.40

【例3-2-9】 某工程安装墙上式空调器(质量0.2 t以内)5台。试计算其工程量，并套用全统定额计算安装费用。

【解】 空调器工程量＝5台。

套用《全统定额》9－243，计量单位为台，基价单价为49.36元，人工费单价为46.44元，材料费单价为2.92元。定额未计主材价格，取主材价格为2 800元/台。

由此可得，人工费＝5×46.44＝232.20(元)；

材料费＝5×(2.92＋2 800)＝14 014.60(元)；

基价＝232.20＋14 014.60＝14 246.80(元)。

具体计算结果见表3-2-12。

表3-2-12　空调器定额费用

序号	定额编号	工程项目	单位	数量	基价/元	人工费/元	材料费/元	机械费/元
1	9－243	墙上式空调器	台	5	14 246.80	232.20	14 014.60	—

9. 净化通风管道及部件制作安装

(1)计量与计价说明。

1)工作内容。

①风管制作：放样、下料、折方、轧口、咬口、制作直管、管件、法兰、吊托支架，钻孔、铆焊、上法兰、组对、口缝外表面涂密封胶、风管内表面清洗、风管两端封口。

②风管安装：找标高、找平、找正、配合预留孔洞、打支架墙洞、埋设支吊架，风管就位、组装、制垫、垫垫、上螺栓、紧固，风管内表面清洗、管口封闭、法兰口涂密封胶。

③部件制作：放样、下料，制作零件、法兰，预留预埋、钻孔、铆焊、制作、组装、擦洗。

④部件安装：测位、找平、找正、制垫、垫垫、上螺栓、清洗。

⑤高、中、低效过滤器，净化工作台，风淋室安装：开箱、检查、配合钻孔、垫垫、口缝涂密封胶、试装、正式安装。

2)净化通风管道制作安装项目中包括弯头、三通、变径管、天圆地方等管件及法兰、加固框和吊托支架，不包括过跨风管落地支架。落地支架执行设备支架项目。

3)净化风管项目中的板材，如设计厚度不同者，可以换算，但人工、机械不变。

4)圆形风管执行第九册《通风空调工程》第九章矩形风管相应项目。

5)风管涂密封胶是按全部口缝外表面涂抹考虑的，设计要求口缝不涂抹而只在法兰处涂抹者，每 10 m^2 风管应减去密封胶 1.5 kg 和人工 0.37 工日。

6)过滤器安装项目中包括试装，设计不要求试装者，其人工、材料、机械不变。

7)风管及部件项目中，型钢未包括镀锌费，如设计要求镀锌，另加镀锌费。

8)铝制孔板风口如需电化处理时，另加电化费。

9)低效过滤器：M—A 型、WL 型、LWP 型等系列。

中效过滤器：ZKL 型、YB 型、M 型、ZX—1 型等系列。

高效过滤器：GB 型、GS 型、JX—20 型等系列。

净化工作台：XHK 型、BZK 型、SXP 型、SZP 型、SZX 型、SW 型、SZ 型、SXZ 型、TJ 型、CJ 型等系列。

10)洁净室安装以质量计算，执行"分段组装式空调器安装"项目。

11)第九册《通风空调工程》第九章定额按空气洁净度 100 000 级编制。

(2)计量与计价规则。

1)净化通风管道的制作安装中，已包括法兰、加固框和吊托支架，不得另行计算。

2)高、中、低效过滤器及净化工作台安装，以"台"为计量单位；风淋室安装按不同质量，以"台"为计量单位。

3)洁净室安装按质量计算，执行"分段组装式空调器安装"项目。

(3)计量与计价应用。

【例 3-2-10】 某工厂车间安装的空气过滤器，型号为 LWP—D 型，外形尺寸为 520 mm×520 mm×120 mm，安装 6 台，立式安装，框架尺寸为 1 051 mm×1 634 mm。试计算其定额工程量，并套用全统定额计算安装费用。

【解】 (1)工程量计算。过滤器工程量=6 台。

查《全统定额》"国标通风部件标准质量表"T521-2，LWP 过滤器立式安装框架尺寸 1 051 mm×1 634 mm 的质量为 26.07 kg/个。故，过滤器框架工程量=26.07 kg。

（2）定额费用计算。

①过滤器。套用《全统定额》9—256，计量单位为"台"，基价单价为 1.86 元，人工费单价为 1.86 元。

由此可得，人工费＝6×1.86＝11.16（元）。

定额未计主材价格，取主材价格为 320 元/台，则材料费＝6×320＝1 920（元）。

基价＝11.16＋1 920＝1 931.16（元）。

②过滤器框架。套用《全统定额》9—254，计量单位为"100 kg"，基价单价为 1 031.08 元，人工费单价为 130.03 元，材料费单价为 888.89 元，机械费单价为 12.16 元。

由此可得，基价＝26.07/100×1 031.08＝268.80（元）；

人工费＝26.07/100×130.03＝33.90（元）；

材料费＝26.07/100×888.89＝231.73（元）；

机械费＝26.07/100×12.16＝3.17（元）。

具体计算结果见表 3-2-13。

表 3-2-13　过滤器定额费用

序号	定额编号	工程项目	单位	数量	基价/元	人工费/元	材料费/元	机械费/元
1	9—256	低效过滤器	台	6	1 931.16	11.16	1 920.00	—
2	9—254	过滤器框架	100 kg	0.260 7	268.80	33.90	231.73	3.17

10. 不锈钢板通风管道及部件制作安装

（1）计量与计价说明。

1）工作内容。

①不锈钢风管制作：放样、下料、卷圆、折方，制作管件、组对焊接、试漏、清洗焊口。

②不锈钢风管安装：找标高、清理墙洞、风管就位、组对焊接、试漏、清洗焊口、固定。

③部件制作：下料、平料、开孔、钻孔、组对、铆焊、攻丝、清洗焊口、组装固定、试动、短管、零件、试漏。

④部件安装：制垫、垫垫、找平、找正、组对、固定、试动。

2）矩形风管执行第九册《通风空调工程》第十章圆形风管相应项目。

3）不锈钢吊托支架执行第九册《通风空调工程》第十章相应项目。

4）风管凡以电焊考虑的项目，如需使用手工氩弧焊者，其人工乘以系数 1.238，材料乘以系数 1.163，机械乘以系数 1.673。

5）风管制作安装项目中包括管件，但不包括法兰和吊托支架；法兰和吊托支架应单独列项计算，执行相应项目。

6）风管项目中的板材如设计要求厚度不同，可以换算，但人工、机械不变。

（2）计量与计价规则。不锈钢通风管道的制作安装中，不包括法兰和吊托支架，可按相应定额，以"kg"为计量单位另行计算。

11. 铝板通风管道及部件制作安装

（1）计量与计价说明。

1)工作内容。

①铝板风管制作：放样、下料、卷圆、折方、制作管件、组对焊接、试漏、清洗焊口。

②铝板风管安装：找标高、清理墙洞、风管就位、组对焊接、试漏、清洗焊口、固定。

③部件制作：下料、平料、开孔、钻孔、组对、焊铆、攻丝、清洗焊口、组装固定、试动、短管、零件、试漏。

④部件安装：制垫、垫垫、找平、找正、组对、固定、试动。

2)风管凡以电焊考虑的项目，如需使用手工氩弧焊，其人工乘以系数1.154，材料乘以系数0.852，机械乘以系数9.242。

3)风管制作安装项目中包括管件，但不包括法兰和吊托支架；法兰和吊托支架应单独列项计算，执行相应项目。

4)风管项目中的板材如设计要求厚度不同，可以换算，但人工、机械不变。

(2)计量与计价规则。铝板通风管道的制作与安装中，不包括法兰和吊托支架，可按相应定额以"kg"为计量单位另行计算。

(3)计量与计价应用。

【例3-2-11】 某工程采用铝板风管，规格为$\phi630×3$，长度为8.48 m，采用手工氩弧焊连接。试计算其工程量，并套用全统定额计算安装费用。

【解】 铝板风管工程量：$\pi×0.63×8.48=16.78(m^2)$。

套用《全统定额》9—277，计量单位为"10 m²"，基价单价为1 141.26元，人工费基价为674.54元，材料费基价为412.64元，机械费基价为54.08元。

根据全统定额，风管凡以电焊考虑的项目，如需使用手工氩弧焊，其人工乘以系数1.154，材料乘以系数0.852，机械乘以系数9.242。定额未计主材费用，取3 mm铝板单价138元。

由此可得，人工费$=16.78/10×674.54×1.154=1 306.19(元)$；

材料费$=16.78/10×(412.64+138×10.80)×0.852=2 720.69(元)$；

机械费$=16.78/10×54.08×9.242=838.68(元)$；

基价$=1 306.19+2 720.69+838.68=4 865.56(元)$。

具体计算结果见表3-2-14。

表3-2-14 铝板风管定额费用

序号	定额编号	工程项目	单位	数量	基价/元	人工费/元	材料费/元	机械费/元
1	9—277	铝板圆形风管$\phi630×3$	10 m²	1.678	4 865.56	1 306.19	2 720.69	838.68

12. 塑料通风管道及部件制作安装

(1)计量与计价说明。

1)工作内容。

①塑料风管制作：放样、锯切、坡口、加热成型、制作法兰、管件，钻孔、组合焊接。

②塑料风管安装：就位、制垫、垫垫、法兰连接、找正、找平、固定。

2)风管项目规格表示的直径为内径，周长为内周长。

3)风管制作安装项目中包括管件、法兰、加固框，但不包括吊托支架。吊托支架执行相应项目。

4)风管制作安装项目中的主体、板材(指每 10 m² 定额用量为 11.6 m² 者),如设计要求厚度不同,可以换算,但人工、机械不变。

5)项目中的法兰垫料,如设计要求使用品种不同,可以换算,但人工不变。

6)塑料通风管道胎具材料摊销费的计算方法。塑料风管管件制作的胎具摊销材料费,未包括在定额内的,按以下规定另行计算:

①风管工程量在 30 m² 以上的,每 10 m² 风管的胎具摊销木材为 0.06 m³,按地区预算价格计算胎具材料摊销费。

②风管工程量在 30 m² 以下的,每 10 m² 风管的胎具摊销木材为 0.09 m³,按地区预算价格计算胎具材料摊销费。

(2)计量与计价规则。

1)塑料风管制作安装定额所列规格直径为内径,周长为内周长。

2)塑料通风管道制作与安装,不包括吊托支架,可按相应定额,以"kg"为计量单位另行计算。

13. 玻璃钢通风管道及部件安装

(1)计量与计价说明。

1)工作内容。

①风管:找标高、打支架墙洞、配合预留孔洞、吊托支架制作及埋设、风管配合修补、粘结、组装就位、找平、找正、制垫、垫垫、上螺栓、紧固。

②部件:组对、组装、就位、找正、制垫、垫垫、上螺栓、紧固。

2)玻璃钢通风管道安装项目中,包括弯头、三通、变径管、天圆地方等管件的安装及法兰、加固框和吊托架的制作安装,不包括过跨风管落地支架。落地支架执行设备支架项目。

3)通风空调工程定额中玻璃钢风管及管件,按计算工程量加损耗外加工定做,其价值按实际价格发生;风管修补应由加工单位负责,其费用按实际价格发生,计算在主材费内。

4)定额内未考虑预留铁件的制作和埋设。如果设计要求用膨胀螺栓安装吊托支架,膨胀螺栓可按实际调整,其余不变。

(2)计量与计价规则。玻璃钢通风管道的制作安装中,已包括法兰、加固框和吊托支架,不得另行计算。

14. 复合型风管制作安装

(1)计量与计价说明。

1)工作内容。

①复合型风管制作:放样、切割、开槽、成型、黏合、制作管件、钻孔、组合。

②复合型风管安装:就位、制垫、垫垫、连接、找正、找平、固定。

2)风管项目规格表示的直径为内径,周长为内周长。

3)风管制作安装项目中包括管件、法兰、加固框、吊托支架。

(2)计量与计价规则。

1)复合型材料风管制作安装定额所列规格直径为内径,周长为内周长。

2)复合型材料通风管道的制作安装中,已包括法兰、加固框和吊托支架,不得另行计算。

任务 3.3 通风空调工程清单内容与应用

3.3.1 通风空调工程工程量清单内容

1. 清单适用范围

通风空调工程适用于通风(空调)设备及部件、通风管道及部件的制作与安装工程。

2. 相关说明

(1)冷冻机组站内的设备安装、通风机安装及人防两用通风机安装，应按《通用安装工程工程量计算规范》(GB 50856—2013)附录 A"机械设备安装工程相关项目"编码列项。

(2)冷冻机组站内的管道安装，应按《通用安装工程工程量计算规范》(GB 50856—2013)附录 H"工业管道工程相关项目"编码列项。

(3)冷冻站外墙皮以外通往通风空调设备的供热、供冷、供水等管道，应按《通用安装工程工程量计算规范》(GB 50856—2013)附录 K"给水排水、采暖、燃气工程相关项目"编码列项。

(4)设备和支架的除锈、刷漆、保温及保护层安装，应按《通用安装工程工程量计算规范》(GB 50856—2013)附录 M"刷油、防腐蚀、绝热工程相关项目"编码列项。

3. 清单项目组成

《通用安装工程工程量计算规范》(GB 50856—2013)附录 G"通风空调工程"共分为 4 个分部工程，即通风及空调设备及部件制作安装，通风管道制作安装，通风管道部件制作安装，通风工程检测、调试。

3.3.2 通风空调工程工程量清单计量与计价应用

1. 通风及空调设备及部件制作安装

(1)计量与计价规则。通风及空调设备及部件制作安装工程量清单项目设置、项目特征描述的内容、计量单位及工程量计算规则，见表 3-3-1。

表 3-3-1 通风及空调设备及部件制作安装(编码：030701)

项目编码	项目名称	项目特征	计量单位	工程量计算规则	工作内容
030701001	空气加热器(冷却器)	1. 名称 2. 型号 3. 规格 4. 质量 5. 安装形式 6. 支架形式、材质	台	按设计图示数量计算	1. 本体安装、调试 2. 设备支架制作、安装 3. 补刷(喷)油漆
030701002	除尘设备				
030701003	空调器	1. 名称 2. 型号 3. 规格 4. 安装形式 5. 质量 6. 隔振垫(器)、支架形式、材质	台(组)		1. 本体安装或组装、调试 2. 设备支架制作、安装 3. 补刷(喷)油漆

项目编码	项目名称	项目特征	计量单位	工程量计算规则	工作内容
030701004	风机盘管	1. 名称 2. 型号 3. 规格 4. 安装形式 5. 减振器、支架形式、材质 6. 试压要求	台	按设计图示数量计算	1. 本体安装、调试 2. 支架制作、安装 3. 试压 4. 补刷(喷)油漆
030701005	表冷器	1. 名称 2. 型号 3. 规格			1. 本体安装 2. 型钢制作、安装 3. 过滤器安装 4. 挡水板安装 5. 调试及运转 6. 补刷(喷)油漆
030701006	密闭门	1. 名称 2. 型号 3. 规格 4. 形式 5. 支架形式、材质	个		1. 本体制作 2. 本体安装 3. 支架制作、安装
030701007	挡水板				
030701008	滤水器、溢水盘				
030701009	金属壳体				
030701010	过滤器	1. 名称 2. 型号 3. 规格 4. 类型 5. 框架形式、材质	1. 台 2. m²	1. 以台计量，按设计图示数量计算 2. 以面积计量，按设计图示尺寸以过滤面积计算	1. 本体安装 2. 框架制作、安装 3. 补刷(喷)油漆
030701011	净化工作台	1. 名称 2. 型号 3. 规格 4. 类型	台	按设计图示数量计算	1. 本体安装 2. 补刷(喷)油漆
030701012	风淋室	1. 名称 2. 型号 3. 规格 4. 类型 5. 质量			
030701013	洁净室				
030701014	除湿机	1. 名称 2. 型号 3. 规格 4. 类型			本体安装
030701015	人防过滤吸收器	1. 名称 2. 规格 3. 形式 4. 材质 5. 支架形式、材质			1. 过滤吸收器安装 2. 支架制作、安装

注：通风空调设备安装的地脚螺栓按设备自带考虑。

(2)计量与计价应用。

【例3-3-1】 对【例3-2-7】编制该挡水板的分部分项工程项目清单与计价表。

【解】 (1)计算清单项目综合单价。按建筑工程取费标准取费,企业管理费费率取25%,利润费费率取15%,计费基础为:人工费+机械费。

计费基础:20.04+2.21=22.25(元);

人工费:20.04元;

材料费:83.45元;

机械费:2.21元;

企业管理费:22.25×25%=5.56(元);

利润:22.25×15%=3.34(元);

小计:20.04+83.45+2.21+5.56+3.34=114.60(元);

综合单价:114.60/0.126=909.52(元)。

(2)编制分部分项工程项目清单与计价表。根据《通用安装工程工程量计算规范》(GB 50856—2013)的规定,挡水板项目编码为030701007,计量单位为"个",计算规则为按设计图示数量计算,则编制的分部分项工程项目清单与计价表见表3-3-2。

表3-3-2 分部分项工程项目清单与计价表

序号	项目编码	项目名称	项目特征描述	计量单位	工程量	金额/元		
						综合单价	合价	其中:暂估价
1	030701007001	挡水板	六折曲板钢板挡水板	m²	0.126	909.52	114.60	—

【例3-3-2】 对【例3-2-10】编制该过滤器的分部分项工程项目清单与计价表。

【解】 根据《通用安装工程工程量计算规范》(GB 50856—2013)的规定,过滤器安装包括本体的安装和框架的制作、安装。

计费基础:11.16+33.90+3.17=48.23(元);

人工费:11.16+33.90=45.06(元);

材料费:1 920+231.73=2 151.73(元);

机械费:3.17元;

企业管理费:48.23×25%=12.06(元);

利润:48.23×15%=7.23(元);

小计:45.06+2151.73+3.17+12.06+7.23=2 219.25(元)。

根据《通用安装工程工程量计算规范》(GB 50856—2013)的规定,过滤器项目编码为030701010,若以"台"计量,按设计图示数量计算;若以面积计量,按设计图示尺寸以过滤面积计算。

由此可得,若以"台"为计量单位,综合单价=2 219.25/6=369.88(元)。

若以"m²"为计量单位,综合单价=2 219.25/(0.52×0.52×6)=1 367.88(元)。

编制的分部分项工程项目清单与计价表见表3-3-3。

表 3-3-3　分部分项工程项目清单与计价表

序号	项目编码	项目名称	项目特征描述	计量单位	工程量	金额/元		
						综合单价	合价	其中：暂估价
1	030701010001	过滤器	LWP 过滤器，520 mm×520 mm×120 mm	台 /m²	6 (1.62)	369.88 (1 367.88)	2 219.25	—

【例 3-3-3】 对【例 3-2-8】编制该除尘设备的分部分项工程项目清单与计价表。

【解】 (1)计算清单项目综合单价。

计费基础：2 874.60＋71.40＝2 946.00(元)；

人工费：2 874.60 元；

材料费：2 501.60 元；

机械费：71.40 元；

企业管理费：2 946.00×25％＝736.50(元)；

利润：2 946.00×15％＝441.90(元)；

小计：2 874.60＋2 501.60＋71.40＋736.50＋441.90＝6 626.00(元)；

综合单价：6 626.00/20＝331.30(元)。

(2)编制分部分项工程项目清单与计价表。根据《通用安装工程工程量计算规范》(GB 50856—2013)的规定，除尘设备项目编码为 030701002，计量单位为"台"，计算规则为按设计图示数量计算，则编制的分部分项工程项目清单与计价表见表 3-3-4。

表 3-3-4　分部分项工程项目清单与计价表

序号	项目编码	项目名称	项目特征描述	计量单位	工程量	金额/元		
						综合单价	合价	其中：暂估价
1	030701002001	除尘设备	XP 型旋风除尘器，φ700	台	20	331.30	6 626.00	—

【例 3-3-4】 对【例 3-2-9】编制该空调器的分部分项工程项目清单与计价表。

【解】 (1)计算清单项目综合单价。

计费基础：232.20 元；

人工费：232.20 元；

材料费：14 014.60 元；

企业管理费：232.20×25％＝58.05(元)；

利润：232.20×15％＝34.83(元)；

小计：232.20＋14 014.60＋58.05＋34.83＝14 339.68(元)；

综合单价：14 339.68/5＝2 867.94(元)。

(2)编制分部分项工程项目清单与计价表。根据《通用安装工程工程量计算规范》(GB 50856—2013)的规定，空调器项目编码为 030701003，计量单位为"台"，计算规则为按设计图示数量计算，则编制的分部分项工程项目清单与计价表见表 3-3-5。

表 3-3-5　分部分项工程项目清单与计价表

序号	项目编码	项目名称	项目特征描述	计量单位	工程量	金额/元		
						综合单价	合价	其中：暂估价
1	030701003001	空调器	墙上式空调器(2 t 以下)	台	5	2 867.94	14 339.68	—

2. 通风管道制作安装

（1）计量与计价规则。通风管道制作安装工程量清单项目设置、项目特征描述的内容、计量单位及工程量计算规则，见表3-3-6。

表 3-3-6　通风管道制作安装（编码：030702）

项目编码	项目名称	项目特征	计量单位	工程量计算规则	工作内容
030702001	碳钢通风管道	1. 名称 2. 材质 3. 形状 4. 规格	m²	按设计图示内径尺寸以展开面积计算	1. 风管、管件、法兰、零件、支吊架制作、安装 2. 过跨风管落地支架制作、安装
030702002	净化通风管道	5. 板材厚度 6. 管件、法兰等附件及支架设计要求 7. 接口形式			
030702003	不锈钢板通风管道	1. 名称 2. 形状			
030702004	铝板通风管道	3. 规格 4. 板材厚度 5. 管件、法兰等附件及支架设计要求 6. 接口形式			
030702005	塑料通风管道				
030702006	玻璃钢通风管道	1. 名称 2. 形状 3. 规格 4. 板材厚度 5. 支架形式、材质 6. 接口形式		按设计图示外径尺寸以展开面积计算	1. 风管、管件安装 2. 支吊架制作、安装 3. 过跨风管落地支架制作、安装
030702007	复合型风管	1. 名称 2. 材质 3. 形状 4. 规格 5. 板材厚度 6. 接口形式 7. 支架形式、材质			
030702008	柔性软风管	1. 名称 2. 材质 3. 规格 4. 风管接头、支架形式、材质	1. m 2. 节	1. 以"m"计量，按设计图示中心线长度计算 2. 以"节"计量，按设计图示数量计算	1. 风管安装 2. 风管接头安装 3. 支吊架制作、安装

项目编码	项目名称	项目特征	计量单位	工程量计算规则	工作内容
030702009	弯头导流叶片	1. 名称 2. 材质 3. 规格 4. 形式	1. m² 2. 组	1. 以面积计量，按设计图示以展开面积平方米计算 2. 以"组"计量，按设计图示数量计算	1. 制作 2. 安装
030702010	风管检查孔	1. 名称 2. 材质 3. 规格	1. kg 2. 个	1. 以"kg"计量，按风管检查孔质量计算 2. 以"个"计量，按设计图示数量计算	1. 制作 2. 安装
030702011	温度、风量测定孔	1. 名称 2. 材质 3. 规格 4. 设计要求	个	按设计图示数量计算	1. 制作 2. 安装

注：1. 通风管道的法兰垫料或封口材料，按图纸要求应在项目特征中描述。

2. 净化通风管的空气洁净度按 100 000 级标准编制，净化通风管使用的型钢材料如要求镀锌，工作内容应注明支架镀锌。

3. 风管展开面积，不扣除检查孔、测定孔、送风口、吸风口等所占面积；风管长度一律以设计图示中心线长度为准(主管与支管以其中心线交点划分)，包括弯头、三通、变径管、天圆地方等管件的长度，但不包括部件所占的长度。风管展开面积不包括风管、管口重叠部分面积。风管渐缩管：圆形风管按平均直径计算，矩形风管按平均周长计算。

4. 穿墙套管按展开面积计算，计入通风管道工程量中。

5. 弯头导流叶片数量，按设计图纸或规范要求计算。

6. 风管检查孔、温度测定孔、风量测定孔数量，按设计图纸或规范要求计算。

(2)计量与计价应用。

【例 3-3-5】 对【例 3-2-1】编制该镀锌薄钢板圆形风管的分部分项工程项目清单与计价表。

【解】 (1)计算清单项目综合单价。

计费基础：736.03＋23.25＝759.28(元)；

人工费：736.03 元；

材料费：1 219.46 元；

机械费：23.25 元；

企业管理费：759.28×25％＝189.82(元)；

利润：759.28×15％＝113.89(元)；

小计：736.03+1 219.46+23.25+189.82+113.89＝2 282.45(元)；

综合单价：2 282.45/18.84＝121.15(元)。

(2)编制分部分项工程项目清单与计价表。根据《通用安装工程工程量计算规范》(GB 50856—2013)的规定，碳钢通风管道项目编码为030702001，计量单位为"m²"，计算规则为按设计图示内径尺寸以展开面积计算，则编制的分部分项工程项目清单与计价表见表3-3-7。

表3-3-7　分部分项工程项目清单与计价表

序号	项目编码	项目名称	项目特征描述	计量单位	工程量	金额/元		
						综合单价	合价	其中：暂估价
1	030702001001	碳钢通风管道	镀锌薄钢板圆形风管	m²	18.84	121.15	2 282.45	—

【例3-3-6】　对【例3-2-2】编制该弯头导流叶片的分部分项工程项目清单与计价表。

【解】　计费基础：184.18元；

人工费：184.18元；

材料费：217.12元；

企业管理费：184.18×25%＝46.05(元)；

利润：184.18×15%＝27.63(元)；

小计：184.18+217.12+46.05+27.63＝474.98(元)。

根据《通用安装工程工程量计算规范》(GB 50856—2013)的规定，弯头导流叶片项目编码为030702009，其计算规则若以面积计量，按设计图示以展开面积平方米计算；若以"组"计量，按设计图示数量计算。

若以"m²"为计量单位，综合单价＝474.98/5.02＝94.62(元)。

若以"组"为计量单位，综合单价＝474.98/1＝474.98(元)。

编制的分部分项工程项目清单与计价表见表3-3-8。

表3-3-8　分部分项工程项目清单与计价表

序号	项目编码	项目名称	项目特征描述	计量单位	工程量	金额/元		
						综合单价	合价	其中：暂估价
1	030702009001	弯头导流叶片	矩形弯头 320 mm×1 600 mm 导流叶片	m²/组	5.02 (1)	94.62 (474.98)	474.98	—

【例3-3-7】　对【例3-2-3】编制该风管检查孔的分部分项工程项目清单与计价表。

【解】　计费基础：161.41+38.62＝200.03(元)；

人工费：161.41元；

材料费：180.33元；

机械费：38.62元；

企业管理费：200.03×25%＝50.01(元)；

利润：200.03×15%＝30.00(元)；

小计：161.41+180.33+38.62+50.01+30.00＝460.37(元)。

根据《通用安装工程工程量计算规范》(GB 50856—2013)的规定，风管检查孔项目编码为 030702010，其计算规则若以"kg"计量，按风管检查孔质量计算；若以"个"计量，按设计图示数量计算。

若以"kg"为计量单位，综合单价＝460.37/33.15＝13.89(元)。

若以"个"为计量单位，综合单价＝460.37/10＝46.04(元)。

编制的分部分项工程项目清单与计价表见表 3-3-9。

表 3-3-9　分部分项工程项目清单与计价表

序号	项目编码	项目名称	项目特征描述	计量单位	工程量	金额/元		
						综合单价	合价	其中：暂估价
1	030702010001	风管检查孔	风管检查孔	kg/个	33.15 (10)	13.89 (46.04)	460.37	—

【例 3-3-8】　对【例 3-2-11】编制该铝板风管的分部分项工程项目清单与计价表。

【解】　(1)计算清单项目综合单价。

计费基础：1 306.19＋838.68＝2 144.87(元)；

人工费：1 306.19 元；

材料费：2 720.69 元；

机械费：838.68 元；

企业管理费：2 144.87×25％＝536.22(元)；

利润：2 144.87×15％＝321.73(元)；

小计：1 306.19＋2 720.69＋838.68＋536.22＋321.73＝5 723.51(元)；

综合单价：5 723.51/16.78＝341.09(元)。

(2)编制分部分项工程项目清单与计价表。根据《通用安装工程工程量计算规范》(GB 50856—2013)的规定，铝板通风管道项目编码为 030702004，计量单位为"m²"，计算规则为按设计图示内径尺寸以展开面积计算，则编制的分部分项工程项目清单与计价表见表 3-3-10。

表 3-3-10　分部分项工程项目清单与计价表

序号	项目编码	项目名称	项目特征描述	计量单位	工程量	金额/元		
						综合单价	合价	其中：暂估价
1	030702004001	铝板通风管道	铝板风管 630×3	m²	16.78	341.09	5 723.51	—

3. 通风管道部件制作安装

(1)计量与计价规则。通风管道部件制作安装工程量清单项目设置、项目特征描述的内容、计量单位及工程量计算规则见表 3-3-11。

表 3-3-11　通风管道部件制作安装(编码：030703)

项目编码	项目名称	项目特征	计量单位	工程量计算规则	工作内容
030703001	碳钢阀门	1. 名称 2. 型号 3. 规格 4. 质量 5. 类型 6. 支架形式、材质	个	按设计图示数量计算	1. 阀体制作 2. 阀体安装 3. 支架制作、安装

项目编码	项目名称	项目特征	计量单位	工程量计算规则	工作内容
030703002	柔性软风管阀门	1. 名称 2. 规格 3. 材质 4. 类型			阀体安装
030703003	铝蝶阀	1. 名称 2. 规格 3. 质量 4. 类型			阀体安装
030703004	不锈钢蝶阀				
030703005	塑料阀门	1. 名称 2. 型号 3. 规格 4. 类型			
030703006	玻璃钢蝶阀				
030703007	碳钢风口、散流器、百叶窗	1. 名称 2. 型号 3. 规格 4. 质量 5. 类型 6. 形式	个	按设计图示数量计算	1. 风口制作、安装 2. 散流器制作、安装 3. 百叶窗安装
030703008	不锈钢风口、散流器、百叶窗	1. 名称 2. 型号 3. 规格 4. 质量 5. 类型 6. 形式			1. 风口制作、安装 2. 散流器制作、安装 3. 百叶窗安装
030703009	塑料风口、散热器、百叶窗				风口安装
030703010	玻璃钢风口	1. 名称 2. 型号 3. 规格 4. 类型 5. 形式			1. 风口制作、安装 2. 散流器制作、安装
030703011	铝及铝合金风口、散热器				
030703012	碳钢风帽	1. 名称 2. 规格 3. 质量 4. 类型 5. 形式 6. 风帽筝绳、泛水设计要求			1. 风帽制作、安装 2. 筒形风帽滴水盘制作、安装 3. 风帽筝绳制作、安装 4. 风帽泛水制作、安装
030703013	不锈钢风帽				
030703014	塑料风帽				

项目编码	项目名称	项目特征	计量单位	工程量计算规则	工作内容
030703015	铝板伞形风帽	1. 名称 2. 规格 3. 质量 4. 类型 5. 形式 6. 风帽筝绳、泛水设计要求	个	按设计图示数量计算	1. 板伞形风帽制作、安装 2. 风帽筝绳制作、安装 3. 风帽泛水制作、安装
030703016	玻璃钢风帽				1. 玻璃钢风帽安装 2. 筒形风帽滴水盘安装 3. 风帽筝绳安装 4. 风帽泛水安装
030703017	碳钢罩类	1. 名称 2. 型号 3. 规格			1. 罩类制作 2. 罩类安装
030703018	塑料罩类	4. 质量 5. 类型 6. 形式			
030703019	柔性接口	1. 名称 2. 规格 3. 材质 4. 类型 5. 形式	m²	按设计图示尺寸以展开面积计算	1. 柔性接口制作 2. 柔性接口安装
030703020	消声器	1. 名称 2. 规格 3. 材质 4. 形式 5. 质量 6. 支架形式、材质	个	按设计图示数量计算	1. 消声器制作 2. 消声器安装 3. 支架制作、安装
030703021	静压箱	1. 名称 2. 规格 3. 形式 4. 材质 5. 支架形式、材质	1. 个 2. m²	1. 以"个"计量，按设计图示数量计算 2. 以"m²"计量，按设计图示尺寸以展开面积计算	1. 静压箱制作、安装 2. 支架制作、安装
030703022	人防超压自动排气阀	1. 名称 2. 型号 3. 规格 4. 类型	个	按设计图示数量计算	安装
030703023	人防手动密闭阀	1. 名称 2. 型号 3. 规格 4. 支架形式、材质			1. 密闭阀安装 2. 支架制作、安装

项目编码	项目名称	项目特征	计量单位	工程量计算规则	工作内容
030703024	人防 其他部件	1. 名称 2. 型号 3. 规格 4. 类型	个 (套)	按设计图示 数量计算	安装

注：1. 碳钢阀门包括空气加热器上通阀、空气加热器旁通阀、圆形瓣式启动阀、风管蝶阀、风管止回阀、密闭式斜插板阀、矩形风管三通调节阀、对开多叶调节阀、风管防火阀、各型风罩调节阀等。

2. 塑料阀门包括塑料蝶阀、塑料插板阀、各型风罩塑料调节阀。

3. 碳钢风口、散流器、百叶窗包括百叶风口、矩形送风口、矩形空气分布器、风管插板风口、旋转吹风口、圆形散流器、方形散流器、流线型散流器、送吸风口、活动箅式风口、网式风口、钢百叶窗等。

4. 碳钢罩类包括皮带防护罩、电动机防雨罩、侧吸罩、中小型零件焊接台排气罩、整体分组式槽边侧吸罩、吹吸式槽边通风罩、条缝槽边抽风罩、泥心烘炉排气罩、升降式回转排气罩、上下吸式圆形回转罩、升降式排气罩、手锻炉排气罩。

5. 塑料罩类包括塑料槽边侧吸罩、塑料槽边风罩、塑料条缝槽边抽风罩。

6. 柔性接口包括金属、非金属软接口及伸缩节。

7. 消声器包括片式消声器、矿棉管式消声器、聚酯泡沫管式消声器、卡普隆纤维管式消声器、弧形声流式消声器、阻抗复合式消声器、微穿孔板消声器、消声弯头。

8. 通风部件如图纸要求制作安装或用成品部件只安装不制作，这类特征在项目特征中应明确描述。

9. 静压箱的面积计算：按设计图示以展开面积计算，不扣除开口的面积。

(2)计量与计价应用。

【例 3-3-9】 对【例 3-2-4】编制该塑料蝶阀的分部分项工程项目清单与计价表。

【解】 (1)计算清单项目综合单价。

计费基础：$60.25 + 39.80 = 100.05$(元)；

人工费：60.25 元；

材料费：35.85 元；

机械费：39.80 元；

企业管理费：$100.05 \times 25\% = 25.01$(元)；

利润：$100.05 \times 15\% = 15.01$(元)；

小计：$60.25 + 35.85 + 39.80 + 25.01 + 15.01 = 175.92$(元)；

综合单价：$175.92/10 = 17.59$(元)。

(2)编制分部分项工程项目清单与计价表。根据《通用安装工程工程量计算规范》(GB 50856—2013)的规定，塑料阀门项目编码为 030703005，计量单位为"个"，计算规则为按设计图示数量计算，则编制的分部分项工程项目清单与计价表见表 3-3-12。

表 3-3-12　分部分项工程项目清单与计价表

序号	项目编码	项目名称	项目特征描述	计量单位	工程量	综合单价	合价	其中：暂估价
1	030703005001	塑料阀门	手柄式圆形塑料蝶阀，D100	个	10	17.59	175.92	—

【例 3-3-10】 对【例 3-2-5】编制该碳钢风口的分部分项工程项目清单与计价表。

【解】 (1)计算清单项目综合单价。

计费基础：$37.36+6.96+2.37=46.69$(元)；

人工费：$37.36+6.96=44.32$(元)；

材料费：$25.50+8.96=34.46$(元)；

机械费：2.37元；

企业管理费：$46.69×25\%=11.67$(元)；

利润：$46.69×15\%=7.00$(元)；

小计：$44.32+34.46+2.37+11.67+7.00=99.82$(元)；

综合单价：$99.82/2=49.91$(元)。

(2)编制分部分项工程项目清单与计价表。根据《通用安装工程工程量计算规范》(GB 50856—2013)的规定，碳钢风口项目编码为030703007，计量单位为"个"，计算规则为按设计图示数量计算，则编制分部分项工程项目清单与计价表见表3-3-13。

表3-3-13 分部分项工程项目清单与计价表

序号	项目编码	项目名称	项目特征描述	计量单位	工程量	金额/元		
						综合单价	合价	其中：暂估价
1	030703007001	碳钢风口	矩形送风口，80 mm×69 mm	个	2	49.91	99.82	—

【例 3-3-11】 对【例 3-2-6】编制分部分项工程项目清单与计价表。

【解】 (1)弧形声流式消声器。

计费基础：$4\,876.76+1\,359.96=6\,236.72$(元)；

人工费：4 876.76 元；

材料费：6 728.85 元；

机械费：1 359.96 元；

企业管理费：$6\,236.72×25\%=1\,559.18$(元)；

利润：$6\,236.72×15\%=935.51$(元)；

小计：$4\,876.76+6\,728.85+1\,359.96+1\,559.18+935.51=15\,460.26$(元)；

综合单价：$15\,460.26/3=5\,153.42$(元)。

(2)阻抗复合式消声器。

计费基础：$604.74+15.33=620.07$(元)；

人工费：604.74 元；

材料费：967.44 元；

机械费：15.33 元；

企业管理费：$620.07×25\%=155.02$(元)；

利润：$620.07×15\%=93.01$(元)；

小计：$604.74+967.44+15.33+155.02+93.01=1\,835.54$(元)；

综合单价：$1\,835.54/2=917.77$(元)。

(3)编制分部分项工程项目清单与计价表。根据《通用安装工程工程量计算规范》(GB 50856—2013)的规定，消声器项目编码为030703020，计量单位为"个"，计算规则为按设计图示数量计算，则编制的分部分项工程项目清单与计价表见表3-3-14。

表 3-3-14 分部分项工程项目清单与计价表

序号	项目编码	项目名称	项目特征描述	计量单位	工程量	金额/元		
						综合单价	合价	其中：暂估价
1	030703020001	消声器	弧形声流式消声器，800 mm×800 mm	个	3	5 153.42	15 460.26	
2	030703020002	消声器	阻抗复合式消声器，800 mm×500 mm	个	2	917.77	1 835.54	

4. 通风工程检测、调试

通风工程检测、调试工程量清单项目设置、项目特征描述的内容、计量单位及工程量计算规则，见表 3-3-15。

表 3-3-15 通风工程检测、调试（编码：030704）

项目编码	项目名称	项目特征	计量单位	工程量计算规则	工作内容
030704001	通风工程检测、调试	风管工程量	系统	按通风系统计算	1. 通风管道风量测定 2. 风压测定 3. 温度测定 4. 各系统风口、阀门调整
030704002	风管漏光试验、漏风试验	漏光试验、漏风试验、设计要求	m²	按设计图纸或规范要求以展开面积计算	通风管道漏光试验、漏风试验

3.3.3 通风空调工程工程量清单计价编制实例

本节以通风空调工程投标报价的编制为例，介绍工程量清单计价编制的方法，其招标控制价、竣工结算价的编制方法基本相同，可参照本节内容编制。

根据项目二任务 2.3 中"2.3.3 招标工程量清单实例"，编制该通风空调工程投标报价。

1. 编制依据

(1)"13 计价规范"。

(2)《通用安装工程工程量计算规范》(GB 50856—2013)。

(3)国家或省级、行业建设主管部门颁发的计价办法。

(4)企业定额。

(5)招标工程量清单。

(6)市场价格信息。

(7)其他相关资料。

2. 编制步骤

(1)复核工程量清单。

(2)根据项目特征确定选用企业定额编码。

(3)根据市场价格信息确定未计价材料名称及单价。

（4）编制清单综合单价分析表。

（5）计取管理费费率、利润费费率。

（6）编制分部分项工程量清单计价表。

（7）编制措施项目计价表。

（8）编制其他项目费清单计价表。

（9）编制规费项目清单费用表。

（10）计算税金，并编制汇总表。

（11）填写扉页、封面，确定报价。

3. 编制实例

投标总价封面

_____某办公楼通风空调安装_____ 工程

投 标 总 价

投 标 人：_____×××_____

（单位盖章）

××年×月×日

投 标 总 价

招　标　人：＿＿＿＿＿＿＿＿＿＿＿＿＿×××＿＿＿＿＿＿＿＿＿＿＿＿

工 程 名 称：＿＿＿＿＿＿＿某办公楼通风空调安装工程＿＿＿＿＿＿＿＿

投标总价(小写)：＿＿＿＿＿＿＿＿＿598 820.22＿＿＿＿＿＿＿＿＿＿＿＿
　　　　(大写)：＿＿＿＿＿伍拾玖万捌仟捌佰贰拾元贰角贰分＿＿＿＿＿＿＿

投　标　人：＿＿＿＿＿＿＿＿＿＿＿＿＿×××＿＿＿＿＿＿＿＿＿＿＿＿
　　　　　　　　　　　　　　　(单位盖章)

法定代表人
或其授权人：＿＿＿＿＿＿＿＿＿＿＿＿＿×××＿＿＿＿＿＿＿＿＿＿＿＿
　　　　　　　　　　　　　　　(签字或盖章)

编　制　人：＿＿＿＿＿＿＿＿＿＿＿＿＿×××＿＿＿＿＿＿＿＿＿＿＿＿
　　　　　　　　　　　　　(造价人员签字盖专用章)

编 制 时 间：××年×月×日

扉-3

编制提示：根据表-02 填写投标总价金额。

总 说 明

工程名称：某办公楼通风空调安装工程　　　　　　　　　　　　第　页　共　页

1. 编制依据

1.1　建设方提供的工程施工图、《某办公楼通风空调安装工程投标邀请书》《投标须知》《某办公楼通风空调安装工程招标答疑》等一系列招标文件

1.2　××市建设工程造价管理站××××年第×期发布的材料价格，并参照市场价格

2. 采用的施工组织设计

3. 报价需要说明的问题

3.1　该工程因无特殊要求，故采用一般施工方法

3.2　因考虑到市场材料价格近期波动不大，故主要材料价格在××市建设工程造价管理站××××年第×期发布的材料价格基础上下浮 3％

3.3　综合公司经济现状及竞争力，公司所报费率如下：（略）

3.4　税金按 3.41％计取

4. 措施项目的依据

5. 其他有关内容的说明等

表-01

建设项目投标报价汇总表

工程名称：某办公楼通风空调安装工程　　　　　　　　　　　　第　页　共　页

序号	单项工程名称	金额/元	其中：/元		
			暂估价	安全文明施工费	规费
1	某办公楼通风空调安装工程	598 820.22	24 000.00	17 294.33	21 251.78
	合　计	598 820.22	24 000.00	17 294.33	21 251.78

表-02

编制提示：根据表-03 汇总各单项工程金额。

单项工程投标报价汇总表

工程名称：某办公楼通风空调安装工程　　　　　　　　　　　　第　页　共　页

序号	单位工程名称	金额/元	其中：/元		
			暂估价	安全文明施工费	规费
1	某办公楼通风空调安装工程	598 820.22	24 000.00	17 294.33	21 251.78
	合　计	598 820.22	24 000.00	17 294.33	21 251.78

表-03

编制提示：根据表-04 汇总各单位工程金额。

单位工程投标报价汇总表

工程名称：　　　　　　　　　　标段：　　　　　　　　　　第　页　共　页

序号	汇总内容	金额/元	其中：暂估价/元
1	分部分项工程	533 661.87	24 000.00
1.1	通风空调工程	533 661.87	24 000.00
1.2			
1.3			
1.4			
1.5			
2	措施项目	21 561.42	
2.1	其中：安全文明施工费	17 294.33	
3	其他项目	2 598.73	
3.1	其中：暂列金额	1 500.00	
3.2	其中：专业工程暂估价		
3.3	其中：计日工	1 098.73	
3.4	其中：总承包服务费		
4	规费	21 251.78	
5	税金	19 746.42	
	投标报价合计＝1＋2＋3＋4＋5	598 820.22	

表-04

编制提示：根据表-08、表-11、表-12、表-13 汇总分部分项工程费、措施项目费、其他项目费和规费，并根据规定计算税金，最后汇总投标报价。

分部分项工程项目和单价措施项目清单与计价表

工程名称：某办公楼通风空调安装工程　　　　标段：　　　　　　　　　第　页　共　页

序号	项目编码	项目名称	项目特征描述	计量单位	工程量	金额/元			
						综合单价	合价	其中：暂估价	其中：定额人工费
1	030701003001	空调器	ZK 系列组装式，10 000 m³/h，质量为 350 kg/台	台	8	3 077.63	24 621.04	24 000.00	427.28
2	030701004001	风机盘管安装	吊顶式 YSFP-300 型	台	40	1 320.37	52 814.80		938.00
3	030702001001	碳钢通风管道	镀锌薄钢板，D1 200 mm，板材厚 1.2 mm，	m²	1 318.80	147.38	194 364.74		26 089.82
4	030702001002	碳钢通风管道	镀锌薄钢板，D1 000 mm，板材厚 1.0 mm	m²	1 099.00	121.58	133 616.42		17 174.07
5	030702001003	碳钢通风管道	镀锌薄钢板，D330 mm，板材厚 0.75 mm	m²	725.34	135.42	98 225.54		15 141.47
6	030703001001	碳钢阀门	碳钢止回阀，D900 mm	个	8	123.11	984.88		455.28
7	030703001002	碳钢阀门	碳钢止回阀，D800 mm	个	8	118.83	950.64		371.92
8	030703007001	碳钢风口、散流器、百叶窗	碳钢双层百叶风口，400 mm×240 mm	个	100	142.54	14 254.00		5 893.00
9	030703007002	碳钢风口、散流器、百叶窗	碳钢百叶窗，1 000 mm×1 000 mm	个	8	204.48	1 635.84		508.97
10	030704001001	通风工程检测、调试	漏光试验、风量测定、风压测定、风口及阀门调整	系统	1	12 193.97	12 193.97		2 177.50
		本页小计							
		合计					533 661.87	24 000.00	69 177.31

表-08

编制提示：有关工程量计量与计价的方法，参照任务 2.2 中 2.2.2 节与任务 2.3 中 2.3.2 节各例题，本例具体计算参见表-09 综合单价分析表。其中，人工费为"综合单价分析表中人工费合计×工程量"，如空调器安装中的人工费为 53.41 元，工程量为 8 台，则本表中人工费为 53.41×8＝427.28(元)。

关于通风工程检测、调试费用，根据全统定额，系统调整费按系统工程人工费的13％计算，其中人工工资占25％，则1～9项人工费合价为66 999.81元，则系统调整费为66 999.81×13％＝8 709.98(元)，人工费为8 709.98×0.25＝2 177.50(元)。取"(人工费＋机械费)×(0.25＋0.15)"为"企业管理费＋利润"，则通风工程检测、调试费用为8 709.98＋8 709.98×0.4＝12 193.97(元)。

综合单价分析表

工程名称：某办公楼通风空调安装工程　　　　标段：　　　　　　　　　　第　页　共　页

项目编码	030701003001	项目名称		空调器		计量单位	台	工程量		8

清单综合单价组成明细

定额编号	定额名称	定额单位	数量	单价				合价			
				人工费	材料费	机械费	管理费和利润	人工费	材料费	机械费	管理费和利润
Q9-237	空调器安装，吊顶式，重量0.4 t以内	台	1	53.36	2.93		21.34	53.41	2.93		21.34
人工单价			小计					53.36	2.93		21.34
50元/工日			未计价材料费					3 000			
清单项目综合单价								3 077.63			

主要材料名称、规格、型号			单位	数量	单价/元	合价/元	暂估单价/元	暂估合价/元
材料费明细	棉纱头		kg	0.50	5.86	2.92		
	空调器安装，吊顶式，重量0.4 t以内		台	1			3 000	3 000
	其他材料费				—		—	
	材料费小计				—	2.93	—	3 000

表-09

工程名称： 标段： 第 页 共 页

序号	项目编码	项目名称	计算基础	费率/%	金额/元	调整费率/%	调整后金额/元	备注
1	031302001001	安全文明施工费	定额人工费	25	17 294.33			
2	031302004001	二次搬运费	定额人工费	1	691.77			
3	031302006001	已完工程及设备保护费			1 500.00			
4	031301017001	脚手架搭拆	定额人工费	3	2 075.32			
		合 计			21 561.42			

编制人(造价人员)：×××　　　　　　　　　　复核人(造价工程师)：×××

表-11

编制提示：以表-08 计算的人工费合计为计算基础，按规定费率计算金额。其中，根据全统定额，脚手架搭拆费按人工费的 3% 计算，人工工资占 25%。

其他项目清单与计价汇总表

工程名称： 标段： 第 页 共 页

序号	项目名称	金额/元	结算金额/元	备注
1	暂列金额	1 500.00		明细详见表-12-1
2	暂估价			
2.1	材料(工程设备)暂估价/结算价	—		明细详见表-12-2
2.2	专业工程暂估价/结算价			
3	计日工	1 098.73		明细详见表-12-4
4	总承包服务费			
5	索赔与现场签证	—		
	合 计	2 598.73		

表-12

暂列金额明细表

工程名称：某办公楼通风空调安装工程　　　　标段：　　　　　　　　　第 页 共 页

序号	项目名称	计量单位	暂定金额	备注
1	政策性调整和材料价格风险	项	1 000.00	
2	其他	项	500.00	
	合 计		1 500.00	

表-12-1

编制提示：暂列金额是招标人在工程量清单中暂定并包括在合同价款中的一笔款项。

材料(工程设备)暂估单价及调整表

工程名称：某办公楼通风空调安装工程　　　　标段：　　　　　　　　　第 页 共 页

序号	材料(工程设备)名称、规格、型号	计量单位	数量 暂估	数量 确认	暂估/元 单价	暂估/元 合价	确认/元 单价	确认/元 合价	差额/元 单价	差额/元 合价	备注
1	ZK 系列空调器组	台	8		3 000	24 000					
	合 计					24 000					

表-12-2

编制提示：暂估价由招标工程量清单给出。

· 127 ·

计日工表

工程名称：某办公楼通风空调安装工程　　　　　标段：　　　　　　　　第 页 共 页

编号	项目名称	单位	暂定数量	实际数量	综合单价/元	合价/元	
						暂定	实际
一	人工						
1	通风工	工时	10		75.00	750.00	
2							
3							
4							
	人工小计					750.00	
二	材料						
1	氧气	m^2	8		2.30	18.40	
2	乙炔气	m^2	3		15.11	45.33	
3							
4							
5							
	材料小计					63.73	
三	施工机械						
1	交流电焊机	台班	1		90.00	90.00	
2	咬口机	台班	1		60.00	60.00	
3							
4							
	施工机械小计					150.00	
四、企业管理费和利润(按人工费的18%计算)						135.00	
	总　计					1 098.73	

表-12-4

编制提示：按照招标工程量清单所给暂定数量，根据企业施工定额给出综合单价，汇总计日工总额。

规费、税金项目计价表

工程名称：　　　　　　　　标段：　　　　　　　　第 页 共 页

序号	项目名称	计算基础	计算基数	计算费率/%	金额/元
1	规费	定额人工费			21 251.78
1.1	社会保险费	定额人工费			16 777.72
(1)	养老保险费	定额人工费		14	10 439.47
(2)	失业保险费	定额人工费		2	1 491.35
(3)	医疗保险费	定额人工费		6	4 474.06
(4)	工伤保险费	定额人工费		0.25	186.42
(5)	生育保险费	定额人工费		0.25	186.42

序号	项目名称	计算基础	计算基数	计算费率/%	金额/元
1.2	住房公积金	定额人工费		6	4 474.06
1.3	工程排污费	按工程所在地环境保护部门收取标准，按实计入			
2	税金	分部分项工程费＋措施项目费＋其他项目费＋规费—按规定不计税的工程设备金额		3.41	19 746.42
合　计					40 998.20

编制人：×××　　　　　　　　　　　复核人(造价工程师)：×××

表-13

编制提示：以表-08与表-11定额人工费的合计为计算基础，按规定费率计算规费。以表-04中"分部分项工程费＋措施项目费＋其他项目费＋规费—按规定不计税的工程设备金额"为计算基础，按规定费率计算税金。

项目小结

本项目介绍了通风空调工程施工图识读基础，全统定额通风空调工程安装分册的定额适用范围、定额说明、计算规则，《通用安装工程工程量计算规范》(GB 50856—2013)中通风空调工程安装工程量清单项目设置和计算规则，给出了通风空调工程安装计量、计价的准则，并通过例题与投标报价编制实例的具体讲解，介绍了通风空调工程安装计量、计价的实际应用方法。

思考与练习

一、填空题

1. 通风系统按动力划分，可分为_____和_____。

2. 通风空调工程施工图由设计施工说明、_____、_____、系统图、剖面图、详图及_____组成。

3. BS 是_____的代号，ZG 是_____的代号。

4. 风管凡是以电焊考虑的项目，如需使用手工氩弧焊，其人工乘以系数_____，材料乘以系数_____，机械乘以系数_____。

5. 柔性接口包括_____、_____及_____。

二、思考题

1. 整个通风系统设计采用渐缩管均匀送风者，应如何套用全统定额？

2. 玻璃挡水板应如何套用全统定额？

3. 采用清单计价模式，通风机安装应如何编码列项？

三、计算题

1. 某工程安装空气加热器(200 kg 以下)2 台，根据市场价格信息，每台空气加热器的价格为 1 280 元。试计算其工程量，并套用全统定额，对其编制分部分项工程项目清单与计价表。

2. 题图 3-1 所示为某化工试验室，试列出清单工程量计算表。

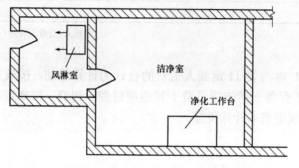

题图 3-1 某化工试验室示意图

3. 某工程制作、安装双层碳钢百叶风口 8 个，尺寸为 200 mm×150 mm。试计算其工程量，并套用全统定额，对其编制分部分项工程项目清单与计价表。

4. 某通风系统设计圆形渐缩风管均匀送风，采用 3 mm 玻璃钢风管，风管直径 D_1 = 500 mm，D_2=300 mm，风管中心线长度为 8 m。根据市场价格，3 mm 玻璃钢风管每 m^2 价格为 66 元。试计算其工程量，并套用全统定额，对其编制分部分项工程项目清单与计价表。

项目四 电气设备安装工程计量与计价

知识目标

通过本项目的学习，了解电气设备安装工程定额计价与清单计价的区别与联系，理解全统定额和清单计量规范关于电气设备安装的适用范围和项目组成；掌握建筑电气工程施工图的识读方法，全统定额说明和计算规则，工程量清单项目设置和计算规则。

能力目标

能识读建筑电气工程施工图，会查阅定额项目表及清单计量规范，能对工程项目进行工程量计算，并进行报价。

任务 4.1 认知电气设备安装工程

4.1.1 建筑电气工程

1. 建筑电气工程的分类与组成

建筑电气是建筑工程的重要组成部分。建筑电气工程是为实现一个或几个具体目的，且特性相配合的，由电气装置、布线系统和用电设备电气部分组成的组合。这种组合能满足建筑物预期的使用功能和安全要求，也能满足使用建筑物的人的安全需要。

(1)按电压高低的不同，建筑电气可分为强电和弱电。强电包括供电、照明、防雷等，弱电包括电话、电视、消防、楼宇自控等。

(2)按功能不同，建筑电气可分为供电系统、照明系统、减灾系统、信息系统等。

建筑电气工程由电气装置、布线系统和用电设备电气部分三大部分组成，并且要求这三部分特性相配合，以保持建筑电气工程安全正常地运行。

(1)电气装置指的是变压器、高低压配电柜及控制设备等。

(2)布线系统指的是以 380 V/220 V 为主的电缆、电线及桥架、线槽和导管等。

(3)用电设备电气部分指的是电动机、电加热器和照明灯具等直接消耗电能的部分。

2. 电气装置

(1)变压器。变压器是利用电磁感应的原理来改变交流电压的装置，其主要构件是初级线圈、次级线圈和铁芯(磁芯)。其主要功能有：电压变换、电流变换、阻抗变换、隔离、稳压(磁饱和变压器)等。其按用途可以分为：配电变压器、电力变压器、全密封变压器、组合式变压器、干式变压器、油浸式变压器、单相变压器、电炉变压器、整流变压器等。

(2)互感器。互感器又称为仪用变压器，是电流互感器和电压互感器的统称。其功能主要是将高电压或大电流按比例变换成标准低电压(100 V)或标准小电流(5 A 或 1 A，均指额定值)，以便实现测量仪表、保护设备及自动控制设备的标准化、小型化。同时互感器还可用来隔开高电压系统，以保证人身和设备的安全。

(3)开关设备。开关设备是电力系统中对高压配电柜、发电机、变压器、电力线路、断路器、低压开关柜、配电盘、开关箱、控制箱等配电设备的统称。

(4)熔断器。熔断器是指当电流超过规定值时，以本身产生的热量使熔体熔断，断开电路的一种电流保护器。熔断器广泛应用于高低压配电系统和控制系统以及用电设备中，作为短路和过电流的保护器，它是应用最普遍的保护器件之一。

(5)避雷器。避雷器是指能释放雷电或兼能释放电力系统操作过电压能量，保护电工设备免受瞬时过电压危害，又能截断续流，不致引起系统接地短路的电气装置。避雷器通常接于带电导线与地之间，与被保护设备并联。当过电压值达到规定的动作电压时，避雷器立即动作，流过电荷，限制过电压幅值，保护设备绝缘；电压值正常后，避雷器又迅速恢复原状，以保证系统正常供电。

(6)高压开关柜。高压开关柜具有架空进出线、电缆进出线、母线联络等功能，由柜体和断路器两大部分组成，柜体由壳体、电气元件(包括绝缘件)、各种机构、二次端子及连线等组成。

(7)低压配电屏。配电屏的作用主要是进行电力分配。配电屏内有多个开关柜，每个开关柜控制相应的配电箱，电力通过配电屏输出到各个楼层的配电箱，再由各个配电箱分送到各个房间和具体的用户。因此，电力是先经配电屏分配后，再由配电屏内的开关送到各个配电箱。

低压配电屏是按一定的接线方案将有关低压一、二次设备组装起来，用于低压配电系统中动力、照明配电之用。

(8)电容器。电容器通常简称为电容，用字母 C 表示，是一种容纳电荷的器件，是电子设备中大量使用的电子元件之一，广泛应用于电路中的隔直通交、耦合、旁路、滤波、调谐回路、能量转换、控制等方面。

3. 布线系统

布线系统指的是一根电缆(电线)、多根电缆(电线)或母线以及固定它们的部件的组合。如果需要，布线系统还包括封装电缆(电线)或母线的部件。

(1)电缆。电缆通常由几根或几组导线(每组至少两根)绞合而成，电缆的每组导线之间相互绝缘，并常围绕着一根中心扭成，外面包有高度绝缘的覆盖层。

1)按绝缘性能分类：纸绝缘电缆、塑料绝缘电缆、橡胶绝缘电缆。

2)按导电材料分类：铜芯电缆、铝芯电缆、铁芯电缆。

3)按敷设方式分类：直埋电缆、不可直埋电缆。

4)按用途分类：电力电缆、控制电缆、通信电缆。

(2)电线。室内低压线路一般采用绝缘电线。绝缘电线按绝缘材料的不同分为橡皮绝缘电线和塑料绝缘电线；按导体材料分为铝芯电线和铜芯电线，铝芯电线比铜芯电线电阻率大、机械强度低，但质轻、价廉；按制造工艺分为单股电线和多股电线，截面面积在 10 mm² 以下的电线通常为单股。常用绝缘电线的种类及型号见表 4-1-1。

表 4-1-1　常用绝缘电线的种类及型号

类　　别	名　　称	型　　号	
		铜　芯	铝　芯
橡胶绝缘线	橡胶线	BX	BLX
	氯丁橡胶线	BXF	BLXF
	橡胶软线	BXR	
塑料绝缘线	塑料线	BV	BLV
	塑料软线	BVR	
	塑料护套线	BVV	BLVV
	塑料胶质线	RVB	

注：绝缘电线型号中的符号含义如下：
　　B——布线用；X——橡胶绝缘；V　　塑料绝缘；L——铝芯（铜芯不表示）；R——软电线。

(3)软母线。软母线是指在发电厂和变电所的各级电压配电装置中，将发动机、变压器与各种电器连接的导线。软母线一般用于室外，因空间大、导线有所摆动而不至于造成线间距不够。软母线截面为圆形，容易弯曲，且制作方便、造价低廉。常用的软母线采用的是铝绞线(由很多铝丝缠绕而成)，有时为了加大强度，采用钢芯铝绞线。软母线按截面面积不同可分为 50 mm²、70 mm²、95 mm²、120 mm²、150 mm²、240 mm²等。

(4)共箱母线。共箱母线是指将多片标准型铝母线(铜母线)装设在支柱式绝缘子上，外用金属(一般为铝)薄板制成罩箱，用于保护多相导体的一种电力传输装置。

4. 电气设备

(1)普通小型直流电动机。普通小型直流电动机是将直流电能转换成机械能的电机。普通小型直流电动机分为两部分：定子与转子。定子包括主磁极、机座、换向极、电刷装置等；转子包括电枢铁芯、电枢绕组、换向器、轴和风扇等。

(2)可控硅调速直流电动机。可控硅调速直流电动机是将直流电能转换成机械能的电机。其具有调速性能好、启动力矩大等特点。

(3)普通交流同步电动机。普通交流同步电动机一般包括永磁同步电动机、磁阻同步电动机和磁滞同步电动机三种。

(4)电加热器。电加热器是指通过电阻元件将电能转换为热能的空气加热设备。

(5)照明灯具。照明灯具一般采用的电压为 220 V，在特殊情况下，如地下室、汽车修理处及特别潮湿的地方采用的安全照明电压为 36 V。照明灯具的分类方法繁多，常用的有以下几种：

1)按系统分类：一般照明、局部照明、混合照明系统。

2)按用途分类：工作照明、事故照明。

3)按电光源分类：热辐射光源照明、气体放电光源照明。

4)按安装形式分类：吸顶灯、壁灯、弯脖灯、吊灯等。

4.1.2　建筑电气施工图

1. 建筑电气施工图的组成及内容

由于每一项电气工程的规模不同，所以反映该项工程的电气图的种类和数量也不尽相同，通常一项工程的电气工程图由以下几部分组成：

（1）首页。首页内容包括电气工程图的图纸目录、图例、设备明细表、设计说明等。图纸目录的内容包括序号、图纸名称、图纸编号、图纸张数等。图例使用表格的形式列出该系统中使用的图形符号或文字符号，通常只列出本套图纸所涉及的一些图形符号或文字符号。设备材料明细表只列出该电气工程所需要的设备和材料的名称、型号、规格和数量等。设计说明（施工说明）主要阐述电气工程设计的依据、工程的要求和施工原则、建筑特点、电气安装标准、安装方法、工程等级、工艺要求以及有关设计的补充说明等。

（2）电气总平面图。电气总平面图是在建筑总平面图上表示电源及电力负荷分布的图样。电气总平面图应表示出建筑物和构筑物的名称、外形、编号、坐标、道路形状、比例等。强电和弱电宜分别绘制电气总平面图。一般大型工程都有电气总平面图，中小型工程则由动力平面图或照明平面图代替。

（3）电气系统图。电气系统图是用单线图表示电能或电信号按回路分配出去的图样。电气系统图应表示出系统的主要组成、主要特征、功能信息、位置信息、连接信息等。建筑电气系统图用得很多，动力、照明、变配电装置、通信广播、电缆电视、火灾报警、防盗保安、微机监控、自动化仪表等都要用到系统图。

（4）电气平面图。电气平面图是表示电气设备与线路平面位置的图纸，是进行建筑电气设备安装的重要依据。电气平面图应表示出建筑物轮廓线、轴线号、房间名称、楼层标高、门、窗、墙体、梁柱、平台和绘图比例等。

（5）设备布置图。设备布置图表示各种电气设备平面与空间的位置、安装方式及其相互关系。一般由平面图、立面图、断面图、剖面图及各种构件详图等组成。

（6）电路图。电路图是单独用来表示电气设备、元件控制方式及其控制线路的图纸。电路图应便于理解电路的控制原理及其功能，可不受元器件实际物理尺寸和形状的限制。电路图应表示元器件的图形符号、连接线、参照代号、端子代号、位置信息等。

（7）接线图（表）。接线图（表）是与电路图配套的图纸，用来表示设备元件外部接线以及设备元件之间的接线。建筑电气专业的接线图（表）宜包括电气设备单元接线图（表）、互联接线图（表）、端子接线图（表）、电缆图（表）。

（8）大样图。大样图一般用来表示某一具体部位或某一设备元件的结构或具体安装方法。通过大样图可以了解该项工程的复杂程度。一般非标准的控制柜、箱，检测元件和架空线路的安装等都要用到大样图。大样图通常均采用标准通用图集，其中剖面图也是大样图的一种。

（9）电缆清册。电缆清册用表格的形式表示该系统中电缆的规格、型号、数量、走向、敷设方法、头尾接线部位等内容。一般使用电缆较多的工程均有电缆清册，简单的工程通常没有电缆清册。

（10）主要设备材料表及预算。设备材料表是把某一电气工程所需的主要设备、元件、材料和有关数据列成表格，表示其名称、符号、型号、规格、数量、备注等内容。其应与图联系起来阅读，根据建筑电气施工图编制的主要设备材料和预算，作为施工图设计文件提供给建筑单位。

2. 建筑电气施工图识读

（1）识读顺序。识读建筑电气施工图，应按照一定的顺序进行阅读，才能比较迅速全面地读懂图纸，完全实现读图的意图和目的。建筑电气施工图的阅读顺序是设计总说明，电气总平面图，电气系统图，电气平面图，电路图，接线图（表）和分项说明，图例，电缆、设备清册，大样图，设备材料表和其他专业图样并进，如图 4-1-1 所示。

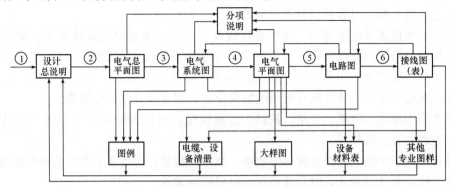

图 4-1-1　建筑电气施工图阅读顺序示意图

（2）识读要点。

1）设计总说明。

①工程规模概况、总体要求、采用的标准规范、标准图册及图号、负荷级别、供电要求、电压等级、供电线路及杆号、电源进户的要求和方式、电压质量、弱电信号分贝要求等。

②系统保护方式及接地电阻要求、系统防雷等级、防雷技术措施及要求、系统安全用电技术措施及要求、系统对过电压和跨步电压及漏电采取的技术措施。

③工作电源与备用电源的切换程序及要求、供电系统短路参数、计算电流、有功负荷、无功负荷、功率因数及要求、电容补偿及切换程序要求、调整参数、试验要求及参数、大容量电动机启动方式及要求、继电保护装置的参数及要求、母线联络方式、信号装置、操作电源和报警方式。

④高低压配电线路类型及敷设方法要求、厂区线路及户外照明装置的形式、控制方式；某些具体部位或特殊环境（爆炸及火灾危险、高温、潮湿、多尘、腐蚀、静电和电磁等）的安装要求及方法；系统对设备、材料、元件的要求及选择原则，动力及照明线路的敷设方法及要求。

⑤供配电控制方式、工艺装置控制方法及其联锁信号、检测、调节系统的技术方法及调整参数、自动化仪表的配置及调整参数、安装要求及其管线敷设要求、系统联动或自动控制的要求及参数、工艺系统的参数及要求。

⑥弱电系统的机房安装要求、供电电源的要求、管线敷设方式、防雷接地要求及具体安装方法，探测器、终端及控制报警系统的安装要求，信号传输分贝的要求、调整及试验要求。

⑦铁构件加工制作和控制盘柜制作要求，防腐要求，密封要求，焊接工艺要求，大型部件吊装要求，混凝土基础工程施工要求，标号、设备冷却管路试验要求，蒸馏水及电解液配制要求，化学法降低接地电阻剂的配制要求等非电气的有关要求。

⑧所有图中交代不清、不能表达或没有必要用图表示的要求、标准、规定、方法等。

⑨除设计说明外，其他每张图上的文字说明或注明的个别、局部的一些要求等，如相同或同一类别元件的安装标高及要求等。

⑩土建、暖通、设备、管道、装饰、空调制冷等专业对电气系统的要求或相互配合的有关说明、图样，如电气竖井、管道交叉、抹灰厚度、基准线等。

2)电气总平面图。

①建筑物名称、编号、用途、层数、标高、等高线，用电设备容量及大型电动机容量、台数，弱电装置类别，电源及信号进户位置。

②变配电所位置及电压等级、变压器台数及容量、电源进户位置及方式，架空线路走向、杆塔杆型及路灯、拉线布置，电缆走向、电缆沟及电缆井的位置、回路编号、电缆根数，主要负荷导线截面面积及根数，弱电线路的走向及敷设方式，大型电动机、主要用电负荷位置以及电压等级，特殊或直流用电负荷位置、容量及其电压等级等。

③系统周围环境、河道、公路、铁路、工业设施、电网方位及电压等级、居民区、自然条件、地理位置、海拔等。

④设备材料表中的主要设备材料的规格、型号、数量、进货要求及其他特殊要求等。

⑤文字标注和符号意义，以及其他有关说明和要求等。

3)电气系统图。

①进线回路数及编号、电压等级、进线方式(架空、电缆)、导线及电缆的规格型号、计算方式、电流电压互感器及仪表的规格型号与数量、防雷方式及避雷器的规格型号与数量。

②进线开关的规格型号及数量、进线柜的规格型号及台数、高压侧联络开关的规格型号。

③变压器的规格型号及台数、母线规格型号及低压侧联络开关(柜)规格型号。

④低压出线开关(柜)的规格型号及台数、回路数用途及编号、计量方式及表计、有无直控电动机或设备及其规格型号与台数、启动方式、导线及电缆的规格型号，同时对照单元系统图和平面图查阅送出回路是否一致。

⑤有无自备发电设备或 UPS，其规格型号、容量与系统的连接方式及切换方式、切换开关及线路的规格型号、计算方式及仪表。

⑥电容补偿装置的规格型号及容量、切换方式及切换装置的规格型号。

4)动力系统图。

①进线回路编号、电压等级、进线方式、导线电缆及穿管的规格型号。

②进线盘、柜、箱、开关、熔断器及导线的规格型号、计量方式及表计。

③出线盘、柜、箱、开关、熔断器及导线的规格型号、回路个数、用途、编号及容量，穿管规格、启动柜或箱的规格型号、电动机及设备的规格型号容量、启动方式，同时核对该系统动力平面图回路标号与系统图是否一致。

④自备发电设备或 UPS 情况。

⑤电容补偿装置情况。

5)照明系统图。

①进线回路编号、进线线制(三相五线制、三相四线制、单相两线制)、进线方式、导线电缆及穿管的规格型号。

②照明箱、盘、柜的规格型号，各回路开关熔断器及总开关熔断器的规格型号、回路编号及相序分配，各回路容量及导线穿管规格、计量方式及表计，电流互感器的规格型号，同时核对该系统照明平面图回路标号与系统图是否一致。

③直控回路编号、容量及导线穿管规格、控制开关规格型号。

④箱、柜、盘有无漏电保护装置，其规格型号，保护级别及范围。

⑤应急照明装置的规格型号、台数。

6)弱电系统图。弱电系统图通常包括通信系统图、广播音响系统图、电缆电视系统图、火灾自动报警及消防系统图、保安防盗系统图等。阅读时，要注意并掌握以下内容：

①设备的型号规格及数量，电源装置的型号规格，总配线架或接线箱的规格型号及接线对数，外线进户对数、进户方式及导线电缆保护管规格型号。

②各分路出线导线对数，各房间插孔数量、导线及保护管规格型号，同时对照平面布置图逐房间进行核对。

③各系统之间的联络关系和联络方式。

（3）识读步骤。建筑电气施工图的识读应按以下 3 个步骤进行：

1）粗读。粗读就是将施工图从头到尾大概浏览一遍，主要了解工程的概况，做到心中有数。粗读主要是阅读电气总平面图、电气系统图、设备材料表和设计总说明。

2）细读。细读就是仔细阅读每一张施工图，并重点掌握以下内容：

①每台设备和元件的安装位置及要求。

②每条线缆的走向、布置及敷设要求。

③所有线缆的连接部位及接线要求。

④所有控制、调节、信号、报警的工作原理及参数。

⑤系统图、平面图及关联图样标注应一致，无差错。

⑥系统层次清楚、关联部位或复杂部位清楚。

⑦土建、设备、采暖、通风等其他专业分工协作明确。

3）精读。精读就是将施工图中的关键部位及设备、贵重设备及元件、电力变压器、大型电机及机房设施、复杂控制装置的施工图重新仔细阅读，系统熟练地掌握中心作业内容和施工图要求。

3. 电气图形符号和标注方法

（1）电气图形符号。图形符号是构成电气图的基本单元。电气图形符号的种类很多，一般都画在电气系统图、平面图、原理图和接线图上，用于表示电气设备、装置、元器件及电气线路在电气系统中的位置、功能和作用。

常用电气图形符号见表 4-1-2。

表 4-1-2　常用电气图形符号

常用图形符号		说明
形式一	形式二	
///—	—³⁄—	导线组（示出导线数，如示出三根导线）
	▭	电阻器，一般符号
	╪	电容器，一般符号
	★	电机，一般符号，见注1
	M 3~	三相笼式感应电动机

常用图形符号		说明
形式一	形式二	
		星形—三角形连接的三相变压器
		电抗器，一般符号
		电压互感器
		电流互感器，一般符号
		为电气箱(柜、屏)的图形符号，见注2
		动合(常开)触点，一般符号；开关，一般符号
		动断(常闭)触点
		隔离器
		隔离开关
		断路器，一般符号

常用图形符号		说明
形式一	形式二	
		继电器线圈，一般符号；驱动器件，一般符号
		熔断器，一般符号
		熔断器式隔离器
		熔断器式隔离开关
		避雷器
		信号灯，一般符号，见注3
		架空线路
		电力电缆井/人孔
		手孔
		中性线
		保护线
		连接盒；接线盒

常用图形符号		说明
形式一	形式二	
		电源插座、插孔，一般符号（用于不带保护极的电源插座），见注4
⊁3		多个电源插座（符号表示三个插座）
		开关，一般符号（单联单控开关）
		双联单控开关
		三联单控开关
		n联单控开关，$n>3$
		按钮
		灯，一般符号，见注5
		荧光灯，一般符号（单管荧光灯）
		二管荧光灯
		三管荧光灯
		多管荧光灯，$n>3$
		单管格栅灯
		双管格栅灯

常用图形符号		说明
形式一	形式二	
		三管格栅灯
		投光灯，一般符号
		风扇；风机

注：1. 当电机需要区分不同类型时，符号"★"可采用下列字母表示：G—发电机；GP—永磁发电机；GS—同步发电机；M—电动机；MG—能作为发电机或电动机使用的电机；MS—同步电动机；MGS—同步发电机、电动机等。

2. 电气箱(柜、屏)的图形符号，当需要区分其类型时，宜在"▭"内标注下列字母：LB—照明配电箱；ELB—应急照明配电箱；PB—动力配电箱；EPB—应急动力配电箱；WB—电度表箱；SB—信号箱；TB—电源切换箱；CB—控制箱、操作箱。

3. 当信号灯需要指示颜色时，宜在符号旁标注下列字母：YE—黄；RD—红；GN—绿；BU—蓝；WH—白。如果需要指示光源种类，宜在符号旁标注下列字母：Na—钠气；Xe—氙；Ne—氖；IN—白炽灯；Hg—汞；I—碘；EL—电致发光的；ARC—弧光；IR—红外线的；FL—荧光的；UV—紫外线的；LED—发光二极管。

4. 当电源插座需要区分不同类型时，宜在符号旁标注下列字母：1P—单相；3P—三相；1C—单相暗敷；3C—三相暗敷；1EX—单相防爆；3EX—三相防爆；1EN—单相密闭；3EN—三相密闭。

5. 当灯具需要区分不同类型时，宜在符号旁标注下列字母：ST—备用照明；SA—安全照明；LL—局部照明灯；W—壁灯；C—吸顶灯；R—筒灯；EN—密闭灯；G—圆球灯；EX—防爆灯；E—应急灯；L—花灯；P—吊灯；BM—浴霸。

(2)电气设备的标注方式。电气设备的标注方式见表 4-1-3。

表 4-1-3　电气设备的标注方式

序号	标注方式	说　明	示　例
1	$\dfrac{a}{b}$	用电设备标注 a—参照代号 b—额定容量(kW 或 kV·A)	$\dfrac{-AL11}{3\ kW}$ 照明配电箱 AL11，额定容量 3 kW
2	−a+b/c 注1	系统图电气箱(柜、屏)标注 a—参照代号 b—位置信息 c—型号	−AL11+F2/▭ 照明配电箱 AL11，位于地上二层，型号为▭
3	−a 注1	平面图电气箱(柜、屏)标注 a—参照代号	−AL11 或 AL11
4	a b/c d	照明、安全、控制变压器标注 a—参照代号 b/c—一次电压/二次电压 d—额定容量	TA1　220/36 V　500 VA 照明变压器 TA1，变比 220/36 V，容量 500 VA

序号	标注方式	说明	示例
5	$a-b\dfrac{c\times d\times L}{e}f$	灯具标注 a—数量 b—型号 c—每盏灯具的光源数量 d—光源安装容量 e—安装高度(m) "—"表示吸顶安装 L—光源种类，参见表4-1-2注3 f—安装方式	$8-\square\dfrac{1\times18\times FL}{3.5}CS$ 8盏单管18W荧光灯链吊式安装，距地3.5 m。灯具形式为□。 若照明灯具的型号、光源种类在设计说明或材料表中已注明，灯具标注可省略为： $8-\dfrac{1\times18}{3.5}CS$
6	$\dfrac{a\times b}{c}$	电缆梯架、托盘和槽盒标注 a—宽度(mm) b—高度(mm) c—安装高度(mm)	$\dfrac{400\times100}{+3.1}$ 宽度400 mm，高度100 mm，安装高度3.1m
7	a/b/c	光缆标注 a—型号 b—光纤芯数 c—长度	—
8	$ab-c(d\times e+f\times g)$ $i-jh$ 注2	线缆的标注 a—参照代号 b—型号 c—电缆根数 d—相导体根数 e—相导体截面(mm²) f—N、PE导体根数 g—N、PE导体截面(mm²) i—敷设方式和管径(mm) j—敷设部位 h—安装高度(m)	单根电缆标注示例： —WD01 YJV—0.6/1kV—(3×50+1×25)CT SC50—WS3.5 多根电缆标注示例： — WD01 YJV—0.6/1kV—2(3×50+1×25)SC50 —WS3.5 导线标注示例： —WD24 BV—450/750V 5×2.5 SC20—FC 线缆的额定电压不会引起混淆时，标注可省略为： —WD01 YJV—2(3×50+1×25)CT SC50—FC —WD24 BV—5×2.5 SC20—FC
9	$a-b(c\times2\times d)\ e-f$	电话线缆的标注 a—参照代号 b—型号 c—导体对数 d—导体直径(mm) e—敷设方式和管径(mm) f—敷设部位	—W1—HYV(5×2×0.5)SC15—WS

注：1. 前缀"—"在不会引起混淆时可省略。
2. 当电源线缆N的PE分开标注时，应先标注N，后标注PE(线缆规格中的电压值在不会引起混淆时可省略)。

任务 4.2　电气设备安装工程定额内容与应用

4.2.1　电气设备安装工程定额内容

1. 定额适用范围

《全统定额》第二册《电气设备安装工程》适用于工业与民用新建、扩建工程中 10 kV 以下变配电设备及线路安装工程、车间动力电气设备及电气照明器具、防雷及接地装置安装、配管配线、电梯电气装置、电气调整试验等的安装工程。

2. 定额关于有关费用的规定

(1)脚手架搭拆费(10 kV 以下架空线路除外):按人工费的 4% 计算,其中人工工资占 25%。

(2)工程超高增加费(已考虑了超高因素的定额项目除外):操作物高度离楼地面 5 m 以上、20 m 以下的电气安装工程,按超高部分人工费的 33% 计算。

(3)高层建筑(指高度在 6 层或 20 m 以上的工业与民用建筑)增加费:按表 4-2-1 计算(全部为人工工资)。

表 4-2-1　高层建筑增加费系数

层数	9 层以下 (30 m)	12 层以下 (40 m)	15 层以下 (50 m)	18 层以下 (60 m)	21 层以下 (70 m)	24 层以下 (80 m)
按人工费的/%	1	2	4	6	8	10
层数	27 层以下 (90 m)	30 层以下 (100 m)	33 层以下 (110 m)	36 层以下 (120 m)	39 层以下 (130 m)	42 层以下 (140 m)
按人工费的/%	13	16	19	22	25	28
层数	45 层以下 (150 m)	48 层以下 (160 m)	51 层以下 (170 m)	54 层以下 (180 m)	57 层以下 (190 m)	60 层以下 (200 m)
按人工费的/%	31	34	37	40	43	46

注:为高层建筑供电的变电所和供水等动力工程,如装在高层建筑的底层或地下室的,均不计取高层建筑增加费。装在 6 层以上的变配电工程和动力工程则同样计取高层建筑增加费。

(4)安装与生产同时进行时,安装工程的总人工费增加 10%,全部为因降效而增加的人工费(不含其他费用)。

(5)在有害人身健康的环境(包括高温、多尘、噪声超过标准和有害气体等有害环境)中施工时,安装工程的总人工费增加 10%,全部为因降效而增加的人工费(不含其他费用)。

3. 定额组成

《全统定额》的《电气设备安装工程分册》共分为 14 个分部工程,即变压器,配电装置,母线、绝缘子,控制设备及低压电器,蓄电池,电机,滑触线装置,电缆,防雷及接地装置,10 kV 以下架空配电线路,电气调整实验,配管、配线,照明器具,电梯电气装置。

4.2.2 电气设备安装工程定额计量与计价应用

1. 变压器安装

(1)计量与计价说明。

1)油浸电力变压器安装定额同样适用于自耦式变压器、带负荷调压变压器及并联电抗器的安装。电炉变压器按同容量电力变压器定额乘以系数2.0，整流变压器执行同容量电力变压器定额乘以系数1.60。

2)变压器的器身检查：4 000 kV·A以下按吊芯检查考虑，4 000 kV·A以上按吊钟罩考虑。如果4 000 kV·A以上的变压器需吊芯检查，定额机械台班乘以系数2.0。

3)干式变压器如果带有保护外罩时，人工和机械乘以系数1.2。

4)整流变压器、消弧线圈、并联电抗器的干燥，执行同容量变压器干燥定额。电炉变压器执行同容量变压器干燥定额乘以系数2.0。

5)变压器油是按设备带考虑的，但施工中变压器油的过滤损耗及操作损耗已包括在有关定额中。

6)变压器安装过程中放注油、油过滤所使用的油罐，已摊入油过滤定额中。

7)定额不包括的工作内容如下：

①变压器干燥棚的搭拆工作，若发生时可按实计算。

②变压器铁梯及母线铁构件的制作、安装，另执行铁构件制作、安装定额。

③瓦斯继电器的检查及试验已列入变压器系统调整试验定额内。

④端子箱、控制箱的制作、安装，另执行相应定额。

⑤二次喷漆发生时按相应定额执行。

(2)计量与计价规则。

1)变压器安装，按不同容量以"台"为计量单位。

2)干式变压器如果带有保护罩，其定额人工和机械乘以系数1.2。

3)变压器通过试验，判定绝缘受潮时才需进行干燥，所以只有需要干燥的变压器才能计取此项费用(编制施工图预算时可列此项，工程结算时根据实际情况再作处理)，以"台"为计量单位。

4)消弧线圈的干燥按同容量电力变压器干燥定额执行，以"台"为计量单位。

5)变压器油过滤不论过滤多少次，直到过滤合格为止，以"t"为计量单位，其具体计算方法如下：

①变压器安装定额未包括绝缘油的过滤，需要过滤时，可按制造厂提供的油量计算。

②油断路器及其他充油设备的绝缘油过滤，可按制造厂规定的充油量计算。

(3)计量与计价应用。

【例4-2-1】 某工程按设计图示，需要安装S9-1 000 kV·A/10 kV型油浸电力变压器3台，并需要作干燥处理，绝缘油需要过滤，变压器的绝缘油重为950 kg，基础型钢为10♯槽钢40 m。计算油浸电力变压器工程量，并套用全统定额计算安装费用。

【解】 (1)工程量计算。根据全统定额计算规则，工程量计算如下：

1)油浸电力变压器定额工程量：3台。

2)油浸电力变压器干燥定额工程量：3台。

3)绝缘油需要过滤定额工程量：0.95 t。

(2)安装费用计算。查《全统定额》第二册《电气设备安装工程》，1 000 kV·A/10 kV 油浸电力变压器安装定额编号为 2—3，计量单位为台，基价单价为 1 064.54 元，人工费单价为 470.67 元，材料费单价为 245.43 元，机械费单价为 348.44 元。由此可得：

基价＝数量×基价单价＝3×1 064.54＝3 193.62(元)；

人工费＝数量×人工费单价＝3×470.67＝1 412.01(元)；

材料费＝数量×材料费单价＝3×245.43＝736.29(元)；

机械费＝数量×机械费单价＝3×348.44＝1 045.32(元)。

油浸电力变压器干燥与绝缘油计价方法同油浸电力变压器安装，具体计算结果见表4-2-2。

表 4-2-2　油浸电力变压器工程定额费用

序号	定额编号	工程项目	单位	数量	基价/元	人工费/元	材料费/元	机械费/元
1	2—3	油浸电力变压器安装 (1 000 kV·A/10 kV)	台	3	3 193.62	1 412.01	736.29	1 045.32
2	2—25	电力变压器干燥 (1 000 kV·A/10 kV)	台	3	4 038.42	1 368.2	2 560.59	109.71
3	2—30	变压器油过滤	t	0.95	594.83	74.56	208.58	311.70

【例 4-2-2】　某工程需要安装带有保护外罩的 SG10-500 kV·A/10 kV 干式变压器 1 台，基础型钢为 10♯ 槽钢 10 m。计算干式变压器工程量，并套用全统定额计算安装费用。

【解】　干式变压器工程量为 1 台。

根据全统定额计算规则，干式变压器如果带有保护外罩，人工和机械需乘以系数 1.2。查《全统定额》，500 kV·A/10 kV 干式变压器定额编号为 2—10，计量单位为"台"，人工费单价为 259.37 元，材料费单价为 119.25 元，机械费单价为 72.48 元。由此可得：

人工费＝1.2×259.37＝311.24(元)；

材料费＝119.25 元；

机械费＝1.2×72.48＝86.98(元)；

基价＝人工费＋材料费＋机械费＝311.24＋119.25＋86.98＝517.47(元)。

具体计算结果见表4-2-3。

表 4-2-3　干式变压器工程定额费用

序号	定额编号	工程项目	单位	数量	基价/元	人工费/元	材料费/元	机械费/元
1	2—10	干式变压器安装 (500 kV·A/10 kV)	台	1	517.47	311.24	119.25	86.98

【例 4-2-3】　某工程需要安装 XHZ10-300 kV·A/10 kV 消弧线圈 2 台，并需要作干燥处理。计算消弧线圈的工程量，并套用全统定额计算安装费用。

【解】　(1)工程量计算。根据全统定额计算规则，工程量计算如下：

1)消弧线圈定额工程量：2 台。

2)消弧线圈干燥定额工程量：2台。

（2）安装费用计算。根据全统定额计算规则，整流变压器、消弧线圈、并联电抗器的干燥，执行同容量变压器干燥定额，故本例题消弧线圈干燥可套用全统定额中500 kV·A/10 kV以下的电力变压器干燥定额，定额编号为2—25。查《全统定额》，300 kV·A/10 kV消弧线圈定额编号为2—17，计量单位为"台"，基价单价为511.79元，人工费单价为253.10元，材料费单价为131.61元，机械费单价为127.08元。300 kV·A/10 kV消弧线圈干燥定额编号为2—24，计量单位为"台"，基价单价为715.30元，人工费单价为316.95元，材料费单价为364.22元，机械费单价为34.13元。

具体计算结果见表4-2-4。

表4-2-4　消弧线圈工程定额费用

序号	定额编号	工程项目	单位	数量	基价/元	人工费/元	材料费/元	机械费/元
1	2—17	消弧线圈安装（300 kV·A/10 kV）	台	2	1 023.58	506.20	263.22	254.16
2	2—25	消弧线圈干燥（300 kV·A/10 kV）	台	2	1 430.60	633.90	728.44	68.26

2. 配电装置安装

（1）计量与计价说明。

1）设备本体所需的绝缘油、六氟化硫气体、液压油等均按设备带有考虑。

2）本设备安装定额不包括下列工作内容，另执行相应定额：

①端子箱安装。

②设备支架制作及安装。

③绝缘油过滤。

④基础槽（角）钢安装。

3）设备安装所需的地脚螺栓按土建预埋考虑，不包括二次灌浆。

4）互感器安装定额按单相考虑，不包括抽芯及绝缘油过滤，特殊情况另作处理。

5）电抗器安装定额是按三相叠放、三相平放和二叠一平的安装方式综合考虑，不论何种安装方式，均不作换算，一律执行《电气设备安装工程》定额。干式电抗器安装定额适用于混凝土电抗器、铁芯干式电抗器和空心电抗器等干式电抗器的安装。

6）高压成套配电柜安装定额是综合考虑的，不分容量大小，也不包括母线配制及设备干燥。

7）低压无功补偿电容器屏（柜）安装列入《电气设备安装工程》定额的控制设备及低压电器中。

8）组合型成套箱式变电站主要是指10 kV以下的箱式变电站，一般布置形式为变压器在箱的中间，箱的一端为高压开关位置，另一端为低压开关位置。组合型低压成套配电装置的外形像一个大型集装箱，内装6～24台低压配电箱（屏），箱的两端开门，中间为通道，称为集装箱式低压配电室。该内容列入《电气设备安装工程》定额的控制设备及低压电器中。

（2）计量与计价规则。

1)断路器、电流互感器、电压互感器、油浸电抗器、电力电容器及电容器柜的安装以"台(个)"为计量单位。

2)隔离开关、负荷开关、熔断器、避雷器、干式电抗器的安装以"组"为计量单位,每组按三相计算。

3)交流滤波装置的安装以"台"为计量单位。每套滤波装置包括3台组架安装,不包括设备本身及铜母线的安装,其工程量应按相应定额另行计算。

4)高压设备安装定额内均不包括绝缘台的安装,其工程量应按施工图设计执行相应定额。

5)高压成套配电柜和箱式变电站的安装以"台"为计量单位,均未包括基础槽钢、母线及引下线的配置安装。

6)配电设备安装的支架、抱箍及延长轴、轴套、间隔板等,按施工图设计的需要量计算,执行铁构件制作安装定额或成品价。

7)绝缘油、六氟化硫气体、液压油等均按设备带有考虑;电气设备以外的外压设备和附属管道的安装应按相应定额另行计算。

8)配电设备的端子板外部接线,应按相应定额另行计算。

9)设备安装用的地脚螺栓按土建预埋考虑,不包括二次灌浆。

(3)计量与计价应用。

【例4-2-4】 某工程需要安装 GN19-10/1000－31.5 户内隔离开关共2组。计算户内隔离开关的工程量,并套用全统定额计算安装费用。

【解】 户内隔离开关安装工程量为2组。

查《全统定额》,GN19-10/1000－31.5 户内隔离开关套用定额2－46,计量单位为组,基价单价为286.45元,人工费单价为104.49元,材料费单价为173.04元,机械费单价为8.92元。

具体计算结果见表4-2-5。

表4-2-5　隔离开关定额费用

序号	定额编号	工程项目	单位	数量	基价/元	人工费/元	材料费/元	机械费/元
1	2－46	户内隔离开关 GN19-10/1000－31.5	组	2	572.90	208.98	346.08	17.84

3. 母线、绝缘子安装

(1)计量与计价说明。

1)定额不包括支架、铁构件的制作、安装,发生时执行相应定额。

2)软母线、带形母线、槽型母线的安装定额内不包括母线、金具、绝缘子等主材,具体可按设计数量加损耗计算。

3)组合软导线安装定额不包括两端铁构件的制作、安装和支持瓷瓶、带形母线的安装,发生时应执行相应定额。其跨距是按标准跨距综合考虑的,如实际跨距与定额不符时不作换算。

4)软母线安装定额是按单串绝缘子考虑的,如设计为双串绝缘子,其定额人工乘以系数 1.08。

5)软母线的引下线、跳线、设备连线均按导线截面分别执行定额。不区分引下线、跳线和设备连线。

6)带形钢母线安装执行铜母线安装定额。

7)带形母线伸缩节头和铜过渡板均按成品考虑，定额只考虑安装。

8)高压共箱母线和低压封闭式插接母线槽均按制造厂供应的成品考虑，定额只包括现场安装。封闭式插接母线槽在竖井内安装时，人工和机械乘以系数 2.0。

(2)计量与计价规则。

1)悬垂绝缘子串安装是指垂直或 V 形安装的提挂导线、跳线、引下线、设备连接线或设备等所用的绝缘子串安装，按单串以"串"为计量单位。耐张绝缘子串的安装，已包括在软母线安装定额内。

2)支持绝缘子安装分别按安装在户内、户外、单孔、双孔、四孔固定，以"个"为计量单位。

3)穿墙套管安装不分水平、垂直安装，均以"个"为计量单位。

4)软母线安装，指直接由耐张绝缘子串悬挂的部分，按软母线截面大小分别以"跨/三相"为计量单位。设计跨距不同时，不得调整。导线、绝缘子、线夹、弛度调节金具等均按施工图设计用量加定额规定的损耗率计算。

5)软母线引下线是指由 T 形线夹或并沟线夹从软母线引向设备的连接线，以"组"为计量单位，每三相为一组；软母线经终端耐张线夹引下(不经 T 形线夹或并沟线夹引下)与设备连接的部分均执行引下线定额，不得换算。

6)两跨软母线间的跳引线安装以"组"为计量单位，每三相为一组。不论两端的耐张线夹是螺旋式还是压接式，均执行软母线跳线定额，不得换算。

7)设备连接线安装，指两设备间的连接部分。不论引下线、跳线、设备连接线，均应分别按导线截面、三相为一组计算工程量。

8)组合软母线安装，按三相为一组计算。跨距(包括水平悬挂部分和两端引下部分之和)是以 45 m 以内考虑的，跨度的长、短不得调整。导线、绝缘子、线夹、金具按施工图设计用量加定额规定的耗损率计算。

9)软母线安装预留长度按表 4-2-6 计算。

表 4-2-6　软母线安装预留长度　　　　　　　　　　　　　单位：m/根

项目	耐张	跳线	引下线、设备连接线
预留长度	2.5	0.8	0.6

10)带形母线安装及带形母线引下线安装包括铜排、铝排，分别以不同截面和片数以"m/单相"为计量单位。母线和固定母线的金具均按设计量加耗损率计算。

11)钢带形母线安装，按同规格的铜母线定额执行，不得换算。

12)母线伸缩接头及铜过渡板安装，均以"个"为计量单位。

13)槽型母线安装以"m/单相"为计量单位。槽型母线与设备连接分别按所连接的不同设备，以"台"为计量单位。槽型母线及固定槽型母线的金具按设计用量加耗损率计算。壳的大小尺寸以"m"为计量单位，长度按设计共箱母线的轴线长度计算。

14)低压(380 V 以下)封闭式插接母线槽安装，分别按导体的定额电流大小以"m"为计量单位，长度按世界母线的轴线长度计算，分线箱以"台"为计量单位，分别以电流大小按设计数量计算。

15)重型母线安装包括铜母线、铝母线，分别按截面大小以母线的成品重量以"t"为计量单位。

16)重型铝母线接触面加工指铸造件需加工接触面时，可以按其接触面大小，分别以"片/单相"为计量单位。

17)硬母线配置安装预留长度按表4-2-7的规定计算。

表 4-2-7　硬母线配置安装预留长度　　　　　　　　　单位：m/根

序号	项　　目	预留长度	说　　明
1	带形、槽型母线终端	0.3	从最后一个支持点算起
2	带形、槽型母线与分支线连接	0.5	分支线预留
3	带形母线与设备连接	0.5	从设备端子接口算起
4	多片重型母线与设备连接	1.0	从设备端子接口算起
5	槽型母线与设备连接	0.5	从设备端子接口算起

18)带形母线、槽型母线安装均不包括支持瓷瓶安装和钢构件配置安装，其工程量应分别按设计成品数量执行相应定额。

(3)计量与计价应用。

【例4-2-5】　某工程安装220 kV软母线跨线共3跨，导线规格为LGJ-400/35，每跨跨距为60 m。计算母线安装定额工程量，并套用全统定额计算安装费用。

【解】　(1)软母线安装工程量为3跨/三相。

(2)根据全统定额，软母线、带形母线、槽型母线的安装定额内不包括母线、金具、绝缘子等主材，具体可按设计数量加损耗计算。软母线的计量单位是"跨/三相"，即每跨包括三相，每三相为一组，计价时每跨按三根导线计算。

本例取主材费用为3 801.60元。

套用《全统定额》2—117(导线截面400 mm² 以内的软母线安装)，人工费单价为120.74元，材料费单价为14.27元，机械费单价为114.79元。

由此可得，人工费＝3×120.74＝362.22(元)；

材料费＝3×14.27＋3 801.60＝3 844.41(元)；

机械费＝3×114.79＝344.37(元)；

基价＝人工费＋材料费＋机械费＝362.22＋3 844.41＋344.37＝4 551.00(元)。

具体计算结果见表4-2-8。

表 4-2-8　软母线安装定额费用

序号	定额编号	工程项目	单位	数量	基价/元	人工费/元	材料费/元	机械费/元
1	2—117	软母线安装	跨/三相	3	4 551.00	362.22	3 844.41	344.37

【例4-2-6】　某工程按设计图示，需要安装低压封闭式插接母线槽 CFW-2—400，300 m；进、出分线箱400 A，3台。试计算其工程量。

【解】　低压封闭式插接母线槽定额工程量：300 m。

进、出分线箱定额工程量：3 台。

4. 控制设备及低压电器安装

(1)计量与计价说明。

1)定额包括电气控制设备、低压电器的安装，盘、柜配线，焊(压)接线端子，穿通板的制作、安装，基础槽、角钢及各种铁构件、支架的制作、安装。

2)控制设备安装，除限位开关及水位电气信号装置外，其他均未包括支架的制作、安装，发生时可执行相应定额。

3)控制设备安装未包括的工作内容如下：

①二次喷漆及喷字。

②电器及设备干燥。

③焊(压)接线端子。

④端子板外部(二次)接线。

4)屏上辅助设备安装，包括标签框、光字牌、信号灯、附加电阻、连接片等，但不包括屏上开孔工作。

5)设备的补充油按设备考虑。

6)各种铁构件制作，均不包括镀锌、镀锡、镀铬、喷塑等其他金属防护费用，发生时应另行计算。

7)轻型铁构件是指结构厚度在 3 mm 以内的构件。

8)铁构件制作、安装定额适用于定额范围内的各种支架、构件的制作、安装。

(2)计量与计价规则。

1)控制设备及低压电器安装均以"台"为计量单位。以上设备均未包括基础槽钢、角钢的制作安装，其工程量应按相应定额计算。

2)铁构件的制作安装均按施工图设计尺寸，以成品重量"kg"为计量单位。

3)网门、保护网的制作安装，按网门或保护网设计图示的框外围尺寸，以"m²"为计量单位。

4)盘柜配线分不同规格，以"m"为计量单位。

5)盘、箱、柜的外部进出线预留长度按表 4-2-9 计算。

表 4-2-9　盘、箱、柜的外部进出线预留长度　　　　　单位：m/根

序号	项　目	预留长度	说　明
1	各种箱、柜、盘、板、盒	高+宽	盘面尺寸
2	单独安装的铁壳开关、自动开关、刀开关、启动器、箱式电阻器、变阻器	0.5	从安装对象中心算起
3	继电器、控制开关、信号灯、按钮、熔断器等小电器	0.3	从安装对象中心算起
4	分支接头	0.2	分支线预留

6)配电板的制作安装及包铁皮，按配电板图示外形尺寸，以"m²"为计量单位。

7)焊(压)接线端子定额只适应于导线，电缆终端头制作安装定额中已包括压接线端子，不得重复计算。

8)端子板外部接线按设备盘、箱、柜、台的外部接线图计算，以"10 个"为计量单位。

9)盘、柜配线定额只适用于盘上小设备元件的少量现场配线，不适用于工厂的设备修、

配、改工程。

(3)计量与计价应用。

【例4-2-7】 某工程按设计图安装 SYLP2000 智能型不下位落地式模拟屏 3 台，模拟屏宽 1.5 m。计算其工程量，并套用全统定额计算安装费用。

【解】 (1)模拟屏安装定额工程量：3 台。

(2)套用《全统定额》2－239(模拟屏宽 2 m 以内)，计量单位为"台"，基价单价为 911.89元，人工费单价为 427.25 元，材料费单价为 326.45 元，机械费单价为 158.19 元。

由此可得：基价＝3×911.89＝2 735.67(元)；

人工费＝3×427.25＝1 281.75(元)；

材料费＝3×326.45＝979.35(元)；

机械费＝3×158.19＝474.57(元)。

具体计算结果见表 4-2-10。

表 4-2-10 模拟屏安装定额费用

序号	定额编号	工程项目	单位	数量	基价/元	人工费/元	材料费/元	机械费/元
1	2－239	模拟屏 SYLP2000 安装	台	3	2 735.67	1 281.75	979.35	474.57

5. 蓄电池安装

(1)计量与计价说明。

1)定额适用于 220 V 以下各种容量的碱性和酸性固定型蓄电池及其防震支架安装、蓄电池充放电。

2)蓄电池防震支架按设备供货考虑，安装按地坪打眼装膨胀螺栓固定。

3)蓄电池电极连接条、紧固螺栓、绝缘垫均按设备带有考虑。

4)定额不包括蓄电池抽头连接用电缆及电缆保护管的安装，发生时应执行相应项目。

5)碱性蓄电池补充电解液由厂家随设备供货。铅酸蓄电池的电解液已包括在定额内，不另行计算。

6)蓄电池充放电电量已计入定额，不论酸性、碱性电池均按其电压和容量执行相应定额。

(2)计量与计价规则。

1)铅酸蓄电池和碱性蓄电池的安装，分别按容量大小以单体蓄电池"个"为计量单位，按施工图设计的数量计算工程量。定额内已包括了电解液的材料耗损，执行时不得调整。

2)免维护蓄电池安装以"组件"为计量单位，其具体计算如下例：某工程设计一组蓄电池为 220 V/500 A·h，由 12 V 的组件 18 个组成，因此套用 12 V/500 A·h 的定额 18组件。

3)蓄电池充放电按不同容量以"组"为计量单位。

(3)计量与计价应用。

【例4-2-8】 某项工程设计一组免维护铅酸蓄电池为 220 V/500 A·h，由 12 V 的组件18 个组成。计算蓄电池定额工程量，并套用全统定额计算安装费用。

【解】 (1)蓄电池安装定额工程量：18 组。

(2)套用定额时套用 12 V/500 A·h 的定额 18 组件，即套用定额 2—408，计量单位为"组件"，基价单价为 40.24 元，人工费单价为 19.30 元，材料费单价为 5.50 元，机械费单价为 15.44 元。

由此可得，基价＝18×40.24＝724.32(元)；

人工费＝18×19.3＝347.40(元)；

材料费＝18×5.5＝99.00(元)；

机械费＝18×15.44＝277.92(元)。

具体计算结果见表 4-2-11。

表 4-2-11　蓄电池安装定额费用

序号	定额编号	工程项目	单位	数量	基价/元	人工费/元	材料费/元	机械费/元
1	2—408	免维护铅酸蓄电池安装	组件	18	724.32	347.40	99.00	277.92

6. 电机

(1)计量与计价说明。

1)定额中的专业术语"电机"是指发电机和电动机的统称。如小型电机检查接线定额，适用于同功率的小型发电机和小型电动机的检查接线，定额中的电机功率是指电机的额定功率。

2)直流发电机组和多台一串的机组，可按单台电机分别执行相应定额。

3)定额的电机检查接线定额，除发电机和调相机外，均不包括电机的干燥工作，发生时应执行电机干燥定额。定额的电机干燥定额按一次干燥所需的人工、材料、机械消耗量考虑。

4)单台质量在 3 t 以下的电机为小型电机，单台质量在 3～30 t 的电机为中型电机，单台质量在 30 t 以上的电机为大型电机。大中型电机不分交、直流电机，一律按电机质量执行相应定额。

5)微型电机分为三类：驱动微型电机(分马力电机)是指微型异步电动机、微型同步电动机、微型交流换向器电动机、微型直流电动机等；控制微型电机是指自整角机、旋转变压器、交直流测速发电机、交直流伺服电动机、步进电动机、力矩电动机等；电源微型电机是指微型电动发电机组和单枢变流机等。其他小型电机(凡功率在 0.75 kW 以下的电机)均执行微型电机定额，但一般民用小型交流电风扇安装另执行《电气设备安装工程》定额第十二章的风扇安装项目。

6)各类电机的检查接线定额均不包括控制装置的安装和接线。

7)电机的接地线材质至今技术规范尚无新规定，定额仍是沿用镀锌扁钢(25×4)编制的。如采用铜接地线，主材(导线和接头)应更换，但安装人工和机械不变。

8)电机安装执行第一册《机械设备安装工程》中的电机安装定额，其电机的检查接线和干燥执行该定额。

9)各种电机的检查接线，规范要求均需配有相应的金属软管，如设计有规定，按设计规格和数量计算。譬如，设计要求用包塑金属软管、阻燃金属软管或采用铝合金软管接头等，均按设计计算。设计没有规定时，平均每台电机配金属软管 1～1.5 m(平均按 1.25 m)。

电机的电源线为导线时，应执行《电气设备安装工程》定额第四章的压(焊)接线端子项目。

（2）计量与计价规则。

1）发电机、调相机、电动机的电气检查接线，均以"台"为计量单位。直流发电机组和多台一串的机组，按单台电机分别执行相应定额。

2）起重机上的电气设备、照明装置和电缆管线等安装均执行相应定额。

3）电气安装规范要求每台电机接线均需要配金属软管，设计有规定的按设计规格和数量计算，设计没有规定的平均每台电机配相应规格的金属软管 1.25 m 和与之配套的金属软管专用活接头。

4）电机检查接线定额除发电机和调相机外，均不包括电机干燥，发生时其工程量应按电机干燥定额另行计算。电机干燥定额是按一次干燥所需的工、料、机消耗量考虑的，在特别潮湿的地方，电机需要进行多次干燥，应按实际干燥次数计算。在气候干燥、电机绝缘性能良好、符合技术标准而不需要干燥时，则不计算干燥费用。实行包干的工程，可参照以下比例，由有关各方协商而定：

①低压小型电机 3 kW 以下按 25％考虑干燥。

②低压小型电机 3 kW 以上至 220 kW 按 30％～50％考虑干燥。

③大中型电机按 100％考虑一次干燥。

5）电机定额的接线划分：单台电机重量在 3 t 以下的为小型电机；单台电机重量在 3 t 以上至 30 t 以下的为中型电机；单台电机重量在 30 t 以上的为大型电机。

6）小型电机按电机类别和功率大小执行相应定额，大、中型电机不分类别一律按电机重量执行相应定额。

7）电机的安装执行第一册《机械设备安装工程》中的电机安装定额；电机检查接线执行《电气设备安装工程》定额。

（3）计量与计价应用。

【例 4-2-9】 某工程需要安装 Z4-112/2-1 型直流电机 1 台，额定功率为 3 kW，并需要作干燥处理。计算其检查接线与干燥工程量，并套用全统定额计算电机检查接线费用。

【解】 （1）工程量计算。

小型直流电机检查接线工程量为 1 台。

小型电机干燥工程量为 1 台。

（2）电机检查接线费用计算。

小型直流电机检查接线套用《全统定额》2－433，计量单位为"台"，基价单价为 75.75 元，人工费单价为 32.74 元，材料费单价为 33.56 元，机械费单价为 9.45 元。

小型电机干燥套用《全统定额》2－472，基价单价为 160.70 元，人工费单价为 81.27 元，材料费单价为 79.43 元。

具体计算结果见表 4-2-12。

表 4-2-12　小型直流电机检查接线定额费用

序号	定额编号	工程项目	单位	数量	基价/元	人工费/元	材料费/元	机械费/元
1	2－433	Z4-112/2-1 型直流电机检查接线	台	1	75.75	32.74	33.56	9.45
2	2－472	Z4-112/2-1 型直流电机干燥	台	1	160.70	81.27	79.43	—

7. 滑触线安装

(1)计量与计价说明。

1)起重机的电气装置是按未经生产厂家成套安装和试运行考虑的,因此,起重机的电机和各种开关、控制设备,管线及灯具等均按分部分项定额编制预算。

2)滑触线支架的基础铁件及螺栓,按土建预埋考虑。

3)滑触线及支架的油漆,均按涂一遍考虑。

4)移动软电缆敷设未包括轨道安装及滑轮制作。

5)滑触线的辅助母线安装,执行"车间带形母线"安装定额。

6)滑触线伸缩器和坐式电车绝缘子支持器的安装,已分别包括在"滑触线安装"和"滑触线支架安装"定额内,不另行计算。

7)滑触线及支架安装是按10 m以下标高考虑的,如超过10 m,按定额说明中超高系数计算。

8)铁构件制作,执行《电气设备安装工程》定额第四章的相应项目。

(2)计量与计价规则。滑触线安装以"m/单相"为计量单位,其预留长度按表4-2-13中的规定计算。

表4-2-13　滑触线安装预留长度　　　　　　　　　　单位:m/根

序号	项　目	预留长度	说　明
1	圆钢、铜母线与设备连接	0.2	从设备接线端子接口起算
2	圆钢、铜滑触线终端	0.5	从最后一个固定点起算
3	角钢滑触线终端	1.0	从最后一个支持点起算
4	扁钢滑触线终端	1.3	从最后一个固定点起算
5	扁钢母线分支	0.5	分支线预留
6	扁钢母线与设备连接	0.5	从设备接线端子接口起算
7	轻轨滑触线终端	0.8	从最后一个支持点起算
8	安全节能及其他滑触线终端	0.5	从最后一个固定点起算

(3)计量与计价应用。

【例4-2-10】 某单层厂房滑触线平面布置图,如图4-2-1所示。柱间距为3.0 m,共6跨,在柱高7.5 m处安装滑触线支架(60 mm×60 mm×6 mm,每米重4.12 kg),如图4-2-2所示,采用螺栓固定,滑触线(50 mm×50 mm×5 mm,每米重2.63 kg)两端设置指示灯。试计算其工程量,并套用全统定额计算滑触线及支架安装费用。

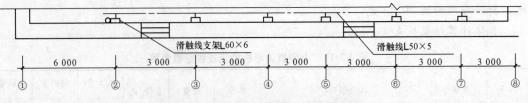

图4-2-1　某单层厂房滑触线平面布置图

注:室内外地坪标高相同(±0.010 m),图中尺寸标注均以mm为单位。

【解】 (1)定额工程量计算。

滑触线安装工程量：$[3 \times 6 + (1+1)] \times 3 = 60 \text{(m)}$。

滑触线支架制作工程量：6 副。

（2）滑触线安装套用《全统定额》2—492，计量单位为"100 m/单相"，基价单价为 723.05 元，人工费单价为 534.06 元，材料费单价为 149.75 元，机械费单价为 39.24 元。定额未计主材费用，取主材费用为 2 539.20 元。

滑触线支架安装套用《全统定额》2—504，计量单位为"10 副（套）"，基价单价为 1 069.59 元，人工费单价为 81.27 元，材料费单价为 988.32 元。定额未计主材费用，取主材费用为181.32 元。

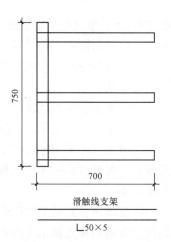

$\begin{array}{c}750\end{array}$

700

滑触线支架

∟50×5

图 4-2-2　滑触线支架安装

（3）根据以上资料，滑触线安装费用计算如下：

1）滑触线安装费用：

人工费 $= 60/100 \times 534.06 = 320.44$（元）；

材料费 $= 60/100 \times 149.74 + 2\,539.20 = 2\,629.04$（元）；

机械费 $= 60/100 \times 39.24 = 23.54$（元）；

基价 $= 320.44 + 2\,629.04 + 23.54 = 2\,973.02$（元）。

2）滑触线支架安装费用：

人工费 $= 6/10 \times 81.27 = 48.76$（元）；

材料费 $= 6/10 \times 988.32 + 181.32 = 774.31$（元）；

基价 $= 48.76 + 774.31 = 823.07$（元）。

具体计算结果见表 4-2-14。

表 4-2-14　滑触线安装定额费用

序号	定额编号	工程项目	单位	数量	基价/元	人工费/元	材料费/元	机械费/元
1	2—492	∟50×5滑触线安装	100 m/单相	0.6	2 973.02	320.44	2 629.04	23.54
2	2—504	∟60×6滑触线支架安装	10 副（套）	0.6	48.76	774.32	823.07	—

8. 电缆安装

（1）计量与计价说明。

1）电缆敷设定额适用于 10 kV 以下的电力电缆和控制电缆敷设。定额是按平原地区和厂内电缆工程的施工条件编制的，未考虑在积水区、水底、井下等特殊条件下的电缆敷设。

2）电缆在一般山地、丘陵地区敷设时，其定额人工乘以系数 1.3。该地段所需的施工材料如固定桩、夹具等按实另计。

3）电缆敷设定额未考虑因波形敷设增加长度、因弛度增加长度、因电缆绕梁（柱）增加长度以及电缆与设备连接、电缆接头等必要的预留长度，该增加长度应计入工程量之内。

4）这里的电力电缆头定额均按铝芯电缆考虑，铜芯电力电缆头按同截面电缆头定额乘以系数 1.2，双屏蔽电缆头制作、安装人工乘以系数 1.05。

5）电力电缆敷设定额均按三芯（包括三芯连地）考虑，5 芯电力电缆敷设定额乘以系数1.3，6 芯电力电缆乘以系数 1.6，每增加一芯定额增加 30%，以此类推。单芯电力电缆敷设按同截面电缆定额乘以 0.67。截面 400 mm² 以上至 800 mm² 以下的单芯电力电缆敷设，按 400 mm² 电力电缆定额执行。240 mm² 以上的电缆头的接线端子为异型端子，需要单独加工，应按实际加工价计算（或调整定额价格）。

6）电缆沟挖填方定额亦适用于电气管道沟等的挖填方工作。

7）桥架安装。

①桥架安装包括运输、组对、吊装、固定；弯通或三、四通修改，制作组成；切割口防腐、桥架开孔、上管件、隔板安装、盖板安装、接地、附件安装等工作内容。

②桥架支撑架定额适用于立柱、托臂及其他各种支撑架的安装。定额已综合考虑了采用螺栓、焊接和膨胀螺栓三种固定方式。在实际施工中，不论采用何种固定方式，定额均不作调整。

③玻璃钢梯式桥架和铝合金梯式桥架定额均按不带盖考虑。如这两种桥架带盖，则分别执行玻璃钢槽式桥架定额和铝合金槽式桥架定额。

④钢制桥架主结构设计厚度大于 3 mm 时，定额人工、机械乘以系数 1.2。

⑤不锈钢桥架按钢制桥架定额乘以系数 1.1。

8）定额电缆敷设是综合定额，已将裸包电缆、铠装电缆、屏蔽电缆等因素考虑在内。因此，凡 10 kV 以下的电力电缆和控制电缆均不分结构形式和型号，一律按相应的电缆截面和芯数执行定额。

9）电缆敷设定额及与其相配套的定额中均未包括主材（又称装置性材料），另按设计和工程量计算规则加上定额规定的损耗率计算主材费用。

10）直径在 100 mm 以下的电缆保护管敷设执行配管配线有关定额。

11）定额未包括的工作内容。

①隔热层、保护层的制作、安装。

②电缆冬季施工的加温工作和在其他特殊施工条件下的施工措施费和施工降效增加费。

（2）计量与计价规则。

1）直埋电缆的挖、填土（石）方，除特殊要求外，可按表 4-2-15 计算土（石）方量。

表 4-2-15　直埋电缆的挖、填土（石）方量

项　　目	电缆根数	
	1～2	每增一根
每米沟长挖方量/m³	0.45	0.153

注：1. 两根以内的电缆沟，是按上口宽度 600 mm、下口宽度 400 mm、深度 900 mm 计算的常规土方量（深度按规范的最低标准）。
　　2. 每增加一根电缆，其宽度增加 170 mm。
　　3. 以上土方量是按埋深从自然地坪起算，如设计埋深超过 900 mm，多挖的土方量应另行计算。

2）电缆沟盖板揭、盖定额按每揭或每盖一次以延长米计算，如又盖又揭，则按两次计算。

3）电缆保护管长度除按设计规定的长度计算外，遇下列情况，应按以下规定增加保护管长度：

①横穿道路时，按路基宽度两端各增加 2 m。

②垂直敷设时，管口距地面增加 2 m。

③穿过建筑外墙时，按基础外缘以外增加 1 m。

④穿过排水沟时，按沟壁外缘以外增加 1 m。

4）电缆保护管理地敷设，其土方量凡有施工图注明的，按施工图计算；无施工图的，一般按沟深 0.9 m、沟宽按最外面的保护管两侧边缘外各增加 0.3 m 工作面计算。

5）电缆敷设按单根以延长米计算，一个沟内（或架上）敷设 3 根各长 100 m 的电缆，应按 300 m 计算，以此类推。

6）电缆敷设长度应根据敷设路径的水平和垂直敷设长度，按表 4-2-16 的规定增加附加长度。

表 4-2-16　电缆敷设预留及附加长度

序号	项　目	预留(附加)长度	说　明
1	电缆敷设弛度、波形弯度、交叉	2.5%	按电缆全长计算
2	电缆进入建筑物	2.0 m	规范规定最小值
3	电缆进入电缆沟内或吊架时引上(下)预留	1.5 m	规范规定最小值
4	变电所进线、出线	1.5 m	规范规定最小值
5	电力电缆终端头	1.5 m	检修余量最小值
6	电缆中间接头盒	两端各留 2.0 m	检修余量最小值
7	电缆进控制、保护屏及模拟盘等	高+宽	按盘面尺寸
8	高压开关柜及低压配电盘、箱	2.0 m	盘下进出线
9	电缆至电动机	0.5 m	从电机接线盒起算
10	厂用变压器	3.0 m	从地坪起算
11	电缆绕过梁柱等增加长度	按实计算	按被绕物的断面情况增加长度
12	电梯电缆与电缆架固定点	0.5 m	规范最小值

注：电缆附加长度及预留的长度是电缆敷设长度的组成部分，应计入电缆长度工程量之内

7）电缆终端头及中间头均以"个"为计量单位。电力电缆和控制电缆均按一根电缆有两个终端头考虑。中间电缆头设计有图示的，按设计确定；设计未规定的，按实际情况计算（或按平均 250 m，一个中间头考虑）。

8）桥架安装，以"10 m"为计量单位。

9）吊电缆的钢索以拉紧装置，应按相应定额另行计算。

10）钢索的计算长度以两端固定点的距离为准，不扣除拉紧装置的长度。

11）电缆敷设及桥架安装，应按定额说明的综合内容范围计算。

（3）计量与计价应用。

【例 4-2-11】　某电力工程需要直埋电力电缆，全长 300 m，单根埋设时下口宽 0.4 m，深 1.5 m。现若同沟并排埋设 6 根电缆。试计算挖填土方量。

【解】　标准电缆沟下口宽 $a=0.4$ m，上口宽 $b=0.6$ m，沟深 $h=0.9$ m，则电缆沟边坡系数为：$S=0.1/0.9=0.11$。

已知下口宽 $a=0.4$ m，沟深 $h=1.5$ m，则上口宽 b' 为：

$$b'=a+2Sb=0.4+2\times0.11\times1.5=0.73(\text{m})$$

根据表 4-2-15 的注可知同沟并排 6 根电缆，其电缆上下口宽度均增加 $0.17\times4=0.68(\text{m})$，

则挖填土方量为：

$$V=[(0.73+0.68+0.4+0.68)\times1.5/2)]\times300=560.25(\text{m}^3)$$

【例 4-2-12】 某工程电缆埋地敷设 4 根电缆，线路总长度为 120 m。计算此工程铺砂盖保护板工程量，并套用全统定额计算费用。

【解】 电缆沟铺砂、盖砖及移动盖板定额项目表见表 4-2-17。

表 4-2-17 电缆沟铺砂、盖砖及移动盖板定额项目表

工作内容：调整电缆间距、铺砂、盖砖（或保护板）、埋设标桩、揭（盖）盖板。　　　　　　　　　计量单位：100 m

定额编号			2—529	2—530	2—531	2—532	2—533	2—534	2—535
项　　目			铺砂盖砖		铺砂盖保护板		揭（盖）盖板 （板长 mm 以下）		
			1~2 根	每增加 一根	1~2 根	每增加 一根	500	1 000	1 500
	名称	单位	单价/元	数量					
人工	综合工日	工日	23.22	6.250	1.670	6.250	1.670	8.800	14.900	21.000
材料	砂子	m²	44.230	9.720	3.640	9.720	3.640	—		
	红砖 240×115×53	千块	236.000	0.830	0.430					
	混凝土保护板 300×250×30	100 块	362.000			3.740				
	混凝土保护板 300×150×30	200 块	217.200				3.240			
	混凝土标桩 100×100×1 200	个	5.710	4.040		4.040				
基价/元				793.99	298.90	1 951.90	903.51	204.34	345.96	487.62
其中	人工费/元			145.13	38.78	145.13	38.78	204.34	345.98	487.62
	材料费/元			648.86	260.12	1 806.86	864.73			
	机械费/元									

注：移动盖板或揭或盖，定额均按一次考虑，如又揭又盖则按两次计算

由表 4-2-17 可知，铺砂盖保护板定额分为 1~2 根和每增加一根，本例采用 4 根电缆，故应分别套用 2—531 和 2—532 计算定额费用，计算如下：

基价 = 120/100×[1 951.99+2（增加 2 根）×903.51] = 4 510.81（元）；

人工费 = 120/100×（145.13+2×38.78） = 267.23（元）；

材料费 = 120/100×（1 806.86+2×864.73） = 4 243.58（元）。

具体计算结果见表 4-2-18。

表 4-2-18 电缆沟铺砂、盖保护板定额费用

序号	定额编号	工程项目	单位	数量	基价/元	人工费 /元	材料费 /元	机械费 /元
1	2—531 2—532	铺砂盖保护板	100 m	1.2	4 510.81	267.23	4 243.58	—

【例 4-2-13】 某电缆敷设工程如图 4-2-3 所示，采用电缆沟铺砂、盖砖直埋并列敷设 3 根 XV29（3×35+1×10）电力电缆，电缆沟上口宽度为 600 mm，下口宽度为 900 mm，室

外电缆敷设共 120 m 长，电缆预算价格每米单价为 290 元。计算电缆敷设定额费用。

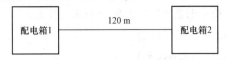

图 4-2-3 某电缆敷设工程

【解】 (1)电缆沟挖填费用。

电缆沟挖填工程量＝0.45＋0.153＝0.603(m³)

套用《全统定额》2－521，计量单位为"m³"，基价单价为 12.07 元，人工费单价为 12.07 元。

由此可得，基价＝0.603×12.07＝7.28(元);

人工费＝0.603×12.07＝7.28(元)。

(2)电缆沟铺砂、盖砖费用。根据《全统定额》2－529，计量单位为"100 m"，1～2 根电缆铺砂、盖砖基价单价为 793.99 元，人工费单价为 145.13 元，材料费单价为 648.86 元。根据《全统定额》2－530，每增加 1 根电缆铺砂、盖砖基价单价为 298.90 元，人工费单价为 38.78 元，材料费单价为 260.12 元。

1)1～2 根电缆铺砂盖砖基价＝120/100×793.99＝952.79(元)

人工费＝120/100×145.13＝174.16(元)

材料费＝120/100×648.86＝778.63(元)

2)增加 1 根电缆铺砂盖砖基价＝120/100×298.90＝358.68(元)

人工费＝120/100×38.78＝46.54(元)

材料费＝120/100×260.12＝312.14(元)

(3)铜芯电力电缆敷设费用。根据图 4-2-3 所示，电缆敷设工程量应考虑的预留长度包括：进建筑物 2.0 m，变电所进线、出线 1.5 m，电缆进入沟内 1.5 m，配电箱 2.0 m，电力电缆终端头 1.5 m。

根据全统定额计算规则，电缆敷设定额未考虑因波形敷设增加长度、因弛度增加长度、因电缆绕梁(柱)增加长度以及电缆与设备连接、电缆接头等必要的预留长度，该增加长度应计入工程量之内。故而，根据表 4-2-16，每条电缆敷设长度＝(水平长度＋垂直长度＋预留长度)×(1＋2.5%)。

铜芯电力电缆敷设长度＝(120＋2.0×2＋1.5×2＋1.5×2＋2.0×2＋1.5×2)×(1＋2.5%)×3＝421.28(m)。

套用《全统定额》2－618，计量单位为"100 m"，基价单价为 332.42 元，人工费单价为 163.24 元，材料费单价为 164.03 元，机械费单价为 5.15 元。定额未计主材费用。

电缆主材费用＝290×421.28＝122 171.2(元)

人工费＝421.28/100×163.24＝687.70(元)

材料费＝421.28/100×164.03＋122 171.2＝122 862.23(元)

机械费＝421.28/100×5.15＝21.70(元)

铜芯电力电缆基价＝687.70＋122 862.23＋21.70＝123 571.63(元)

(4)电缆终端头制作安装费用。根据全统定额，电力电缆头定额均按铝芯电缆考虑，铜芯电力电缆头按同截面电缆头定额乘以系数 1.2。本例中，一根电缆按两个终端头计算，故而，电缆终端头制作安装工程量为 6 个，采用 1 kV 以内户内热缩式，套用《全统定额》2－640，计量单位为"个"，基价单价为92.85元，人工费单价为20.90元，材料费单价为71.95元。

电缆终端头制作安装基价＝1.2×6×92.85＝668.52(元)

人工费＝1.2×6×20.90＝150.48(元)

材料费＝1.2×6×71.95＝518.04(元)

具体计算结果见表4-2-19。

表 4-2-19　电缆敷设定额费用

序号	定额编号	工程项目	单位	数量	基价/元	人工费/元	材料费/元	机械费/元
1	2－521	电缆沟挖填	m³	0.603	7.28	7.28	—	—
2	2－529	1～2根电缆沟铺砂盖砖	100 m	1.2	952.79	174.16	778.63	—
3	2－530	每增加1根电缆铺砂盖砖	100 m	1.2	358.68	46.54	312.14	—
4	2－618	铜芯电力电缆敷设	100 m	4.212 8	123 571.63	687.70	122 862.23	21.70
5	2－640	电缆终端头制作安装	个	6	668.52	150.48	518.04	—

9. 防雷及接地装置安装

(1)计量与计价说明。

1)定额适用于建筑物、构筑物的防雷接地，变配电系统接地、设备接地以及避雷针的接地装置。

2)户外接地母线敷设定额是按自然地坪和一般土质综合考虑的，包括地沟的挖填土和夯实工作，执行定额时不应再计算土方量。遇有石方、矿渣、积水、障碍物等情况时可另行计算。

3)定额不适于采用爆破法施工敷设接地线、安装接地极，也不包括高土壤电阻率地区采用换土或化学处理的接地装置及接地电阻的测定工作。

4)定额中，避雷针的安装、半导体少长针消雷装置的安装均已考虑了高空作业的因素。

5)独立避雷针的加工制作执行"一般铁构件"制作定额。

6)防雷均压环安装定额是按利用建筑物圈梁内主筋作为防雷接地连接线考虑的。如果采用单独扁钢或圆钢明敷作均压环，可执行"户内接地母线敷设"定额。

7)利用铜绞线作接地引下线时，配管、穿铜绞线执行定额中同规格的相应项目。

(2)计量与计价规则。

1)接地极制作安装，以"根"为计量单位，其长度按设计长度计算，设计无规定时，每根长度按2.5 m计算。若设计有管帽时，管帽另按加工件计算。

2)接地母线敷设，按设计长度以"m"为计量单位计算工程量。接地母线、避雷线敷设，均按延长米计算，其长度按施工图设计水平和垂直规定长度另加3.9%的附加长度(包括转弯、上下波动、避绕障碍物、搭接头所占长度)计算。计算主材费用时应另增加规定的耗损率。

3)接地跨线以"处"为计量单位，按规范规定凡需作接地跨接线的工程内容，每跨接一次按一处计算，户外配电装置构架均需接地，每副构架按一处计算。

4)避雷针的加工制作、安装，以"根"为计量单位，独立避雷针安装以"基"为计量单位。

长度、高度、数量均按设计规定，独立避雷针的加工制作应执行"一般铁构件"制作定额或按成品计算。

5)半导体少长针消雷装置的安装以"套"为计量单位，按设计安装高度分别执行相应定额。装置本身由设备制造厂成套供货。

6)利用建筑物内主筋作接地引下线安装以"10 m"为计量单位，每一柱子内按焊接两根主筋考虑，如果焊接主筋数超过两根，可按比例调整。

7)断接卡子制作安装以"套"为计量单位，按设计规定装设的断接卡子数量计算，接地检查井内的断接卡子安装按每井一套计算。

8)高层建筑物屋顶的防雷接地装置应执行"避雷网安装"定额，电缆支架的接地线安装应执行"户内接地母线敷设"定额。

9)均压环敷设以"m"为计量单位，主要考虑利用圈梁内主筋作均压环接地连线，焊接按两根主筋考虑，超过2根时，可按比例调整。长度按设计需要作均压环接地的圈梁中心线长度，以延长米计算。

10)钢、铝窗接地以"处"为计量单位(高层建筑6层以上的金属设计一般要求接地)，按设计规定接地的金属窗数进行计算。

11)柱子主筋与圈梁连接以"处"为计量单位，每处按两根主筋与两根圈梁钢筋分别焊接连接考虑。如果焊接主筋和圈梁钢筋超过两根，可按比例调整，需要了解的柱子主筋和圈梁钢筋"处"数按规定设计计算。

(3)计量与计价应用。

【例4-2-14】 某设计图示安装接地装置，需要∟45×45镀锌角钢接地极3块，接地母线采用－40×4的热镀锌扁钢300 m。计算接地装置工程量，并套用全统定额计算费用。

【解】 (1)接地装置定额工程量计算。根据全统定额工程量计算规则，接地母线、避雷线敷设，均按延长米计算，其长度按施工图设计水平和垂直规定长度另加3.9%的附加长度(包括转弯、上下波动、避绕障碍物、搭接头所占长度)计算。

接地极工程量：3根。

接地母线工程量：$300×(1+3.9\%)=311.70$(m)。

(2)接地装置定额费用计算。

1)接地极的制作、安装套用《全统定额》2－690，计量单位为"根"，基价单价为20.22元，人工费单价为11.15元，材料费单价为2.65元，机械费单价为6.42元。定额未计主材费用，取主材费为93.90元。

由此可得，基价$=3×20.22=60.66$(元)；

人工费$=3×11.15=33.45$(元)；

材料费$=3×2.65+93.90=101.85$(元)；

机械费$=3×6.42=19.26$(元)。

2)接地母线敷设套用《全统定额》2－697，计量单位为"10 m"，基价单价为74.02元，人工费单价为70.82元，材料费单价为1.77元，机械费单价为1.43元。定额未计主材费用，取主材费为2 493.60元。

由此可得，基价$=311.70/10×74.02=2\ 307.20$(元)；

人工费$=311.70/10×70.82=2\ 207.46$(元)；

材料费$=311.70/10×1.77+2\ 493.60=2\ 548.77$(元)；

机械费＝311.70/10×1.43＝44.57(元)。

具体计算结果见表 4-2-20。

表 4-2-20　接地装置定额费用

序号	定额编号	工程项目	单位	数量	基价/元	人工费/元	材料费/元	机械费/元
1	2－690	接地极制作、安装	根	3	60.66	33.45	101.85	19.26
2	2－697	接地母线敷设	10 m	31.17	2 307.20	2 207.46	2 548.77	44.57

10. 10 kV 以下架空配电线路安装

(1)计量与计价说明。

1)定额按平地施工条件考虑，如在其他地形条件下施工时，其人工和机械按表 4-2-21 的地形系数予以调整。

表 4-2-21　地形系数

地形类别	丘陵(市区)	一般山地、泥沼地带
调整系数	1.20	1.60

2)地形划分的特征。

①平地：地形比较平坦、地面比较干燥的地带。

②丘陵：地形有起伏的矮岗、土丘等地带。

③一般山地：一般山岭或沟谷地带、高原台地等。

④泥沼地带：经常积水的田地或泥水淤积的地带。

3)预算编制中，全线地形分为几种类型时，可按各种类型长度所占百分比求出综合系数进行计算。

4)土质分类。

①普通土：指种植土、黏砂土、黄土和盐碱土等，主要利用锹、铲即可挖掘的土质。

②坚土：指土质坚硬难挖的红土、板状黏土、重块土、高岭土，必须用铁镐、条锄挖松，再用锹、铲挖掘的土质。

③松砂石：指碎石、卵石和土的混合体，各种不坚实砾岩、页岩、风化岩，节理和裂缝较多的岩石等(不需用爆破方法开采的)需要镐、撬棍、大锤、楔子等工具配合才能挖掘者。

④岩石：一般指坚实的粗花岗岩、白云岩、片麻岩、玢岩、石英岩、大理岩、石灰岩、石灰质胶结的密实砂岩的石质，不能用一般挖掘工具进行开挖，必须采用打眼、爆破或打凿的方式才能开挖者。

⑤泥水：指坑的周围经常积水，坑的土质松散，如淤泥和沼泽地等挖掘时因水渗入和浸润而成泥浆，容易坍塌，需用挡土板和适量排水才能施工者。

⑥流砂：指坑的土质为砂质或分层砂质，挖掘过程中砂层有上涌现象，容易坍塌，挖掘时需排水和采用挡土板才能施工者。

5)主要材料运输质量的计算按表 4-2-22 的规定执行。

表 4-2-22　主要材料运输质量的计算

材料名称		单　位	运输质量/kg	备　注
混凝土制品	人工浇制	m³	2 600	包括钢筋
	离心浇制	m³	2 860	包括钢筋
线　材	导　线	kg	$W \times 1.15$	有线盘
	钢绞线	kg	$W \times 1.07$	无线盘
木杆材料		m³	500	包括木横担
金具、绝缘子		kg	$W \times 1.07$	—
螺　栓		kg	$W \times 1.01$	—

注：1. W 为理论质量。
　　2. 未列入者均按净重计算。

6)线路一次施工工程量按 5 根以上电杆考虑；5 根以内者，其全部人工、机械乘以系数 1.3。

7)如果出现钢管杆的组立，按同高度混凝土杆组立的人工、机械乘以系数 1.4，材料不调整。

8)导线跨越架设。

①每个跨越间距均按 50 m 以内考虑，大于 50 m 而小于 100 m 时，按两处计算，以此类推。

②在同跨越档内，有多种(或多次)跨越物时，应根据跨越物种类分别执行定额。

③跨越定额仅考虑因跨越而多耗的人工、机械台班和材料，在计算架线工程量时，不扣除跨越档的长度。

9)杆上变压器安装不包括变压器调试、抽芯、干燥工作。

(2)计量与计价规则。

1)工地运输是指定额内未计价材料从集中材料堆放点或工地仓库运至杆位上的工程运输，分为人力运输和汽车运输，以"吨·公里"为计量单位。

运输量计算公式如下：

$$工程运输量 = 施工图用量 \times (1 + 耗损率)$$

预算运输质量＝工程运输量＋包装物质量(不需要包装的可不计算包装物质量)

运输质量可按表 4-2-22 的规定进行计算。

2)无底盘、卡盘的电杆坑，其挖方体积计算公式为

$$V = 0.8 \times 0.8 \times h$$

式中　h——坑深(m)。

3)电杆坑的马道土、石方量按每坑 0.2 m³ 计算。

4)施工操作裕度按底拉盘底宽每边增加 0.1 m 计算。

5)各类土质的放坡系数按表 4-2-23 计算。

表 4-2-23　各类土质的放坡系数

土质	普通土、水坑	坚土	松砂石	泥水、流沙、岩石
放坡系数	1：0.3	1：0.25	1：0.2	不放坡

6)冻土宽度大于 300 mm 时，冻土层的挖方量按挖坚土定额乘以系数 2.5 计。其他土层

仍按土质性质执行定额。

7)土方量计算公式为

$$V=\frac{h}{6\times[ab+(a+a_1)(b+b_1)+a_1b_1]}$$

式中　V——土(石)方体积(m^3)；

　　　　h——坑深(m)；

　　$a(b)$——坑底宽(m)，$a(b)$＝底拉盘底宽＋2×每边操作裕度；

$a_1(b_1)$——坑口宽(m)，$a_1(b_1)＝a(b)+2h×$边坡系数。

8)杆坑土质以每个坑的主要土质而定，如果一个坑大部分为普通土，少量为坚土，则该坑应全部按普通土计算。

9)带卡盘的电杆坑，如原计算的尺寸不能满足卡盘安装，因卡盘超长而增加的土(石)方量另计。

10)底盘、卡盘、拉线盘按设计用量以"块"为计量单位。

11)杆塔组立分为杆塔形式和高度，按设计数量以"根"为计量单位。

12)拉线制作安装按施工图设计规定，分为不同的形式，以"根"为计量单位。

13)横担安装按施工图设计规定，分为不同形式和截面，以"根"为计量单位，定额按单根拉线考虑，若安装 V 形、Y 形或双拼型拉线时，按 2 根计算。拉线长度按设计全根长度计算，设计无规定时可按表 4-2-24 计算。

表 4-2-24　拉线长度

项目		普通拉线	V(Y)形拉线	弓形拉线
杆高/m	8	11.47	22.94	9.33
	9	12.61	25.22	10.10
	10	13.74	27.48	10.92
	11	15.10	30.20	11.82
	12	16.14	32.28	12.62
	13	18.69	37.38	13.42
	14	19.68	39.36	15.12
水平拉线		26.47	—	—

14)导线架设分为导线类型和不同截面，以"km/单线"为计量单位。导线预留长度按表 4-2-25 的规定计算。

表 4-2-25　导线预留长度

项目名称		预留长度
高 压	转角	2.5
	分支、终端	2.0
低 压	分支、终端	0.5
	交叉跳线转角	1.5
与设备连线		0.5
进户线		2.5

导线长度按线路总长度和预留长度之和计算。计算主材费用时应另增加规定的损耗率。

15)导线跨越架设,包括越线架的搭、拆和运输以及因跨越(障碍)施工难度增加的工作量,以"处"为计量单位。每个跨越间距按 50 m 以内考虑,大于 50 m 且小于 100 m 时按 2 处计算,以此类推。在计算架线工程量时,不扣除跨越挡的长度。

16)杆上变配电设备安装以"台"或"组"为计量单位,定额内包括杆上钢支架及设备的安装工作,但钢支架主材、连引线、线夹、金具等应按设计规定另行计算,设备的接地装置安装和调试应按相应定额另行计算。

(3)计量与计价应用。

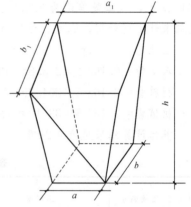

图 4-2-4　架空线路直线电杆

【例 4-2-15】　如图 4-2-4 所示,已知某架空线路直线电杆 15 根,电杆高 10 m,土质为普通土,按土质要求设计电杆坑深为 1.8 m,选用 900 mm×900 mm 的水泥底盘。试计算开挖土方量。

【解】　由于水泥底盘的规格为 900 mm×900 mm,则电杆坑底宽度和长度均为:

$$a=b=A+2c=0.9+2\times0.1=1.1(\text{m})$$

$$a_1=b_1=a+2kh=1.1+2\times1.8\times0.3=2.18(\text{m})$$

假设为人工挖杆坑,则根据公式求得每个杆坑的土方量为:

$$V_1=\frac{h}{6}\times[ab+(a+a_1)\times(b+b_1)+a_1b_1]$$

$$=\frac{1.8}{6}\times[1.1\times1.1+(1.1+2.18)\times(1.1+2.18)+2.18\times2.18]$$

$$=5.02(\text{m}^3)$$

由于电杆坑的马道土、石方量按每坑 0.2 m³ 计算,所以 15 根直线杆的杆坑总方量为:

$$V=15\times(5.02+0.2)=78.3(\text{m}^3)$$

【例 4-2-16】　如图 4-2-5 所示,某工程采用架空线路,混凝土电线杆高 12 m,间距为 35 m,选用 JKLYJ-1kV-95,室外杆上干式变压器容量为 315 kV·A,变后杆高 18 m。试计算各项工程量,并套用全统定额计算费用。

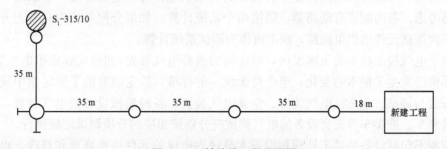

图 4-2-5　某外线工程平面图

【解】

(1)工程量计算。由表 4-2-25 可知,计算导线长度时需加预留长度:转角 2.5 m,与设备连接 0.5 m,进户线 2.5 m,则:

导线长度＝35×4＋18＋2.5＋0.5＋2.5＝163.5(m)。

导线架设工程量为 0.163 5 km/单线。

(2)定额费用计算。套用《全统定额》2—819，计量单位为"1 km/单线"，基价单价为461.42元，人工费单价为223.84元，材料费单价为204.39元，机械费单价为33.19元。定额未计主材费用，取主材费用为1 768.78元。

由此可得，基价＝0.163 5×461.42＝75.44(元)；

人工费＝0.163 5×223.84＝36.60(元)；

材料费＝0.163 5×204.39＋1 768.78＝1 802.20(元)；

机械费＝0.163 5×33.19＝5.43(元)。

具体计算结果见表4-2-26。

表 4-2-26　导线架设定额费用

序号	定额编号	工程项目	单位	数量	基价/元	人工费/元	材料费/元	机械费/元
1	2—819	JKLYJ-1kV-95 绝缘铝绞线架设	1 km/单线	0.163 5	75.44	36.60	1 802.20	5.43

11. 电气调整试验

(1)计量与计价说明。

1)定额内容包括电气设备的本体试验和主要设备的分系统调试。成套设备的整套启动调试按专业定额另行计算。主要设备的分系统内所含的电气设备元件的本体试验已包括在该分系统调试定额之内。如变压器的系统调试中已包括该系统中的变压器、互感器、开关、仪表和继电器等一、二次设备的本体调试和回路试验。绝缘子和电缆等单体试验，只在单独试验时使用，不得重复计算。

2)定额中调试仪表使用费是按"台班"形式表示的，与《全国统一安装工程施工仪器仪表台班费用定额》配套使用。

3)送配电设备调试中的 1 kV 以下定额适用于所有低压供电回路，如从低压配电装置至分配电箱的供电回路；但从配电箱直接至电动机的供电回路已包括在电动机的系统调试定额内。送配电设备系统调试包括系统内的电缆试验、瓷瓶耐压等全套调试工作。供电桥回路中的断路器、母线分段断路器皆作为独立的供电系统计算，定额皆按一个系统一侧配一台断路器考虑。若两侧皆有断路器，则按两个系统计算。如果分配电箱内只有刀开关、熔断器等不含调试元件的供电回路，则不再作为调试系统计算。

4)由于电气控制技术的飞速发展，原定额的成套电气装置(如桥式起重机电气装置等)的控制系统已发生了根本的变化，至今尚无统一的标准，故定额取消了原定额中成套电气设备的安装与调试。起重机电气装置、空调电气装置、各种机械设备的电气装置，如堆取料机、装料车、推煤车等成套设备的电气调试应分别按相应的分项调试定额执行。

5)定额不包括设备的烘干处理和设备本身缺陷造成的元件更换修理和修改，也未考虑设备元件质量低劣对调试工作造成的影响。定额是按新的合格设备考虑的，如遇以上情况，应另行计算。经修、配、改或拆迁的旧设备调试，定额乘以系数1.1。

6)定额只限电气设备自身系统的调整试验，未包括电气设备带动机械设备的试运工作，发生时应按专业定额另行计算。

7)调试定额不包括试验设备、仪器仪表的场外转移费用。

8)本调试定额是按现行施工技术验收规范编制的,凡现行规范(指定额编制时的规范)未包括的新调试项目和调试内容均应另行计算。

9)调试定额已包括熟悉资料、核对设备、填写试验记录、保护整定值的整定和调试报告的整理工作。

10)电力变压器如有"带负荷调压装置",调试定额乘以系数1.12。三卷变压器、整流变压器、电炉变压器调试按同容量的电力变压器调试定额乘以系数1.2。3~10 kV母线系统调试含一组电压互感器,1 kV以下母线系统调试定额不含电压互感器,适用于低压配电装置的各种母线(包括软母线)的调试。

(2)计量与计价规则。

1)电气调试系统的划分以电气原理系统图为依据,电气设备元件的本体试验包括在相应定额的系统调试之内,不得重复计算。绝缘子和电缆等单体试验,只在单独试验时使用。在系统调试定额中,各工序的调试费用如需单独计算时,可按表4-2-27所列比例计算。

表 4-2-27　电气调试系统各工序的调试费用

项目　比率/%　工序	发电机调相机系统	变压器系统	送配电设备系统	电动机系统
一次设备本体试验	30	30	40	30
附属高压二次设备试验	20	30	20	30
一次电流及二次回路检查	20	20	20	20
继电器及仪表试验	30	20	20	20

2)电气调试所需的电力消耗已包括在定额内,一般不另计算,但10 kW以上电机及发电机的启动调试用的蒸汽、电力和其他动力能源消耗及变压器空载试运转的电力消耗,另行计算。

3)供电桥回路的断路器、母线分段断路器,均按独立的送配电设备系统计算调试费。

4)送配电设备系统调试是按一侧有一台断路器考虑的,若两侧均有断路器,则应按两个系统计算。

5)送配电设备系统调试适用于各种供电回路(包括照明供电回路)的系统调试。凡供电回路中带有仪表、继电器、电磁开关等调试元件的(不包括闸刀开关、保险器),均按调试系统计算。移动式电器和以插座连接的家电设备经厂家调试合格,不需要用户自调的设备均不应计算调试费用。

6)变压器系统调试以每个电压一侧有一台断路器为准。多余一个断路器的按相应电压等级送配电设备系统调试定额的相应定额另行计算。

7)干式变压器调试执行相应容量变压器调试定额乘以系数0.8。

8)特殊保护装置均以构成一个保护回路为一套,其工程量计算规定如下(特殊保护装置未包括在各系统调试定额之内,应另行计算):

①发电机转子接地保护按全厂发电机公用一套考虑。

②距离保护按设计规定所保护的送电线路断路器台数计算。

③高频保护按设计规定所保护的送电线路断路器台数计算。

④故障录波器的调试以一块屏为一套系统计算。

⑤失灵保护按设置该保护的断路器台数计算。

⑥失磁保护按所保护的电机台数计算。

⑦变流器的短线保护按变流器的台数计算。

⑧小电流接地保护按装设该保护的供电回路断路器台数计算。

⑨保护检查及打印机调试按构成该系统的完整回路为一套计算。

9)自动装置及信号系统调试均包括继电器、仪表等元件本身和二次回路的调整试验，具体规定如下：

①备用电源自动投入装置，按连锁机构的个数确定备用电源自投装置系统数。一个备用厂用变压器，作为三段厂用工作母线备用的厂用电源，计算备用电源自动投入装置调试时，应为三个系统。装设自动投入装置的两条互为备用的线路或两台变压器，计算备用电源自动投入装置调试时，应为两个系统，备用电动机自动投入装置亦按此计算。

②线路自动重合闸调试系统，按采用自动重合闸装置的线路自动断路器的台数计算系统数。综合重合闸也按此规定计算。

③自动调频装置的调试以一台发电机为一个系统。

④同期装置调试，按设计构成一套能完成同期并车行为的装置为一个系统计算。

⑤蓄电池及直流监视系统调试以一组蓄电池按一个系统计算。

⑥事故照明切换装置调试，按设计能完成交直流切换的一套装置为一个调试系统计算。

⑦周波减负荷装置调试，凡有一个周率继电器，不论带几个回路，均按一个调试系统计算。

⑧变送器屏以屏的个数计算。

⑨中央信号装置调试按每一个变电所或配电室为一个调试系统计算工程量。

⑩不间断电源装置调试按容量以"套"为单位计算。

10)接地网的调试规定如下：

①接地网接地电阻的测定。一般的发电厂或变电站连为一体的母网，按一个系统计算；自成母网不与厂区母网相连的独立接地网，另按一个系统计算。大型建筑群各有自己的接地网(接地电阻值设计有要求)，虽然在最后也将各接地网连接在一起，但应按各自的接地网计算，不能作为一个网。具体应按接地网的试验情况而定。

②避雷针接地电阻的测定。每一组避雷针均有单独的接地网(包括独立的避雷针、烟囱避雷针等)时，均按一组计算。

③独立的接地装置按"组"计算。如一台柱上变压器有一个独立的接地装置，即按一组计算。

11)避雷器、电容器的调试按每三相为一组计算；单个装设的也按一组计算。上述设备如设置在发电机，变压器，输、配电线路的系统或回路内，仍应按相应定额另外计算调试费用。

12)高压电气除尘系统调试，按一台升压变压器、一台机械整流器及附属设备为一个系统计算，分别按除尘器每平方米范围执行定额。

13)硅整流装置调试按一套硅整流装置为一个系统计算。

14)普通电机的调试分别按电机的控制方式、功率、电压登记，以"台"为计量单位。

15)可控硅调速直流电动机调试以"系统"为计量单位，其调试内容包括可控硅整流装置系统和直流电动机控制回路系统两个部分的调试。

16)交流变频调速电动机调试以"系统"为计量单位，其调试内容包括变频装置系统和交流电动机控制回路系统两个部分的调试。

17)微型电机是指功率在0.75 kW以下的电机，不分类别，一律执行微型电机综合调试定额，以"台"为计量单位。电机功率在0.75 kW以上的电机调试应按电机类别和功率分别执行相应的调试定额。

18)一般的住宅、学校、办公楼、旅馆、商店等民用电气工程的供电调试应按下列规定执行：

①配电室内带有调试元件的盘、箱、柜和带有调试元件的照明主配电箱，应按供电方式执行相应的"配电设备系统调试"定额。

②每个用户房间的配电箱(板)上虽然装有电磁开关等调试元件，但如果生产厂家已按固定的常规参数调整完成，不需要安装单位进行调试就可直接投入使用的，不得计取调试费用。

③民用电度表的调整校验属于供电部门的专业管理，一般皆由用户向供电局订购调试完毕的电度表，不得另外计算调试费用。

19)高标准的高层建筑、高级宾馆、大会堂、体育馆等具有较高控制技术的电气工程(包括照明工程中由程控调光控制的装饰灯具)，应按控制方式执行相应的电气调试定额。

(3)计量与计价应用。

【例4-2-17】 某电气调试系统如图4-2-6所示。试计算其工程量。

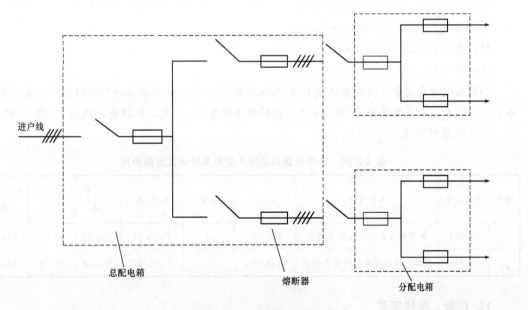

图4-2-6 某电气调试系统图

【解】 由图4-2-6可知，该供电系统的两个分配电箱引出的4条回路均由总配电箱控制，所以各分箱引出的回路不能作为独立的系统，因此，正确的电气调试系统工程量应为1个系统。

【例 4-2-18】 某备用电源自动投入装置系统如图 4-2-7 所示。试划分各自的调试系统，计算其工程量，并套用全统定额计算费用。

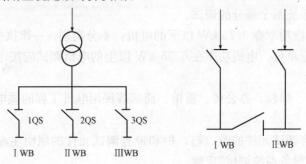

图 4-2-7 备用电源自动投入装置系统

【解】

(1)工程量计算。

1)备用电源自动投入装置调试：3 套。

2)线路电源自动重合闸装置调试：1 套。

(2)定额费用计算。

1)备用电源自动投入装置调试套用《全统定额》2—863，计量单位为"系统(套)"，基价单价为 931.27 元，人工费单价为 325.08 元，材料费单价为 6.50 元，机械费单价为 599.69 元。

基价=3×931.27=2 793.81(元)；

人工费=3×325.08=975.24(元)；

材料费=3×6.5=19.5(元)；

机械费=3×599.69=1 799.07(元)。

2)线路电源自动重合闸装置调试套用《全统定额》2—866，计量单位为"系统(套)"，基价单价为 1 965.03 元，人工费单价为 789.48 元，材料费单价为 15.79 元，机械费单价为 1 159.76 元。

具体计算结果见表 4-2-28。

表 4-2-28　备用电源自动投入装置系统调试定额费用

序号	定额编号	工程项目	单位	数量	基价/元	人工费/元	材料费/元	机械费/元
1	2—863	备用电源自动投入装置调试	系统(套)	3	2 793.81	975.24	19.50	1 799.07
2	2—866	线路电源自动重合闸装置调试	系统(套)	1	1 965.03	789.48	15.79	1 159.76

12. 配管、配线安装

(1)计量与计价说明。

1)配管工程均未包括接线箱、盒及支架的制作、安装。钢索架设及拉紧装置的制作、安装，插接式母线槽支架制作、槽架制作及配管支架应执行铁构件制作定额。

2)连接设备导线预留长度见表 4-2-29。

表 4-2-29　连接设备导线预留长度　　　　　　　　　　单位：m/根

序号	项　目	预留长度	说　明
1	各种开关箱、柜、板	高+宽	盘面尺寸
2	单独安装(无箱、盘)的铁壳开关、闸刀开关、启动器、母线槽进出线盒等	0.3 m	以安装对象中心算
3	由地坪管子出口引至动力接线箱	1 m	以管口计算
4	电源与管内导线连接(管内穿线与软、硬母线接头)	1.5 m	以管口计算
5	出户线	1.5 m	以管口计算

(2)计量与计价规则。

1)各种配管应区别不同的敷设方式、敷设位置、管材材质、规格，以"延长米"为计量单位，不扣除管路中间的连接箱(盒)、灯头盒、开关盒所占长度。

2)定额中未包括钢索架设及拉紧装置、接线箱(盒)、支架的制作安装，其工程量应另行计算。

3)管内穿线的工程量，应区别线路性质、导线材质、导线截面，以单线"延长米"为计量单位计算。线路分支接头线的长度已综合考虑在定额中，不得另行计算。

照明线路中的导线截面大于或等于 6 mm² 时，应执行动力线路穿线相应项目。

4)线夹配线工程量，应区别线夹材质(塑料、瓷质)、线式(两线、三线)、敷设位置(在木、砖、混凝土)以及导线规格，以线路"延长米"为计量单位计算。

5)绝缘子配线工程量，应区别绝缘子形式(针式、鼓式、碟式)、配线位置(沿屋架、梁、柱、墙，跨屋架、梁、柱木结构、顶棚内、砖、混凝土结构，沿钢支架及钢索)、导线截面，以线路"延长米"为计量单位计算。

绝缘子暗配，引下线按路线支持点至天棚下缘距离的长度计算。

6)槽板配线工程量，应区别槽板材质(木质、塑料)、配线位置(木结构、砖、混凝土)、导线截面、线式(二线、三线)，以线路"延长米"为计量单位计算。

7)塑料护套线明敷工程量，应区别导线截面、导线芯数(二芯、三芯)、敷设位置(木结构、砖混凝土结构、沿钢索)，以单根线路每束"延长米"为计量单位计算。

8)线槽配线工程量应区别导线截面，以单根线路每束"延长米"为计量单位计算。

9)钢索架设工程量应区别圆钢、钢索直径(6、9)按图示墙(柱)内缘距离，以"延长米"为计量单位计算，不扣除拉紧装置所占长度。

10)母线拉紧装置及钢索拉紧装置制作安装工程量应区别母线截面、花篮螺栓直径(12、16、18)，以"套"为计量单位计算。

11)车间带形母线安装工程量应区别母线材质(铝、钢)、母线截面、安装位置(沿屋架、梁、柱、墙，跨屋架、梁、柱)，以"延长米"为计量单位计算。

12)动力配管混凝土地面刨沟工程量应区别管子直径，以"延长米"为计量单位计算。

13)接线箱安装工程量应区别安装形式(明装、暗装)、接线箱半周长，以"个"为计量单位计算。

14)接线盒安装工程量应区别安装形式(明装、暗装、钢索上)以及接线盒类型，以"个"为计量单位计算。

15)灯具，明、暗开关，插座，按钮等预留线，已分别综合在相应定额内，不另行计算。配线进入开关箱、柜、板的预留线，按表 4-2-29 规定的长度，分别计入相应的工程量。

(3)计量与计价应用。

【例 4-2-19】 某小区板楼 7 层，层高 3.2 m，配电箱高 0.8 m，均暗装在平面同一位置。立管用 SC32，需要竖直向上开线槽，计算其工程量。

【解】 电气配管工程量：$(7-1) \times 3.2 = 19.2$(m)

线槽工程量：$(7-1) \times 3.2 - 0.8 = 18.4$(m)

【例 4-2-20】 某照明线路如图 4-2-8 所示，n_1 回路采用 BV-3×4SC15-WC，该建筑物层高 3.0 m，配电箱规格为 500 mm×300 mm，距地高度为 1.3 m，开关距地 1.5 m。计算其配管、配线工程量。

【解】 SC15 配管水平长度 $= (3.6+0.8)/2 + 4.0 + 4.0/2 + (3.6+0.8)/2 + 3.6/2$

$$= 12.2 \text{(m)}$$

SC15 配管垂直长度 $= (3-1.5-0.5) + (3-1.3-0.5) = 2.2$(m)

SC15 配管工程量 $= 12.2 + 2.2 = 14.4$(m)

根据全统定额，灯具，明、暗开关，插座，按钮等预留线，已分别综合在相应定额内，不另行计算。

配线进入开关箱、柜、板的预留线，按表 4-2-29 规定的长度，分别计入相应的工程量。

故，BV—3×4 配线工程量 $= (14.4 + 0.5 + 0.3) \times 3 = 45.6$(m)。

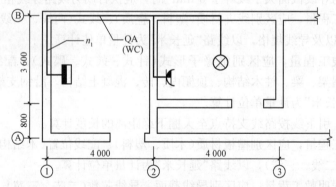

图 4-2-8 照明线路

13. 照明器具安装

(1)计量与计价说明。

1)各型灯具的引导线，除注明者外，均已综合考虑在定额内，执行时不得换算。

2)路灯、投光灯、碘钨灯、氙气灯、烟囱或水塔指示灯，均已考虑了一般工程的高空作业因素，其他器具安装高度若超过 5 m，则应按定额说明中规定的超高系数另行计算。

3)定额中装饰灯具项目均已考虑了一般工程的超高作业因素，并包括脚手架搭拆费用。

4)装饰灯具定额项目与示意图号配套使用。

5)定额内已包括利用摇表测量绝缘及一般灯具的试亮工作(但不包括调试工作)。

(2)计量与计价规则。

1)普通灯具安装的工程量应区别灯具的种类、型号、规格，以"套"为计量单位计算。普通灯具安装定额使用范围见表 4-2-30。

表 4-2-30 普通灯具安装定额适用范围

定额名称	灯 具 种 类
圆球吸顶灯	材质为玻璃的螺口、卡口圆球独立吸顶灯
半圆球吸顶灯	材质为玻璃的独立的半圆球吸顶灯、扁圆罩吸顶灯、平圆形吸顶灯
方型吸顶灯	材质为玻璃的独立的矩形罩吸顶灯、方型罩吸顶灯、大口方罩吸顶灯
软线吊灯	利用软线作垂吊材料，材质为玻璃、塑料、搪瓷，形状如碗伞、平盘灯罩组成的独立的各式软线吊灯
吊链灯	利用吊链作辅助悬吊材料，材质为玻璃、塑料罩的独立的各式吊链灯
防水吊灯	一般防水吊灯
一般弯脖灯	圆球弯脖灯、风雨壁灯
一般墙壁灯	各种材质的一般壁灯、镜前灯
软线吊灯头	一般吊灯头
声光控座灯头	一般声控、光控座灯头
座灯头	一般塑胶、瓷质座灯头

2）吊式艺术装饰灯具安装的工程量应根据装饰灯具示意图集所示，区别不同装饰物以及灯体直径和灯体垂吊长度，以"套"为计量单位计算。灯体直径为装饰物的最大外缘直径，灯体垂吊长度为灯座底部到灯梢之间的总长度。

3）吸顶式艺术装饰灯具安装的工程量应根据装饰灯具示意图集所示，区别不同装饰物、吸盘的几何形状、灯体直径、灯体周长和灯体垂吊长度，以"套"为计量单位计算。灯体直径为吸盘最大外缘直径；灯体半周长为矩形吸盘的半周长；吸顶式艺术装饰灯具的灯体垂吊长度为吸盘到灯梢之间的总长度。

4）荧光艺术装饰灯具安装的工程量应根据装饰灯具示意图所示，区别不同的安装形式和计量单位计算。

①组合荧光灯光带安装的工程量应根据装饰灯具示意图所示，区别安装形式、灯管数量，以"延长米"为计量单位计算。灯具的设计数量与等额不符时，可以按设计量加耗损量调整主材。

②内藏组合式灯具安装的工程量应根据装饰灯具示意图所示，区别灯具组合形式，以"延长米"为计量单位计算。灯具的设计数量与等额不符时，可以按设计量加耗损量调整主材。

③发光棚安装的工程量应根据装饰灯具示意图所示，以"m²"为计量单位，发光棚灯具按设计用量加耗损量计算。

④立体广告灯箱荧光灯光沿安装的工程量应根据装饰灯具示意图所示，以"延长米"为计量单位计算。灯具的设计用量与等额不符时，可以按设计数量加耗损量调整主材。

5）几何形状组合艺术灯具安装的工程量应根据装饰灯具示意图所示，区别不同的安装形式及灯具的不同形式，以"套"为计量单位计算。

6）标志、诱导装饰灯具安装的工程量应根据装饰灯具示意图所示，区别不同的安装形式，以"套"为计量单位计算。

7）水下艺术装饰灯具安装的工程量应根据装饰灯具示意图所示，区别不同的安装形式，以"套"为计量单位计算。

8）点光源艺术装饰灯具安装的工程量应根据装饰灯具示意图所示，区别不同安装形式、不同的灯具直径，以"套"为计量单位计算。

9)草坪灯具安装的工程量应根据装饰灯具示意图所示，区别不同的安装形式，以"套"为计量单位计算。

10)歌舞厅灯具安装的工程量应根据装饰灯具示意图所示，区别不同的灯具形式，分别以"套""延长米""台"为计量单位计算。装饰灯具安装定额适用范围见表4-2-31。

表4-2-31　装饰灯具安装定额适用范围

定额名称	灯具种类(形式)
吊式艺术装饰灯具	不同材质、不同灯体垂吊长度、不同灯体直径的蜡烛灯、挂片灯、串珠(穗)、串棒灯、吊杆式组合灯、玻璃罩(带装饰)灯
吸顶式艺术装饰灯具	不同材质、不同灯体垂吊长度、不同灯体几何形状的串珠(穗)、串棒灯、挂片、挂碗、挂吊蝶灯、玻璃(带装饰)灯
荧光艺术装饰灯具	不同安装形式、不同灯管数量的组合荧光灯光带，不同几何组合形式的内藏组合式灯，不同几何尺寸、不同灯具形式的发光棚，不同形式的立体广告灯箱、荧光灯光沿
几何形状组合艺术灯具	不同固定形式、不同灯具形式的繁星灯、钻石星灯、礼花灯、玻璃罩钢架组合灯、凸片灯、反射挂灯、筒形钢架灯、U形组合灯、弧形管组合灯
标志、诱导装饰灯具	不同安装形式的标志灯、诱导灯
水下艺术装饰灯具	简易形彩灯、密封形彩灯、喷水池灯、幻光型灯
点光源艺术装饰灯具	不同安装形式、不同灯体直径的筒灯、牛眼灯、射灯、轨道射灯
草坪灯具	各种立柱式、墙壁式的草坪灯
歌舞厅灯具	各种安装形式的变色转盘灯、雷达射灯、幻影转彩灯、维纳斯旋转彩灯、卫星旋转效果灯、飞蝶转效果灯、多头转灯、滚筒灯、频闪灯、太阳灯、雨灯、歌星灯、边界灯、射灯、泡泡发生器、迷你满天星彩灯、迷你灯(盘彩灯)、多头宇宙灯、镜面球灯、蛇光管

11)荧光灯具安装的工程量应区别灯具的安装形式、灯具种类、灯管数量，以"套"为计量单位计算。荧光灯具安装定额适用范围见表4-2-32。

表4-2-32　荧光灯具安装定额适用范围

定额名称	灯具种类
组装型荧光灯	单管、双管、三管吊链式、现场组装独立荧光灯
成套型荧光灯	单管、双管、三管吊链式、吸顶式、成套独立荧光灯

12)工厂灯及防水防尘灯安装的工程量应区别不同的安装形式，以"套"为计量单位计算。工厂灯及防水防尘灯安装定额适用范围见表4-2-33。

表4-2-33　工厂灯及防水防尘灯安装定额适用范围

定额名称	灯具种类
直杆工厂吊灯	配照(GC$_1$-A)、广照(GC$_3$-A)、深照(GC$_5$-A)、斜照(GC$_7$-A)、圆球(GC$_{17}$-A)、双罩(GC$_{19}$-A)
吊链式工厂灯	配照(GC$_1$-B)、深照(GC$_3$-B)、斜照(GC$_5$-C)、圆球(GC$_7$-B)、双罩(GC$_{19}$-A)、广照(GC$_{19}$-B)
吸顶式工厂灯	配照(GC$_1$-C)、广照(GC$_3$-C)、深照(GC$_5$-C)、斜照(GC$_7$-C)、双罩(GC$_{19}$-C)
弯杆式工厂灯	配照(GC$_1$-D/E)、广照(GC$_3$-D/E)、深照(GC$_5$-D/E)、斜照(GC$_7$-D/E)、双罩(GC$_{19}$-C)、局部深罩(GC$_{26}$-F/H)
悬挂式工厂灯	配照(GC$_{21}$-2)、深照(GC$_{23}$-2)
防水防尘灯	广照(GC$_9$-A、B、C)、广照保护网(GC$_{11}$-A、B、C)、散照(GC$_{15}$-A、B、C、D、E、F、G)

13)工厂其他灯具安装的工程量应区别不同灯具类型、安装形式、安装高度，以"套""延长米""台"为计量单位计算。工厂其他灯具安装定额适用范围见表4-2-34。

表 4-2-34　工厂其他灯具安装定额适用范围

定额名称	灯具种类
防潮灯	扁形防潮灯(GC-31)、防潮灯(GC-33)
腰形舱顶灯	腰形舱顶灯 CCD-1
碘钨灯	DW 型、220 V、300～1 000 W
管形氙气灯	自然冷却式 200 V/380 V 20 kW 以内
投光灯	TG 形式外投光灯
高压水银灯镇流器	外附式镇流器具 125～450 W
安全灯	(AOB-1、2、3)、(AOC-1、2)型安全灯
防爆灯	CB C-200 型防爆灯
高压水银防爆灯	CB C-125/250 型高压水银防爆灯
防爆荧光灯	CB C-1/2 单/双管防爆型荧光灯

14)医院灯具安装工程量应区别灯具种类，以"套"为计量单位计算。医院灯具安装定额适用范围见表4-2-35。

表 4-2-35　医院灯具安装定额适用范围

定额名称	灯具种类
病房指示灯	病房指示灯
病房暗脚灯	病房暗脚灯
无影灯	3～12 孔管式无影灯

15)路灯安装工程量应区别不同臂长、不同灯数，以"套"为计量单位计算。工厂厂区内、住宅小区内的路灯安装执行本册定额，城市道路的路灯安装执行《全国统一市政工预算定额》。

路灯安装定额适用范围见表4-2-36。

表 4-2-36　路灯安装定额适用范围

定额名称	灯具种类
大马路弯灯	管长 1 200 mm 以下、臂长 1 200 mm 以上
庭院路灯	3 m 以下、7 m 以下

16)开关、按钮安装的工程量应区别开关、按钮安装形式，开关、按钮种类，开关级数以及单控与双控，以"套"为计量单位计算。

17)插座安装工程量应区别电源相数，额定电流、插座安装形式、插座插孔个数，以"套"为计量单位计算。

18)安全变压器安装的工程量应区别安全变压器容量，以"台"为计量单位计算。

19)电铃、电铃号码牌箱安装的工程量应区别电铃直径、电铃号牌箱规格(号)，以"套"为计量单位计算。

20)门铃安装的工程量应区别门铃安装的形式，以"个"为计量单位计算。

21)风扇安装的工程量应区别风扇的种类，以"台"为计量单位计算。

22)盘管风机三速开关、请勿打扰灯、须刨插座安装的工程量，以"套"为计量单位计算。

（3）计量与计价应用。

【例 4-2-21】 已知某工程建筑面积为 2 400 m²，安装 40 W 的圆球吸顶灯 120 套，吸顶灯外形尺寸为 220 mm。计算其工程量，并套用全统定额计算费用。

【解】 圆球吸顶灯工程量为 120 套。

套用《全统定额》2－1382，计量单位为"10 套"，基价单价为 165.60 元，人工费单价为 50.16 元，材料费单价为 115.44 元。

由此可得，基价＝120/10×165.60＝1 987.20（元）；

人工费＝120/10×50.16＝601.92（元）；

材料费＝120/×115.44＝1 385.28（元）。

具体计算结果见表 4-2-37。

表 4-2-37　圆球吸顶灯安装定额费用

序号	定额编号	工程项目	单位	数量	基价/元	人工费/元	材料费/元	机械费/元
1	2－1382	圆球吸顶灯安装	10 套	12	1 987.20	601.92	1 385.28	—

14. 电梯电气装置安装

（1）计量与计价说明。

1)电梯电气装置安装适用于国内生产的各种客、货、病床和杂物电梯的电气装置安装，但不包括自动扶梯和观光电梯。

2)电梯是按每层一门为准，增或减时，另按增（减）厅门相应定额计算。

3)电梯安装的楼层高度是按平均层高 4 m 以内考虑的，如平均层高超过 4 m，其超过部分可按提升高度定额计算。

4)两部或两部以上的并行或群控电梯，按相应的定额分别乘以系数 1.2。

5)定额是以室内地坪＋0.000 以下为地坑（下缓冲）考虑的，如遇有"区间电梯"（基站不在首层），下缓冲地坑设在中间层时，则基站以下部分楼层的垂直搬运应另行计算。

6)电梯安装材料，电线管及线槽，金属软管，管子配件，紧固件，电缆，电线，接线箱（盒），荧光灯及其他附件、备件等，均按设备带有考虑。

7)小型杂物电梯是以载重量在 200 kg 以内，轿厢内不载人为准。重量大于 200 kg 的、轿厢内有司机操作的杂物电梯，执行客货电梯的相应项目。

8)定额中已经包括群控调试。

9)定额不包括下列各项工作：

①电源线路及控制开关的安装。

②电动发电机组的安装。

（2）计量与计价规则。

1)交流手柄操纵或按钮控制（半自动）电梯电气安装的工程量应区别电梯层数、站数，以"部"为计量单位计算。

2)交流信号或集选控制(自动)电梯电气安装的工程量应区别电梯层数、站数，以"部"为计量单位计算。

3)直流信号或集选控制(自动)快速电梯电气安装的工程量应区别电梯层数、站数，以"部"为计量单位计算。

4)直流集选控制(自动)高速电梯电气安装的工程量应区别电梯层数、站数，以"部"为计量单位计算。

5)小型杂物电梯电气安装的工程量应区别电梯层数、站数，以"部"为计量单位计算。

6)电厂专用电梯电气安装的工程量应区别配合锅炉容量，以"部"为计量单位计算。

7)电梯增加厅门、自动轿厢门及提升高度的工程量应区别电梯的形式、增加自动轿厢门数量、增加提升高度，分别以"个""延长米"为计量单位计算。

任务 4.3　电气设备安装工程工程量清单内容与应用

4.3.1　电气设备安装工程工程量清单内容

1. 清单适用范围

电气设备安装工程工程量清单项目设置及计算规则适用于 10 kV 以下变配电设备及线路的安装工程、车间动力电气设备及电气照明、防雷及接地装置安装、配管配线、电气调试等。

2. 相关说明

(1)挖土、填土工程应按现行国家标准《房屋建筑与装饰工程工程量计算规范》(GB 50854—2013)相关项目编码列项。

(2)开挖路面应按现行国家标准《市政工程工程量计算规范》(GB 50857—2013)相关项目编码列项。

(3)过梁、墙、楼板的钢(塑料)套管应按《通用安装工程工程量计算规范》(GB 50856—2013)附录 K "采暖、给水排水、燃气工程相关项目"编码列项。

(4)除锈、刷漆(补刷漆除外)、保护层安装应按《通用安装工程工程量计算规范》(GB 50856—2013)附录 M "刷油、防腐蚀、绝热工程相关项目"编码列项。

(5)由国家或地方检测验收部门进行的检测验收应按《通用安装工程工程量计算规范》(GB 50856—2013)附录 N "措施项目"编码列项。

3. 清单项目组成

《通用安装工程工程量计算规范》(GB 50856—2013)附录 D "电气设备安装工程"共分为14 个分部工程，即变压器安装，配电装置安装，母线安装，控制设备及低压电器安装，蓄电池安装，电机检查接线及调试，滑触线装置安装，电缆安装，防雷及接地装置，10 kV以下架空配电线路，配管、配线，照明器具安装，附属工程，电气调整试验。

4.3.2　电气设备安装工程量清单计量与计价应用

1. 变压器安装

(1)计量与计价规则。变压器安装工程量清单项目设置、项目特征描述的内容、计量单位及工程量计算规则见表 4-3-1。

表 4-3-1　变压器安装(编码：030401)

项目编码	项目名称	项目特征	计量单位	工程量计算规则	工作内容
030401001	油浸电力变压器	1. 名称 2. 型号 3. 容量(kV·A) 4. 电压(kV) 5. 油过滤要求	台	按设计图示数量计算	1. 本体安装 2. 基础型钢制作、安装 3. 油过滤 4. 干燥 5. 接地 6. 网门、保护门制作、安装 7. 补刷(喷)油漆
030401002	干式变压器	6. 干燥要求 7. 基础型钢形式、规格 8. 网门、保护门材质、规格 9. 温控箱型号、规格			1. 本体安装 2. 基础型钢制作、安装 3. 温控箱安装 4. 接地 5. 网门、保护门制作、安装 6. 补刷(喷)油漆
030401003	整流变压器	1. 名称 2. 型号 3. 容量(kV·A) 4. 电压(kV) 5. 油过滤要求 6. 干燥要求 7. 基础型钢形式、规格 8. 网门、保护门材质、规格			1. 本体安装 2. 基础型钢制作、安装 3. 油过滤 4. 干燥 5. 网门、保护门制作、安装 6. 补刷(喷)油漆
030401004	自耦变压器				
030401005	有载调压变压器				
030401006	电炉变压器	1. 名称 2. 型号 3. 容量(kV·A) 4. 电压(kV) 5. 基础型钢形式、规格 6. 网门、保护门材质、规格	台	按设计图示数量计算	1. 本体安装 2. 基础型钢制作、安装 3. 网门、保护门制作、安装 4. 补刷(喷)油漆
030401007	消弧线圈	1. 名称 2. 型号 3. 容量(kV·A) 4. 电压(kV) 5. 油过滤要求 6. 干燥要求 7. 基础型钢形式、规格			1. 本体安装 2. 基础型钢制作、安装 3. 油过滤 4. 干燥 5. 补刷(喷)油漆

注：变压器油如需试验、化验、色谱分析，应按《通用安装工程工程量计算规范》(GB 50856—2013)附录 N"措施项目相关项目"编码列项。

（2）计量与计价应用。

【例4-3-1】 对【例4-2-1】编制该油浸电力变压器安装的分部分项工程项目清单与计价表。

【解】 （1）计算清单项目综合单价。按建筑工程工程取费标准取费，企业管理费费率取25%，利润费率取15%，计费基础为：人工费＋机械费。

计费基础：1 412.01＋1 045.32＋1 368.2＋109.71＋74.56＋311.70＝4 321.5（元）

人工费：1 412.01＋1 368.2＋74.56＝2 854.77（元）

材料费：736.29＋2 560.59＋208.58＝3 505.46（元）

机械费：1 045.32＋109.71＋311.70＝1 466.73（元）

企业管理费：4 321.5×25%＝1 080.38（元）

利润：4 321.5×15%＝648.23（元）

小计：2 854.77＋3 505.46＋1 466.73＋1 080.38＋648.23＝9 555.57（元）

综合单价：9 555.57/3＝3 185.19（元）

（2）编制分部分项工程项目清单与计价表。根据《通用安装工程工程量计算规范》（GB 50856—2013），油浸电力变压器项目编码为030401001，计量单位为"台"，计算规则为按设计图示数量计算，则编制的分部分项工程项目清单与计价表见表4-3-2。

表4-3-2 分部分项工程项目清单与计价表

序号	项目编码	项目名称	项目特征描述	计量单位	工程量	金额/元		
						综合单价	合价	其中：暂估价
1	030401001001	油浸电力变压器	油浸电力变压器S9－1 000 kV·A/10 kV安装，做干燥处，过滤绝缘油重950 kg	台	3	3 185.19	9 555.57	

【例4-3-2】 对【例4-2-2】编制该干式变压器安装的分部分项工程项目清单与计价表。

【解】 （1）计算清单项目综合单价。

计费基础：311.24＋86.98＝398.22（元）

人工费：311.24元

材料费：119.25元

机械费：86.98元

企业管理费：398.22×25%＝99.56（元）

利润：398.22×15%＝59.73（元）

小计：311.24＋119.25＋86.98＋99.56＋59.73＝676.76（元）

（2）编制分部分项工程项目清单与计价表。根据《通用安装工程工程量计算规范》（GB 50856—2013）的规定，干式变压器项目编码为030401002，计量单位为"台"，计算规则为按设计图示数量计算，则编制的分部分项工程项目清单与计价表见表4-3-3。

表4-3-3 分部分项工程项目清单与计价表

序号	项目编码	项目名称	项目特征描述	计量单位	工程量	金额/元		
						综合单价	合价	其中：暂估价
1	030401002001	干式变压器	干式变压器SG10-500 kV·A/10 kV安装	台	1	676.76	676.76	—

【例 4-3-3】 对【例 4-2-3】编制该消弧线圈安装的分部分项工程项目清单与计价表。

【解】 (1)计算清单项目综合单价。

计费基础：$506.20+254.16+633.90+68.26=1\,462.52$(元)

人工费：$506.20+633.90=1\,140.10$(元)

材料费：$263.22+728.44=991.66$(元)

机械费：$254.16+68.26=322.42$(元)

企业管理费：$1\,462.52\times25\%=365.30$(元)

利润：$1\,462.52\times15\%=219.38$(元)

小计：$1\,140.1+991.66+322.42+365.30+219.38=3\,038.86$(元)

综合单价：$3\,038.86/2=1\,519.43$(元)

(2)编制分部分项工程项目清单与计价表。根据《通用安装工程工程量计算规范》(GB 50856—2013)的规定，消弧线圈项目编码为030401007，计量单位为"台"，计算规则为按设计图示数量计算，则编制的分部分项工程项目清单与计价表见表4-3-4。

表 4-3-4　分部分项工程项目清单与计价表

序号	项目编码	项目名称	项目特征描述	计量单位	工程量	综合单价	合价	其中：暂估价
1	030401007001	消弧线圈	消弧线圈安装300 kV·A/10 kV安装	台	2	1 519.43	3 038.86	

2. 配电装置安装

(1)计量与计价规则。配电装置安装工程量清单项目设置、项目特征描述的内容、计量单位及工程量计算规则，见表4-3-5。

表 4-3-5　配电装置安装(编码：030402)

项目编码	项目名称	项目特征	计量单位	工程量计算规则	工作内容
030402001	油断路器	1. 名称 2. 型号 3. 容量(A) 4. 电压等级(kV) 5. 安装条件 6. 操作机构名称及型号 7. 基础型钢规格 8. 接线材质、规格 9. 安装部位 10. 油过滤要求	台	按设计图示数量计算	1. 本体安装、调试 2. 基础型钢制作、安装 3. 油过滤 4. 补刷(喷)油漆 5. 接地
030402002	真空断路器				1. 本体安装、调试 2. 基础型钢制作、安装 3. 补刷(喷)油漆 4. 接地
030402003	SF$_6$断路器				

项目编码	项目名称	项目特征	计量单位	工程量计算规则	工作内容
030402004	空气断路器	1. 名称 2. 型号 3. 容量(A) 4. 电压等级(kV) 5. 安装条件 6. 操作机构名称及型号 7. 接线材质、规格 8. 安装部位	台	按设计图示数量计算	1. 本体安装、调试 2. 基础型钢制作、安装 3. 补刷(喷)油漆 4. 接地
030402005	真空接触器				1. 本体安装、调试 2. 补刷(喷)油漆 3. 接地
030402006	隔离开关		组		
030402007	负荷开关				
030402008	互感器	1. 名称 2. 型号 3. 规格 4. 类型 5. 油过滤要求	台		1. 本体安装、调试 2. 干燥 3. 油过滤 4. 接地
030402009	高压熔断器	1. 名称 2. 型号 3. 规格 4. 安装部位	组		1. 本体安装、调试 2. 接地
030402010	避雷器	1. 名称 2. 型号 3. 规格 4. 电压等级 5. 安装部位			1. 本体安装 2. 接地
030402011	干式电抗器	1. 名称 2. 型号 3. 规格 4. 质量 5. 安装部位 6. 干燥要求			1. 本体安装 2. 干燥
030402012	油浸电抗器	1. 名称 2. 型号 3. 规格 4. 容量(kV·A) 5. 油过滤要求 6. 干燥要求	台		1. 本体安装 2. 油过滤 3. 干燥
030402013	移相及串联电容器	1. 名称 2. 型号 3. 规格 4. 质量 5. 安装部位	个		1. 本体安装 2. 接地
030402014	集合式并联电容器				

项目编码	项目名称	项目特征	计量单位	工程量计算规则	工作内容
030402015	并联补偿电容器组架	1. 名称 2. 型号 3. 规格 4. 结构形式	台	按设计图示数量计算	1. 本体安装 2. 接地
030402016	交流滤波装置组架	1. 名称 2. 型号 3. 规格			1. 本体安装 2. 接地
030402017	高压成套配电柜	1. 名称 2. 型号 3. 规格 4. 母线配置方式 5. 种类 6. 基础型钢形式、规格			1. 本体安装 2. 基础型钢制作、安装 3. 补刷(喷)油漆 4. 接地
030402018	组合型成套箱式变电站	1. 名称 2. 型号 3. 容量(kV·A) 4. 电压(kV) 5. 组合形式 6. 基础规格、浇筑材质			1. 本体安装 2. 基础浇筑 3. 进箱母线安装 4. 补刷(喷)油漆 5. 接地

注：1. 空气断路器的储气罐及储气罐至断路器的管路应按《通用安装工程工程量计算规范》(GB 50856—2013)附录 H"工业管道工程相关项目"编码列项。

2. 干式电抗器项目适用于混凝土电抗器、铁芯干式电抗器、空心干式电抗器等。

3. 设备安装未包括地脚螺栓、浇注(二次灌浆、抹面)，如需安装应按《房屋建筑与装饰工程工程量计算规范》(GB 50854—2013)相关项目编码列项。

(2)计量与计价应用。

【例 4-3-4】 对【例 4-2-4】编制该户内隔离开关安装的分部分项工程项目清单与计价表。

【解】 (1)计算清单项目综合单价。

计费基础：$208.98+17.84=226.82$(元)

人工费：208.98 元

材料费：346.08 元

机械费：17.84 元

企业管理费：$226.82×25\%=56.71$(元)

利润：$226.82×15\%=34.02$(元)

小计：$208.98+346.08+17.84+56.71+34.02=663.63$(元)

综合单价：$663.63/2=331.82$(元)

(2)编制分部分项工程项目清单与计价表。根据《通用安装工程工程量计算规范》(GB

50856—2013)的规定，隔离开关项目编码为 030402006，计量单位为"组"，计算规则为按设计图示数量计算，则编制的分部分项工程项目清单与计价表见表 4-3-6。

表 4-3-6　分部分项工程项目清单与计价表

序号	项目编码	项目名称	项目特征描述	计量单位	工程量	金额/元		
						综合单价	合价	其中：暂估价
1	030402006001	隔离开关	户内隔离开关 GN19-10/1 000 −31.5 安装，额定电压 10 kV，额定电流 1 000 A	组	2	331.82	663.63	

3. 母线安装

(1)计量与计价规则。母线安装工程量清单项目设置、项目特征描述的内容、计量单位及工程量计算规则见表 4-3-7。

表 4-3-7　母线安装(编码：030403)

项目编码	项目名称	项目特征	计量单位	工程量计算规则	工作内容
030403001	软母线	1. 名称 2. 材质 3. 型号 4. 规格 5. 绝缘子类型、规格			1. 母线安装 2. 绝缘子耐压试验 3. 跳线安装 4. 绝缘子安装
030403002	组合软母线				
030403003	带形母线	1. 名称 2. 型号 3. 规格 4. 材质 5. 绝缘子类型、规格 6. 穿墙套管材质、规格 7. 穿通板材质、规格 8. 母线桥材质、规格 9. 引下线材质、规格 10. 伸缩节、过滤板材质、规格 11. 分相漆品种	m	按设计图示尺寸以单相长度计算(含预留长度)	1. 母线安装 2. 穿通板制作、安装 3. 支持绝缘子、穿墙套管的耐压试验、安装 4. 引下线安装 5. 伸缩节安装 6. 过渡板安装 7. 刷分相漆
030403004	槽型母线	1. 名称 2. 型号 3. 规格 4. 材质 5. 连接设备名称、规格 6. 分相漆品种			1. 母线制作、安装 2. 与发电机、变压器连接 3. 与断路器、隔离开关连接 4. 刷分相漆

项目编码	项目名称	项目特征	计量单位	工程量计算规则	工作内容
030403005	共箱母线	1. 名称 2. 型号 3. 规格 4. 材质	m	按设计图示尺寸以中心线长度计算	1. 母线安装 2. 补刷(喷)油漆
030403006	低压封闭式插接母线槽	1. 名称 2. 型号 3. 规格 4. 容量(A) 5. 线制 6. 安装部位			
030403007	始端箱、分线箱	1. 名称 2. 型号 3. 规格 4. 容量(A)	台	按设计图示数量计算	1. 本体安装 2. 补刷(喷)油漆
030403008	重型母线	1. 名称 2. 型号 3. 规格 4. 容量(A) 5. 材质 6. 绝缘子类型、规格 7. 伸缩器及导板规格	t	按设计图示尺寸以质量计算	1. 母线制作、安装 2. 伸缩器及导板制作、安装 3. 支持绝缘子安装 4. 补刷(喷)油漆

注：1. 软母线配置安装预留长度见表 4-2-6。
    2. 硬母线配置安装预留长度见表 4-2-7。

(2)计量与计价应用。

【例 4-3-5】 某工程组合软母线 3 根，跨度为 65 m。计算组合软母线清单工程量。

【解】 组合软母线清单工程量计算见表 4-3-8。

表 4-3-8 组合软母线清单工程量计算表

项目编码	项目名称	项目特征描述	计量单位	工程量
030403002001	组合软母线	组合软母线安装	m	65

【例 4-3-6】 对【例 4-2-6】计算该低压封闭插接母线槽安装清单工程量。

【解】 低压封闭式插接母线槽清单工程量计算见表 4-3-9。

表 4-3-9 低压封闭式插接母线槽清单工程量计算表

项目编码	项目名称	项目特征描述	计量单位	工程量
030403006001	低压封闭式插接母线槽	低压封闭式插接母线槽 CFW-2-400	m	300

4. 控制设备及低压电器安装

（1）计量与计价规则。控制设备及低压电器安装工程量清单项目设置、项目特征描述的内容、计量单位及工程量计算规则见表 4-3-10。

表 4-3-10　控制设备及低压电器安装（编码：030404）

项目编码	项目名称	项目特征	计量单位	工程量计算规则	工作内容
030404001	控制屏				1. 本体安装 2. 基础型钢制作、安装 3. 端子板安装 4. 焊、压接线端子 5. 盘柜配线、端子接线 6. 小母线安装 7. 屏边安装 8. 补刷（喷）油漆 9. 接地
030404002	继电、信号屏				
030404003	模拟屏				
030404004	低压开关柜（屏）	1. 名称 2. 型号 3. 规格 4. 种类 5. 基础型钢形式、规格 6. 接线端子材质、规格 7. 端子板外部接线材质、规格 8. 小母线材质、规格 9. 屏边规格	台	按设计图示数量计算	1. 本体安装 2. 基础型钢制作、安装 3. 端子板安装 4. 焊、压接线端子 5. 盘柜配线、端子接线 6. 屏边安装 7. 补刷（喷）油漆 8. 接地
030404005	弱电控制返回屏				1. 本体安装 2. 基础型钢制作、安装 3. 端子板安装 4. 焊、压接线端子 5. 盘柜配线、端子接线 6. 小母线安装 7. 屏边安装 8. 补刷（喷）油漆 9. 接地
030404006	箱式配电室	1. 名称 2. 型号 3. 规格 4. 质量 5. 基础规格、浇筑材质 6. 基础型钢形式、规格	套		1. 本体安装 2. 基础型钢制作、安装 3. 基础浇筑 4. 补刷（喷）油漆 5. 接地

项目编码	项目名称	项目特征	计量单位	工程量计算规则	工作内容
030404007	硅整流柜	1. 名称 2. 型号 3. 规格 4. 容量(A) 5. 基础型钢形式、规格			1. 本体安装 2. 基础型钢制作、安装 3. 补刷(喷)油漆 4. 接地
030404008	可控硅柜	1. 名称 2. 型号 3. 规格 4. 容量(kW) 5. 基础型钢形式、规格			
030404009	低压电容器柜		台	按设计图示数量计算	1. 本体安装 2. 基础型钢制作、安装 3. 端子板安装 4. 焊、压接线端子 5. 盘柜配线、端子接线 6. 小母线安装 7. 屏边安装 8. 补刷(喷)油漆 9. 接地
030404010	自动调节励磁屏	1. 名称 2. 型号 3. 规格 4. 基础型钢形式、规格 5. 接线端子材质、规格 6. 端子板外部接线材质、规格 7. 小母线材质、规格 8. 屏边规格			
030404011	励磁灭磁屏				
030404012	蓄电池屏(柜)				
030404013	直流馈电屏				
030404014	事故照明切换屏				
030404015	控制台	1. 名称 2. 型号 3. 规格 4. 基础型钢形式、规格 5. 接线端子材质、规格 6. 端子板外部接线材质、规格 7. 小母线材质、规格			1. 本体安装 2. 基础型钢制作、安装 3. 端子板安装 4. 焊、压接线端子 5. 盘柜配线、端子接线 6. 小母线安装 7. 补刷(喷)油漆 8. 接地
030404016	控制箱	1. 名称 2. 型号 3. 规格 4. 基础形式、规格 5. 接线端子材质、规格 6. 端子板外部接线材质、规格 7. 安装方式			1. 本体安装 2. 基础型钢制作、安装 3. 焊、压接线端子 4. 补刷(喷)油漆 5. 接地
030404017	配电箱				

项目编码	项目名称	项目特征	计量单位	工程量计算规则	工作内容
030404018	插座箱	1. 名称 2. 型号 3. 规格 4. 安装方式	台		1. 本体安装 2. 接地
030404019	控制开关	1. 名称 2. 型号 3. 规格 4. 接线端子材质、规格 5. 额定电流（A）	个		
030404020	低压熔断器	1. 名称 2. 型号 3. 规格 4. 接线端子材质、规格	台	按设计图示数量计算	1. 本体安装 2. 焊、压接线端子 3. 接线
030404021	限位开关				
030404022	控制器				
030404023	接触器				
030404024	磁力启动器				
030404025	Y—△自耦减压启动器				
030404026	电磁铁（电磁制动器）				
030404027	快速自动开关				
03040428	电阻器		箱		
030404029	油浸频敏变阻器		台		
030404030	分流器	1. 名称 2. 型号 3. 规格 4. 容量（A） 5. 接线端子材质、规格	个		1. 本体安装 2. 焊、压接线端子 3. 接线
030404031	小电器	1. 名称 2. 型号 3. 规格 4. 接线端子材质、规格	个（套、台）		
030404032	端子箱	1. 名称 2. 型号 3. 规格 4. 安装部位	台		1. 本体安装 2. 接线

项目编码	项目名称	项目特征	计量单位	工程量计算规则	工作内容
030404033	风扇	1. 名称 2. 型号 3. 规格 4. 安装方式	台	按设计图示数量计算	1. 本体安装 2. 调速开关安装
030404034	照明开关	1. 名称 2. 型号 3. 规格 4. 安装方式	个		1. 本体安装 2. 接线
030404035	插座				
030404036	其他电器	1. 名称 2. 规格 3. 安装方式	个（套、台）		1. 安装 2. 接线

注：1. 控制开关包括自动空气开关、刀型开关、铁壳开关、胶盖刀闸开关、组合控制开关、万能转换开关、风机盘管三速开关、漏电保护开关等。

2. 小电器包括按钮、电笛、电铃、水位电气信号装置、测量表计、继电器、电磁锁、屏上辅助设备、辅助电压互感器、小型安全变压器等。

3. 其他电器安装：指本节未列的电器项目。

4. 其他电器必须根据电器实际名称确定项目名称，明确描述工作内容、项目特征、计量单位、计算规则。

5. 盘、箱、柜的外部进出电线预留长度见表 4-2-9。

（2）计量与计价应用。

【例 4-3-7】 对【例 4-2-7】编制该模拟屏安装的分部分项工程项目清单与计价表。

【解】 （1）计算清单项目综合单价。

计费基础：$1\,281.75+474.57=1\,756.32$（元）

人工费：$1\,281.75$ 元

材料费：979.35 元

机械费：474.57 元

企业管理费：$1\,756.32×25\%=439.08$（元）

利润：$1\,756.32×15\%=263.45$（元）

小计：$1\,281.75+979.35+474.57+439.08+263.45=3\,438.20$（元）

综合单价：$3\,438.20/3=1\,146.07$（元）

（2）编制分部分项工程项目清单与计价表。根据《通用安装工程工程量计算规范》（GB 50856—2013）的规定，模拟屏项目编码为 030404003，计量单位为"台"，计算规则为按设计图示数量计算，则编制的分部分项工程项目清单与计价表见表 4-3-11。

表 4-3-11 分部分项工程项目清单与计价表

序号	项目编码	项目名称	项目特征描述	计量单位	工程量	金额/元 综合单价	合价	其中：暂估价
1	030404003001	模拟屏	SYLP2 000 智能型不下位落地式模拟屏安装	台	3	1 146.07	3 438.20	—

【例 4-3-8】 某混凝土砖石结构房，室内安装定型照明配电箱（AZM）2 台，普通照明灯（60 W）8 盏，拉线开关 4 套。试计算其清单工程量。

【解】 清单工程量计算见表 4-3-12。

表 4-3-12 清单工程量计算

序号	项目编码	项目名称	项目特征描述	计量单位	工程量
1	030404017001	配电箱	定型照明配电箱（AZM）安装	台	2
2	030404034001	照明开关	拉线开关	个	4
3	030412001001	普通灯具	普通照明灯（60 W）	套	8

5. 蓄电池安装

（1）计量与计价规则。蓄电池安装工程量清单项目设置、项目特征描述的内容、计量单位及工程量计算规则见表 4-3-13。

表 4-3-13 蓄电池安装（编码：030405）

项目编码	项目名称	项目特征	计量单位	工程量计算规则	工作内容
030405001	蓄电池	1. 名称 2. 型号 3. 容量（A·h） 4. 防震支架形式、材质 5. 充放电要求	个 （组件）	按设计图示数量计算	1. 本体安装 2. 防震支架安装 3. 充放电
030405002	太阳能电池	1. 名称 2. 型号 3. 规格 4. 容量 5. 安装方式	组		1. 安装 2. 电池方阵铁架安装 3. 联调

（2）计量与计价应用。

【例 4-3-9】 某工程安装 48 V/300 A·h 碱性蓄电池 4 个，蓄电池抗震支架采用单层支架单排，安装尺寸为 2 732 mm×516 mm×298 mm，需进行充放电。试根据全统定额及清单计量规范编制蓄电池安装的分部分项工程项目清单与计价表。

【解】 根据《通用安装工程工程量计算规范》（GB 50856—2013）的规定，蓄电池项目编码为 030405001，计量单位为"个"，计算规则为按设计图示数量计算，工作内容包括：本体安装、防震支架安装、充放电。因此，蓄电池安装应包括蓄电池本体安装费用、防震支架安装费用、以及充放电费用。

（1）根据《全统定额》2—379，单层支架单排蓄电池防震支架安装计量单位为"10 m"，基价单价为 313.47 元，人工费单价为 134.68 元，材料费单价为 127.43 元，机械费单价为 51.36 元。则，防震支架安装费用计算如下：

人工费＝2.732/10×134.68＝36.79（元）

材料费＝2.732/10×127.43＝34.81（元）

机械费＝2.732/10×51.36＝14.03(元)

（2）根据《全统定额》2－388，300 A·h 以下碱性蓄电池安装计量单位为"个"，基价单价为 7.05 元，人工费单价为 6.27 元，材料费单价为 0.78 元，则蓄电池安装费用计算如下：

人工费＝4×6.27＝25.08(元)

材料费＝4×0.78＝3.12(元)

（3）根据《全统定额》2－415，300 A·h 以下蓄电池充放电计量单位为"组"，基价单价为 1 939.77 元，人工费单价为 1 625.40 元，材料费单价为 314.37 元，则蓄电池充放电费用计算如下：

人工费＝1×1 625.40＝1 625.40(元)

材料费＝1×314.37＝314.37(元)

（4）计算清单项目综合单价。

计算基础：36.79＋25.08＋1 625.40＋14.03＝1 701.30(元)

人工费：36.79＋25.08＝61.87(元)

材料费：34.81＋3.12＋314.37＝352.30(元)

机械费：14.03 元

企业管理费：1 701.30×25％＝425.33(元)

利润：1 701.30×15％＝255.20(元)

小计：61.87＋352.30＋14.03＋425.33＋255.20＝1 108.73(元)

综合单价：1 108.73/4＝277.18(元)

（5）编制分部分项工程项目清单与计价表。根据《通用安装工程工程量计算规范》(GB 50856—2013)的规定，蓄电池项目编码为 030405001，计量单位为"个"，计算规则为按设计图示数量计算，则编制的分部分项工程项目清单与计价表见表 4-3-14。

表 4-3-14　分部分项工程项目清单与计价表

序号	项目编码	项目名称	项目特征描述	计量单位	工程量	金额/元		
						综合单价	合价	其中：暂估价
1	030405001001	蓄电池	48 V/300 A·h 碱性蓄电池安装	个	4	277.18	1 108.73	—

6. 电机检查接线及调试

（1）计量与计价规则。电机检查接线及调试工程量清单项目设置、项目特征描述的内容、计量单位及工程量计算规则见表 4-3-15。

表 4-3-15　电机检查接线及调试(编码：030406)

项目编码	项目名称	项目特征	计量单位	工程量计算规则	工作内容
030406001	发电机	1. 名称 2. 型号 3. 容量(kW) 4. 接线端子材质、规格 5. 干燥要求	台	按设计图示数量计算	1. 检查接线 2. 接地 3. 干燥 4. 调试
030406002	调相机				
030406003	普通小型直流电动机				

项目编码	项目名称	项目特征	计量单位	工程量计算规则	工作内容
030406004	可控硅调速直流电动机	1. 名称 2. 型号 3. 容量(kW) 4. 类型 5. 接线端子材质、规格 6. 干燥要求			
030406005	普通交流同步电动机	1. 名称 2. 型号 3. 容量(kW) 4. 启动方式 5. 电压等级(kV) 6. 接线端子材质、规格 7. 干燥要求			
030406006	低压交流异步电动机	1. 名称 2. 型号 3. 容量(kW) 4. 控制保护方式 5. 接线端子材质、规格 6. 干燥要求	台	按设计图示数量计算	1. 检查接线 2. 接地 3. 干燥 4. 调试
030406007	高压交流异步电动机	1. 名称 2. 型号 3. 容量(kW) 4. 保护类别 5. 接线端子材质、规格 6. 干燥要求			
030406008	交流变频调速电动机	1. 名称 2. 型号 3. 容量(kW) 4. 类别 5. 接线端子材质、规格 6. 干燥要求			
030406009	微型电机、电加热器	1. 名称 2. 型号 3. 规格 4. 接线端子材质、规格 5. 干燥要求			

项目编码	项目名称	项目特征	计量单位	工程量计算规则	工作内容
030406010	电动机组	1. 名称 2. 型号 3. 电动机台数 4. 联锁台数 5. 接线端子材质、规格 6. 干燥要求	组	按设计图示数量计算	1. 检查接线 2. 接地 3. 干燥 4. 调试
030406011	备用励磁机组	1. 名称 2. 型号 3. 接线端子材质、规格 4. 干燥要求			
0304060012	励磁电阻器	1. 名称 2. 型号 3. 规格 4. 接线端子材质、规格 5. 干燥要求	台		1. 本体安装 2. 检查接线 3. 干燥

注：1. 可控硅调速直流电动机类型是指一般可控硅调速直流电动机、全数字式控制可控硅调速直流电动机。

2. 交流变频调速电动机类型是指交流同步变频电动机、交流异步变频电动机。

3. 电动机按其质量划分为大、中、小型：3 t 以下为小型，3～30 t 为中型，30 t 以上为大型。

(2)计量与计价应用。

【例 4-3-10】 对【例 4-2-9】编制该直流电机检查接线的分部分项工程项目清单与计价表。

【解】 (1)计算清单项目综合单价。

计费基础：32.74＋81.27＋9.45＝123.46(元)

人工费：32.74＋81.27＝114.01(元)

材料费：33.56＋79.43＝112.99(元)

机械费：9.45 元

企业管理费：123.46×25％＝30.87(元)

利润：123.46×15％＝18.52(元)

小计：114.01＋112.99＋9.45＋30.87＋18.52＝285.84(元)

(2)编制分部分项工程项目清单与计价表。根据《通用安装工程工程量计算规范》(GB 50856—2013)的规定，普通小型直流电动机项目编码为 030406003，计量单位为"台"，计算规则为按设计图示数量计算，则编制的分部分项工程项目清单与计价表见表 4-3-16。

表 4-3-16 分部分项工程项目清单与计价表

序号	项目编码	项目名称	项目特征描述	计量单位	工程量	金额/元 综合单价	金额/元 合价	金额/元 其中：暂估价
1	030406003001	普通小型直流电动机	Z4－112/2－1 型直流电动机	台	1	285.84	285.84	—

7. 滑触线装置安装

(1)计量与计价规则。滑触线装置安装工程量清单项目设置、项目特征描述的内容、计量单位及工程量计算规则见表4-3-17。

表4-3-17　滑触线装置安装(编码:030407)

项目编码	项目名称	项目特征	计量单位	工程量计算规则	工作内容
030407001	滑触线	1. 名称 2. 型号 3. 规格 4. 材质 5. 支架形式、材质 6. 移动软电缆材质、规格、安装部位 7. 拉紧装置类型 8. 伸缩接头材质、规格	m	按设计图示尺寸以单相长度计算(含预留长度)	1. 滑触线安装 2. 滑触线支架制作、安装 3. 拉紧装置及挂式支持器制作、安装 4. 移动软电缆安装 5. 伸缩接头制作、安装

注:1. 支架基础铁件及螺栓是否浇筑需说明。

2. 滑触线安装预留长度见表4-2-13。

(2)计量与计价应用。

【例4-3-11】　对【例4-2-10】编制该滑触线安装的分部分项工程项目清单与计价表。

【解】　(1)计算清单项目综合单价。

计费基础:320.44+774.32+23.54=1 118.30(元)

人工费:320.44+774.32=1 094.76(元)

材料费:2 629.04+823.07=3 452.11(元)

机械费:23.54 元

企业管理费:1 118.30×25%=279.58(元)

利润:1 118.30×15%=167.75(元)

小计:1 094.76+3 452.11+23.54+279.58+167.75=5 017.74(元)

综合单价:5 017.74/60=83.63(元)

(2)编制分部分项工程项目清单与计价表。根据《通用安装工程工程量计算规范》(GB 50856—2013)的规定,滑触线项目编码为030407001,计量单位为"m",计算规则为按设计图示尺寸以单向长度计算(含预留长度),则编制的分部分项工程项目清单与计价表见表4-3-18。

表4-3-18　分部分项工程项目清单与计价表

序号	项目编码	项目名称	项目特征描述	计量单位	工程量	综合单价	合价	其中:暂估价
1	030407001001	滑触线	└ 50×5 滑触线安装 └ 60×6 滑触线支架	m	60	83.63	5 017.74	—

8. 电缆安装

(1)计量与计价规则。电缆安装工程量清单项目设置、项目特征描述的内容、计量单位及工程量计算规则见表 4-3-19。

表 4-3-19 电缆安装(编码: 030408)

项目编码	项目名称	项目特征	计量单位	工程量计算规则	工作内容
030408001	电力电缆	1. 名称 2. 型号 3. 规格 4. 材质 5. 敷设方式、部位 6. 电压等级(kV) 7. 地形	m	按设计图示尺寸以长度计算(含预留长度及附加长度)	1. 电缆敷设 2. 揭(盖)盖板
030408002	控制电缆				
030408003	电缆保护管	1. 名称 2. 材质 3. 规格 4. 敷设方式		按设计图示尺寸以长度计算	保护管敷设
030408004	电缆槽盒	1. 名称 2. 材质 3. 规格 4. 型号			槽盒安装
030408005	铺砂、盖保护板(砖)	1. 种类 2. 规格			1. 铺砂 2. 盖板(砖)
030408006	电力电缆头	1. 名称 2. 型号 3. 规格 4. 材质、类型 5. 安装部位 6. 电压等级(kV)	个	按设计图示数量计算	1. 电力电缆头制作 2. 电力电缆头安装 3. 接地
030408007	控制电缆头	1. 名称 2. 型号 3. 规格 4. 材质、类型 5. 安装方式	个	按设计图示数量计算	1. 电力电缆头制作 2. 电力电缆头安装 3. 接地
030408008	防火堵洞	1. 名称 2. 材质 3. 方式 4. 部位	处	按设计图示数量计算	安装
030408009	防火隔板		m²	按设计图示尺寸以面积计算	
030408010	防火涂料		kg	按设计图示尺寸以质量计算	

项目编码	项目名称	项目特征	计量单位	工程量计算规则	工作内容
030408011	电缆分支箱	1. 名称 2. 型号 3. 规格 4. 基础形式、材质、规格	台	按设计图示数量计算	1. 本体安装 2. 基础制作、安装

注：1. 电缆穿刺线夹按电缆头编码列项。

2. 电缆井、电缆排管、顶管，应按现行国家标准《市政工程工程量计算规范》(GB 50857—2013)相关项目编码列项。

3. 电缆敷设预留长度及附加长度见表 4-2-16。

(2)计量与计价应用。

【例 4-3-12】 对【例 4-2-12】编制该电缆沟铺砂盖保护板的分部分项工程项目清单与计价表。

【解】 (1)计算清单项目综合单价。

计费基础：267.23 元

人工费：267.23 元

材料费：4 243.58 元

机械费：0 元

企业管理费：267.23×25%＝66.81(元)

利润：267.23×15%＝40.08(元)

小计：267.23＋4 243.58＋66.81＋40.08＝4 617.70(元)

综合单价：4 617.70/120＝38.48(元)

(2)编制分部分项工程项目清单与计价表。根据《通用安装工程工程量计算规范》(GB 50856—2013)的规定，铺砂、盖保护板(砖)项目编码为 030408005，计量单位为"m"，计算规则为按设计图示尺寸以长度计算，则编制的分部分项工程项目清单与计价表见表 4-3-20。

表 4-3-20　分部分项工程项目清单与计价表

序号	项目编码	项目名称	项目特征描述	计量单位	工程量	综合单价	合价	其中：暂估价
1	030408005001	铺砂、盖保护板(砖)	铺砂盖保护板	m	120	38.48	4 617.70	

【例 4-3-13】 对【例 4-2-13】编制该工程分部分项工程项目清单与计价表。

【解】 根据《房屋建筑与装饰工程工程量清单计算规范》(GB 50854—2013)和《通用安装工程工程量计算规范》(GB 50856—2013)的规定，本工程分为挖沟槽土方(项目编码 010101003)，电力电缆(项目编码 030408001)，铺砂、盖保护板(砖)(项目编码 030408005)，电力电缆头(项目编码 030408006)四个项目计取清单费用。

(1)挖沟槽土方清单项目综合单价。

计费基础：7.28 元

人工费：7.28 元

企业管理费：$7.28 \times 25\% = 1.82$（元）

利润：$7.28 \times 15\% = 1.09$（元）

小计：$7.28 + 1.82 + 1.09 = 10.19$（元）

综合单价：$10.19/0.603 = 16.90$（元）

（2）电力电缆清单项目综合单价。

计费基础：$687.70 + 21.70 = 709.40$（元）

人工费：687.70 元

材料费：122 862.23 元

机械费：21.70 元

企业管理费：$709.40 \times 25\% = 177.35$（元）

利润：$709.40 \times 15\% = 106.41$（元）

小计：$687.70 + 122\,862.23 + 21.70 + 177.35 + 106.41 = 123\,855.39$（元）

综合单价：$123\,855.39/421.28 = 294.00$（元）

（3）铺砂、盖保护板（砖）清单项目综合单价。

计费基础：$174.16 + 46.54 = 220.70$（元）

人工费：$174.16 + 46.54 = 220.70$（元）

材料费：$778.63 + 312.14 = 1\,090.77$（元）

企业管理费：$220.70 \times 25\% = 55.18$（元）

利润：$220.70 \times 15\% = 33.11$（元）

小计：$220.70 + 1\,090.77 + 55.18 + 33.11 = 1\,399.76$（元）

综合单价：$1\,399.76/120 = 11.66$（元）

（4）电力电缆头清单项目综合单价。

计算基础：150.48 元

人工费：150.48 元

材料费：518.04 元

企业管理费：$150.48 \times 25\% = 37.62$（元）

利润：$150.48 \times 15\% = 22.57$（元）

小计：$150.48 + 518.04 + 37.62 + 22.57 = 728.71$（元）

综合单价：$728.71/6 = 121.45$（元）

分部分项工程项目清单与计价表见表 4-3-21。

表 4-3-21　分部分项工程项目清单与计价表

序号	项目编码	项目名称	项目特征描述	计量单位	工程量	金额/元		
						综合单价	合价	其中：暂估价
1	010101003001	挖沟槽土方	电缆沟挖填	m³	0.603	16.90	10.19	—
2	030408001001	电力电缆	XV29(3×35+1×10) 电力电缆	m	421.28	294.00	123 855.39	—
3	030408005001	铺砂、盖保护板（砖）	铺砂盖砖	m	120	11.66	1 399.76	—
4	030408006001	电力电缆头	铜芯电缆终端头	个	6	121.45	728.71	—

9. 防雷及接地装置

(1)计量与计价规则。防雷及接地装置工程量清单项目设置、项目特征描述的内容、计量单位及工程量计算规则见表 4-3-22。

表 4-3-22　防雷及接地装置(编码：030409)

项目编码	项目名称	项目特征	计量单位	工程量计算规则	工作内容
030409001	接地极	1. 名称 2. 材质 3. 规格 4. 土质 5. 基础接地形式	根(块)	按设计图示数量计算	1. 接地极(板、桩)制作、安装 2. 基础接地网安装 3. 补(刷)油漆
030409002	接地母线	1. 名称 2. 材质 3. 规格 4. 安装部位 5. 安装形式	m	按设计图示尺寸以长度计算(含附加长度)	1. 接地母线制作、安装 2. 补刷(喷)油漆
030409003	避雷引下线	1. 名称 2. 材质 3. 规格 4. 安装部位 5. 安装形式 6. 断接卡子、箱材质、规格			1. 避雷引下线制作、安装 2. 断接卡子、箱制作、安装 3. 利用主钢筋焊接 4. 补刷(喷)油漆
030409004	均压环	1. 名称 2. 材质 3. 规格 4. 安装形式	m	按设计图示尺寸以长度计算(含附加长度)	1. 均压环敷设 2. 钢铝窗接地 3. 柱主筋与圈梁焊接 4. 利用圈梁钢筋焊接 5. 补刷(喷)油漆
030409005	避雷网	1. 名称 2. 材质 3. 规格 4. 安装形式 5. 混凝土块标号			1. 避雷网制作、安装 2. 跨接 3. 混凝土块制作 4. 补刷(喷)油漆
030409006	避雷针	1. 名称 2. 材质 3. 规格 4. 安装形式、高度	根	按设计图示数量计算	1. 避雷网制作、安装 2. 跨接 3. 补刷(喷)油漆
030409007	半导体少长针消雷装置	1. 型号 2. 高度	套		本体安装

项目编码	项目名称	项目特征	计量单位	工程量计算规则	工作内容
030409008	等电位端子箱、测试板	1. 名称 2. 材质 3. 规格	台（块）	按设计图示数量计算	本体安装
030409009	绝缘垫		m²	按设计图示尺寸以展开面积计算	1. 制作 2. 安装
030409010	浪涌保护器	1. 名称 2. 规格 3. 安装形式 4. 防雷等级	个	按设计图示数量计算	1. 本体安装 2. 接线 3. 接地
030409011	降阻剂	1. 名称 2. 类型	kg	按设计图示以质量计算	1. 挖土 2. 施放降阻剂 3. 回填土 4. 运输

注：1. 利用桩基础作接地极，应描述桩台下桩的根数、每桩台下需焊接柱筋根数，其工程量按柱引下线计算；利用基础钢筋作接地极按均压环项目编码列项。
2. 使用电缆、电线作接地线，应按《通用安装工程工程量计算规范》（GB 50856—2013）附录 D8、D12 相关项目编码列项。
3. 利用柱筋作引下线的，需描述柱筋焊接根数。
4. 利用圈梁筋作均压环的，需描述圈梁筋焊接根数。
5. 接地母线、引下线、避雷网附加长度见表 4-3-23。

表 4-3-23　接地母线、引下线、避雷网附加长度　　　　　单位：m

项目	附加长度	说明
接地母线、引下线、避雷网附加长度	3.9%	按接地母线、引下线、避雷网全长计算

（2）计量与计价应用。

【例 4-3-14】对【例 4-2-14】编制该接地装置的分部分项工程项目清单与计价表。

【解】（1）接地极清单项目综合单价。

计费基础：$33.45 + 19.26 = 52.71$（元）

人工费：33.45 元

材料费：101.8 元

机械费：19.26 元

企业管理费：$52.71 \times 25\% = 13.18$（元）

利润：$52.71 \times 15\% = 7.91$（元）

小计：$33.45 + 101.80 + 19.26 + 13.18 + 7.91 = 175.60$（元）

综合单价：$175.60/3 = 58.53$（元）

（2）接地母线清单项目综合单价。

计费基础：2 207.46＋44.57＝2 252.03（元）

人工费：2 207.46（元）

材料费：2 548.77（元）

机械费：44.57（元）

企业管理费：2 252.03×25％＝563.01（元）

利润：2 252.03×15％＝337.80（元）

小计：2 207.46＋2 548.77＋44.57＋563.01＋337.80＝5 701.61（元）

综合单价：5 701.61/311.70＝18.29（元）

编制的分部分项工程项目清单与计价表见表 4-3-24。

表 4-3-24　分部分项工程项目清单与计价表

序号	项目编码	项目名称	项目特征描述	计量单位	工程量	金额/元		
						综合单价	合价	其中：暂估价
1	030409001001	接地极	∟45×45 镀锌角钢接地极	根	3	58.53	175.60	—
2	030409002001	接地母线	—40×4 热镀锌扁钢接地母线	m	311.70	18.29	5 701.61	—

10. 10 kV 以下架空配电线路

（1）计量与计价规则。10 kV 以下架空配电线路工程量清单项目设置、项目特征描述的内容、计量单位及工程量计算规则见表 4-3-25。

表 4-3-25　10 kV 以下架空配电线路（编码：030410）

项目编码	项目名称	项目特征	计量单位	工程量计算规则	工作内容
030410001	电杆组立	1. 名称 2. 材质 3. 规格 4. 类型 5. 地形 6. 土质 7. 底盘、拉盘、卡盘规格 8. 拉线材质、规格、类型 9. 现浇基础类型、钢筋类型、规格，基础垫层要求 10. 电杆防腐要求	根（基）	按设计图示数量计算	1. 施工定位 2. 电杆组立 3. 土（石）方挖填 4. 底盘、拉盘、卡盘安装 5. 电杆防腐 6. 拉线制作、安装 7. 现浇基础、基础垫层 8. 工地运输
030410002	横担组装	1. 名称 2. 材质 3. 规格 4. 类型 5. 电压等级（kV） 6. 瓷瓶型号、规格 7. 金具品种规格	组		1. 横担安装 2. 瓷瓶、金具组装

项目编码	项目名称	项目特征	计量单位	工程量计算规则	工作内容
030410003	导线架设	1. 名称 2. 型号 3. 规格 4. 地形 5. 跨越类型	km	按设计图示尺寸以单线长度计算（含预留长度）	1. 导线架设 2. 导线跨越及进户线架设 3. 工地运输
030410004	杆上设备	1. 名称 2. 型号 3. 规格 4. 电压等级(kV) 5. 支撑架种类、规格 6. 接线端子材质、规格 7. 接地要求	台(组)	按设计图示数量计算	1. 支撑架安装 2. 本体安装 3. 焊压接线端子、接线 4. 补刷(喷)油漆 5. 接地

注：1. 杆上设备调试，应按《通用安装工程工程量计算规范》(GB 50856—2013)附录 D.14 相关项目编码列项。

2. 架空导线预留长度见表 4-2-25。

（2）计量与计价应用。

【例 4-3-15】 有一新工厂，工厂需架设 380 V/220 V 三相四线线路，导线使用裸铝绞线(3×100+1×80)，15 m 高水泥杆 12 根，杆距 30 m，杆上铁横担水平安装一根。试计算其工程量。

【解】 由题可知：

（1）横担组装：12×1＝12（组）

（2）电杆组立：12 根

清单工程量计算见表 4-3-26。

表 4-3-26 清单工程量计算表

序号	项目编码	项目名称	项目特征描述	计量单位	工程量
1	030410001001	电杆组立	15 m 高水泥杆	根	12
2	030410002001	横担组装	铁横担	组	12

【例 4-3-16】 对【例 4-2-16】编制该导线架设的分部分项工程项目清单与计价表。

【解】 （1）计算清单项目综合单价。

计费基础：36.60＋5.43＝42.03（元）

人工费：36.60 元

材料费：1 802.20 元

机械费：5.43 元

企业管理费：42.03×25%＝10.51（元）

利润：42.03×15%＝6.30（元）

小计：36.60+1 802.20+5.43+10.51+6.30=1 861.04(元)

综合单价：1 861.04/0.163 5=11 382.51(元)

（2）编制分部分项工程项目清单与计价表。根据《通用安装工程工程量计算规范》（GB 50856—2013）的规定，滑触线项目编码为030410003，计量单位为"km"，计算规则为按设计图示尺寸以单线长度计算（含预留长度），则编制的分部分项工程项目清单与计价表见表4-3-27。

表4-3-27　分部分项工程项目清单与计价表

序号	项目编码	项目名称	项目特征描述	计量单位	工程量	金额/元		
						综合单价	合价	其中：暂估价
1	030410003001	导线架设	JKLYJ-1 kV-95 绝缘铝绞线架设	km	0.163 5	11 382.51	1 861.04	—

11. 配管、配线

（1）计量与计价规则。配管、配线工程量清单项目设置、项目特征描述的内容、计量单位及工程量计算规则见表4-3-28。

表4-3-28　配管、配线（编码：030411）

项目编码	项目名称	项目特征	计量单位	工程量计算规则	工作内容
030411001	配管	1. 名称 2. 材质 3. 规格 4. 配置形式 5. 接地要求 6. 钢索材质、规格			1. 电线管路敷设 2. 钢索架设（拉紧装置安装） 3. 预留沟槽 4. 接地
030411002	线槽	1. 名称 2. 材质 3. 规格		按设计图示尺寸以长度计算	1. 本体安装 2. 补刷（喷）油漆
030411003	桥架	1. 名称 2. 型号 3. 规格 4. 材质 5. 类型 6. 接地方式	m		1. 本体安装 2. 接地
030411004	配线	1. 名称 2. 配线形式 3. 型号 4. 规格 5. 材质 6. 配线部位 7. 配线线制 8. 钢索材质、规格		按设计图示尺寸以单线长度计算（含预留长度）	1. 配线 2. 钢索架设（拉紧装置安装） 3. 支持体（夹板、绝缘子、槽板等）安装

项目编码	项目名称	项目特征	计量单位	工程量计算规则	工作内容
030411005	接线箱	1. 名称 2. 材质 3. 规格 4. 安装形式	个	按设计图示数量计算	本体安装
030411006	接线盒				

注：1. 配管、线槽安装不扣除管路中间的接线箱(盒)、灯头盒、开关盒所占长度。

2. 配管名称指电线管、钢管、防爆管、塑料管、软管、波纹管等。

3. 配管配置形式是指明配、暗配、吊顶内、钢结构支架、钢索配管、埋地敷设、水下敷设、砌筑沟内敷设等。

4. 配线名称指管内穿线、瓷夹板配线、塑料夹板配线、绝缘子配线、槽板配线、塑料护套配线、线槽配线、车间带形母线等。

5. 配线形式指照明线路，动力线路，木结构，天棚内，砖、混凝土结构，沿支架、钢索、屋架、梁、柱、墙，以及跨屋架、梁、柱。

6. 配线保护管遇到下列情况之一时，应增设管路接线盒和拉线盒：①管长度每超过 30 m，无弯曲；②管长度每超过 20 m，有 1 个弯曲；③管长度每超过 15 m，有 2 个弯曲；④管长度每超过 8 m，有 3 个弯曲。垂直敷设的电线保护管遇到下列情况之一时，应增设固定导线用的拉线盒：①管内导线截面为 50 mm² 及以下，长度每超过 30 m；②管内导线截面为 70~95 mm²，长度每超过 20 m；③管内导线截面为 120~240 mm²，长度每超过 18 m。在配管清单项目计量时，设计无要求时上述规定可以作为计量接线盒、拉线盒的依据。

7. 配管安装中不包括凿槽、刨沟，应按《通用安装工程工程量计算规范》(GB 50856—2013)附录 D13 相关项目编码列项。

8. 配线进入箱、柜、板的预留长度见表 4-2-29。

(2)计量与计价应用。

【例 4-3-17】 对【例 4-2-19】编制其分部分项工程项目清单与计价表。

【解】 线槽清单工程量计算见表 4-3-29。

表 4-3-29　线槽清单工程量计算表

序号	项目编码	项目名称	项目特征描述	计量单位	工程量
1	030411002001	线槽	DN32，暗装	m	18.4
2	030411001001	配管	SC32，暗装	m	19.2

【例 4-3-18】 某工程明装钢制接线箱 20 个，接线箱规格为 200 mm×200 mm×100 mm，试编制其分部分项工程清单与计价表。

【解】 根据《通用安装工程工程量计算规范》(GB 50856—2013)的规定，接线箱按设计图示数量以"个"计算，因此接线箱清单工程量为 20 个。

接线箱半周长＝(200＋200)×2/2＝400(mm)

套用《全统定额》2-1 373(接线箱半周长 700 mm 以内，明装)，计量单位为"10 个"，基价单价为 264.81 元，人工费单价为 221.52 元，材料费单价为 43.29 元。

由此可得，人工费＝20/10×221.52＝443.04(元)；

材料费＝20/10×43.29＝86.58(元)；

企业管理费＝443.04×25％＝110.76(元)；

利润＝443.04×15％＝66.46(元)；

小计：443.04＋86.58＋110.76＋66.46＝706.84(元)；

综合单价：706.84/20＝35.34(元)。

分部分项工程项目清单与计价表见表4-3-30。

表4-3-30　分部分项工程项目清单与计价表

序号	项目编码	项目名称	项目特征描述	计量单位	工程量	金额/元		
						综合单价	合价	其中：暂估价
1	030411005001	接线箱	200 mm×200 mm×100 mm 钢制接线箱	个	20	35.34	706.84	

12. 照明器具安装

(1)计量与计价规则。照明器具安装工程量清单项目设置、项目特征描述的内容、计量单位及工程量计算规则见表4-3-31。

表4-3-31　照明器具安装(编码：030412)

项目编码	项目名称	项目特征	计量单位	工程量计算规则	工作内容
030412001	普通灯具	1. 名称 2. 型号 3. 规格 4. 类型	套	按设计图示数量计算	本体安装
030412002	工厂灯	1. 名称 2. 型号 3. 规格 4. 安装形式			
030412003	高度标志(障碍)灯	1. 名称 2. 型号 3. 规格 4. 安装部位 5. 安装高度			
030412004	装饰灯	1. 名称 2. 型号 3. 规格 4. 安装形式			
030412005	荧光灯				
030412006	医疗专用灯	1. 名称 2. 型号 3. 规格			

项目编码	项目名称	项目特征	计量单位	工程量计算规则	工作内容
030412007	一般路灯	1. 名称 2. 型号 3. 规格 4. 灯杆材质、规格 5. 灯架形式及臂长 6. 附件配置要求 7. 灯杆形式(单、双) 8. 基础形式、砂浆配合比 9. 杆座材质、规格 10. 接线端子材质、规格 11. 编号 12. 接地要求	套	按设计图示数量计算	1. 基础制作、安装 2. 立灯杆 3. 杆座安装 4. 灯架及灯具附件安装 5. 焊、压接线端子 6. 补刷(喷)油漆 7. 灯杆编号 8. 接地
030412008	中杆灯	1. 名称 2. 灯杆的材质及高度 3. 灯架的型号、规格 4. 附件配置 5. 光源数量 6. 基础形式、浇筑材质 7. 杆座材质、规格 8. 接线端子材质、规格 9. 铁构件规格 10. 编号 11. 灌浆配合比 12. 接地要求			1. 基础浇筑 2. 立灯杆 3. 杆座安装 4. 灯架及灯具附件安装 5. 焊、压接线端子 6. 铁构件制作、安装 7. 补刷(喷)油漆 8. 灯杆编号 9. 接地
030412009	高杆灯	1. 名称 2. 灯杆高度 3. 灯架形式(成套或组装、固定或升降) 4. 附件配置 5. 光源数量 6. 基础形式、浇筑材质 7. 杆座材质、规格 8. 接线端子材质、规格 9. 铁构件规格 10. 编号 11. 灌浆配合比 12. 接地要求			1. 基础浇筑 2. 立灯杆 3. 杆座安装 4. 灯架及灯具附件灯架安装 5. 焊、压接线端子 6. 铁构件安装 7. 补刷(喷)油漆 8. 灯杆编号 9. 升降机构接线调试 10. 接地
030412010	桥栏杆灯	1. 名称 2. 型号 3. 规格 4. 安装形式			1. 灯具安装 2. 补刷(喷)油漆
030412011	地道涵洞灯				

注: 1. 普通灯具包括圆球吸顶灯、半圆球吸顶灯、方形吸顶灯、软线吊灯、座灯头、吊链灯、防水吊灯、壁灯等。
   2. 工厂灯包括工厂罩灯、防水灯、防尘灯、碘钨灯、投光灯、泛光灯、混光灯、密闭灯等。
   3. 高度标志(障碍)灯包括烟囱标志灯、高塔标志灯、高层建筑屋顶障碍指示灯等。
   4. 装饰灯包括吊式艺术装饰灯、吸顶式艺术装饰灯、荧光艺术装饰灯、几何型组合艺术装饰灯、标志灯、诱导装饰灯、水下(上)艺术装饰灯、点光源艺术灯、歌舞厅灯具、草坪灯具等。
   5. 医疗专用灯包括病房指示灯、病房暗脚灯、紫外线杀菌灯、无影灯等。
   6. 中杆灯是指安装在高度小于或等于 19 m 的灯杆上的照明器具。
   7. 高杆灯是指安装在高度大于 19 m 的灯杆上的照明器具。

（2）计量与计价应用。

【例 4-3-19】 对【例 4-2-21】编制其分部分项工程项目清单与计价表。

【解】 （1）计算清单项目综合单价。

计费基础：601.92 元

人工费：601.92 元

材料费：1 385.28 元

企业管理费：601.92×25%＝150.48（元）

利润：601.92×15%＝90.29（元）

小计：601.92＋1 385.28＋150.48＋90.29＝2 227.97（元）

综合单价：2 227.97/120＝18.57（元）

（2）编制分部分项工程项目清单与计价表。根据《通用安装工程工程量计算规范》（GB 50856—2013）的规定，普通灯具项目编码为 030412001，计量单位为"套"，计算规则为按设计图示数量计算，则编制的分部分项工程项目清单与计价表见表 4-3-32。

表 4-3-32 分部分项工程项目清单与计价表

序号	项目编码	项目名称	项目特征描述	计量单位	工程量	综合单价	合价	其中：暂估价
1	030412001001	普通灯具	40 W 圆球吸顶灯	套	120	18.57	2 227.97	—

（金额/元 表头跨列：综合单价、合价、其中：暂估价）

13. 附属工程

附属工程工程量清单项目设置、项目特征描述的内容、计量单位及工程量计算规则见表 4-3-33。

表 4-3-33 附属工程（编码：030413）

项目编码	项目名称	项目特征	计量单位	工程量计算规则	工作内容
030413001	铁构件	1. 名称 2. 材质 3. 规格	kg	按设计图示尺寸以质量计算	1. 制作 2. 安装 3. 补刷（喷）油漆
030413002	凿（压）槽	1. 名称 2. 规格 3. 类型 4. 填充（恢复）方式 5. 混凝土标准	m	按设计图示尺寸以长度计算	1. 开槽 2. 恢复处理
030413003	打洞（孔）	1. 名称 2. 规格 3. 类型 4. 填充（恢复）方式 5. 混凝土标准	个	按设计图示数量计算	1. 开孔、洞 2. 恢复处理

项目编码	项目名称	项目特征	计量单位	工程量计算规则	工作内容
030413004	管道包封	1. 名称 2. 规格 3. 混凝土强度等级	m	按设计图示长度计算	1. 灌注 2. 养护
030413005	人(手)孔砌筑	1. 名称 2. 规格 3. 类型	个	按设计图示数量计算	砌筑
030413006	人(手)孔防水	1. 名称 2. 类型 3. 规格 4. 防水材质及做法	m²	按设计图示防水面积计算	防水

注：铁构件适用于电器工程的各种支架、铁构件的制作安装。

14. 电气调整试验

(1)计量与计价规则。电气调整试验工程量清单项目设置、项目特征描述的内容、计量单位及工程量计算规则见表 4-3-34。

表 4-3-34　电气调整试验(编码：030414)

项目编码	项目名称	项目特征	计量单位	工程量计算规则	工作内容
030414001	电力变压器系统	1. 名称 2. 型号 3. 容量(kV·A)	系统	按设计图示系统计算	系统调试
030414002	送配电装置系统	1. 名称 2. 型号 3. 电压等级(kV) 4. 类型			
030414003	特殊保护装置	1. 名称 2. 类型	台(套)	按设计图示数量计算	调试
030414004	自动投入装置		系统(台、套)		
030414005	中央信号装置	1. 名称 2. 类型	系统(台)		
030414006	事故照明切换装置				
030414007	不间断电源	1. 名称 2. 类型 3. 容量	系统	按设计图示系统计算	
030414008	母线	1. 名称 2. 电压等级(kV)	段	按设计图示数量计算	
030414009	避雷器		组		
030414010	电容器				

项目编码	项目名称	项目特征	计量单位	工程量计算规则	工作内容
030414011	接地装置	1. 名称 2. 类别	1. 系统 2. 组	1. 以"系统"计量，按设计图示系统计算 2. 以"组"计量，按设计图示数量计算	接地电阻测试

注：1. 功率大于 10 kW 的电动机及发电机的启动调试用的蒸汽、电力和其他动力能源消耗及变压器空载试运转的电力消耗及设备需烘干处理应说明。

2. 配合机械设备及其他工艺的单体试车，应按《通用安装工程工程量计算规范》(GB 50856—2013)附录 N"措施项目"相关项目编码列项。

3. 计算机系统调试应按《通用安装工程工程量计算规范》(GB 50856—2013)附录 F"自动化控制仪表安装工程"相关项目编码列项。

(2)计量与计价应用。

【例 4-3-20】 对【例 4-2-18】编制其分部分项工程项目清单与计价表。

【解】 (1)备用电源自动投入装置调试项目综合单价。

计费基础：$975.24+1\ 799.07=2\ 774.31$(元)

人工费：975.24 元

材料费：19.50 元

机械费：$1\ 799.07$ 元

企业管理费：$2\ 774.31\times25\%=693.58$(元)

利润：$2\ 774.31\times15\%=416.15$(元)

小计：$975.24+19.50+1\ 799.07+693.58+416.15=3\ 903.54$(元)

综合单价：$3\ 903.54/3=1\ 301.18$(元)

(2)线路电源自动重合闸装置调试项目综合单价。

计费基础：$789.48+15.79+1\ 159.76=1\ 965.03$(元)

人工费：789.48(元)

材料费：15.79(元)

机械费：$1\ 159.76$(元)

企业管理费：$1\ 965.03\times25\%=491.26$(元)

利润：$1\ 965.03\times15\%=294.75$(元)

小计：$789.48+15.79+1\ 159.76+491.26+294.75=2\ 751.04$(元)

编制的分部分项工程项目清单与计价表见表 4-3-35。

表 4-3-35　分部分项工程项目清单与计价表

序号	项目编码	项目名称	项目特征描述	计量单位	工程量	金额/元		
						综合单价	合价	其中：暂估价
1	030414004001	自动投入装置	备用电源自动投入装置调试	系统(台、套)	3	1 301.18	3 903.54	—
2	030414004002	自动投入装置	线路电源自动重合闸装置调试	系统(台、套)	1	2 751.04	2 751.04	

本项目介绍了建筑电气施工图识读基础,《全统定额》电气设备安装分册的定额适用范围、定额说明、计算规则,《通用安装工程工程量计算规范》(GB 50856—2013)中电气设备安装工程量清单项目设置和计算规则,给出了电气设备安装计量、计价的准则,并通过例题的具体讲解,介绍了电气设备安装计量、计价的实际应用方法。

思考与练习

一、填空题

1. _____是在建筑总平面图上表示电源及电力负荷分布的图样。

2. ——///——表示_____。

3. 电炉变压器按同容量电力变压器定额乘以系数_____,整流变压器执行同容量电力变压器定额乘以系数_____。

4. 单台质量在_____以下的电机为小型电机,单台质量在_____以上至的电机为中型电机,单台质量在_____以上的电机为大型电机。

5. 铜芯电力电缆头按同截面电缆头定额乘以系数_____,双屏蔽电缆头制作、安装,人工乘以系数_____。

6. 利用基础钢筋作接地极按_____项目编码列项。

二、思考题

1. 干式变压器如果带有保护罩时,该如何套用全统定额?

2. 软母线安装如何预留长度?硬母线安装如何预留长度?

3. 电气设备安装工程中遇有挖土、填土工程时,应如何计算工程量清单?

4. 利用桩基础作接地极,应如何描述项目特征?如何计算其工程量?

三、计算题

1. 按工程设计图示,需要安装 ZS—800/10 整流变压器 3 台。计算整流变压器工程量。

2. 某工程设计图示,要求外墙上安装 3 台户外真空断路器,其型号为 ZW10—12,额定电流为 630 A。试计算其真空断路器工程量,并套用全统定额,对其编制分部分项工程项目清单与计价表。

3. 某贵宾室照明系统平面图,如题图 4-1 所示。XM—7—3/0 照明配电箱尺寸为 400 mm×350 mm×280 mm(宽×高×厚),电源由本层总配电箱引来,室内中间装饰灯为 XD—CZ—50,8×100W,四周装饰灯为 FZS—164,1×100 W,两者均为吸顶安装;单联、三联单控开关均为 10 A、250 V，均为暗装，安装高度为 1.4 m，两排风扇为 280 mm×280 mm，1×40 W，吸顶安装；开关控制装饰灯 FZS-164 为"隔一控一"；配管水平长度见图示括号内的数字，单位为 m。试列出清单工程量计算表。

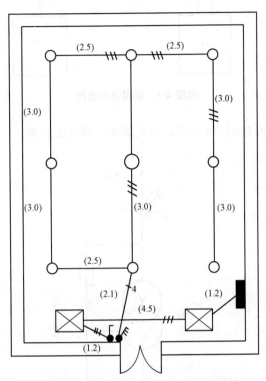

题图 4-1 某贵宾室照明系统平面图

4. 某电缆敷设工程如题图 4-2 所示，采用电缆沟铺砂盖砖直埋并列敷设 8 根 XV29(3×35+1×10)电力电缆，变电所配电柜至室内部分电缆穿 ϕ40 钢管保护，共 8 m 长，室外电缆敷设共 120 m 长，在配电间有 13 m 穿 ϕ40 钢管保护。试计算其清单工程量。

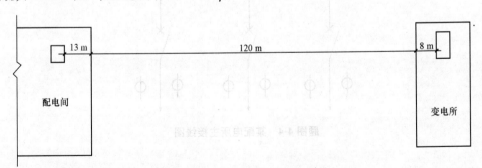

题图 4-2 某电缆敷设工程

5. 题图 4-3 所示为配电箱，配电箱规格为 500 mm×300 mm，层高 5.0 m，配电箱安装高度为 2.5 m。试计算管线定额工程量。

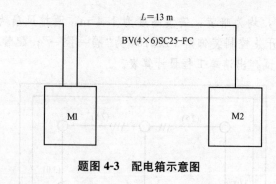

題图 4-3　配电箱示意图

6. 某配电所主接线如题图 4-4 所示，试计算电气调试工程量。

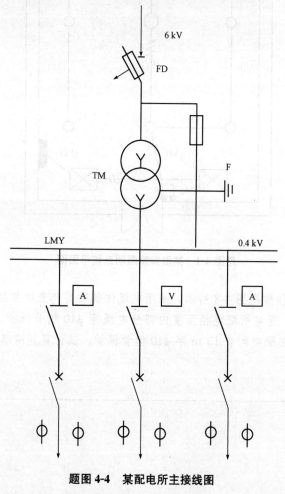

題图 4-4　某配电所主接线图

项目五　给水排水、采暖、燃气工程计量与计价

知识目标

通过本项目的学习，了解给水排水、采暖、燃气工程定额计价与清单计价的区别与联系；理解全统定额和清单计量规范关于给水排水、采暖、燃气工程的适用范围与项目组成；掌握给水排水、采暖、燃气工程施工图的识读方法、全统定额说明和计算规则、工程量清单项目设置和计算规则。

能力目标

能识读给水排水、采暖、燃气工程施工图，会查阅定额项目表及清单计量规范，能对工程项目进行工程量计算，并进行报价。

任务 5.1　认知给水排水、采暖、燃气工程

5.1.1　给水排水、采暖、燃气工程

1. 给水排水工程

给水排水工程是构成工业与民用建筑单项工程的室内外给水排水工程，包括给水工程和排水工程。给水工程是将城市市政给水管网中的水输送到建筑物内各个用水点上，并满足用户对水质、水量、水压要求的工程。排水工程是将生产废水和生活污水通过管道排入市政排水管网和废水处理站，经回收处理再利用的工程。

(1)给水工程包括室内给水和室外给水两部分。

1)室内给水系统一般由引入管、干管、立管、支管、阀门、水表、配水龙头或用水设备等组成，供日常生活饮用、盥洗、冲刷等用水。当室外管网水压不足时，尚需设水箱、水泵等加压设备，满足室内任何用水点的用水要求。

室内给水系统按其用途不同分为以下三类：

①生活给水系统。生活给水系统的供水主要用于民用、公共建筑等工业企业建筑物内部的饮用、烹调、盥洗、淋浴等生活上的用水。

②生产给水系统。生产给水系统的供水主要用于生产设备的冷却、原料和产品的洗涤、锅炉用水和某些工业的原料用水。

③消防给水系统。消防给水系统主要为建筑物消防系统供水。

2)以地面水为水源的室外给水系统，一般由以下各部分组成：

①取水构筑物：从天然水源取水的构筑物。

②一级泵站：从取水构筑物取水后，将水压送至净水构筑物的泵站构筑物。

③净水构筑物：处理水并使水质符合要求的构筑物。

④清水池：收集、储备、调节水量的构筑物。

⑤二级泵站：将清水池的水送到水塔或管网的构筑物。

⑥输水管：承担由二级泵站至水塔的输水管道。

⑦水塔：收集、储备、调节水量，并可将水压入配水管网的建筑。

⑧配水管网：将水输送至各用户的管道。一般可将室外给水管道狭义地理解为配水网。

(2)排水工程包括室内排水和室外排水两部分。

1)室内排水系统的组成见表 5-1-1。

表 5-1-1　室内排水系统的组成

名　称	组　成
受水器	受水器是接受污(废)水并转向排水管道输送的设备，如各种卫生器具、地漏、排放工业污水或废水的设备、排除雨水的雨水斗等
存水弯	各个受水器与排水管之间必须设置存水弯，以使用存水弯的水封阻排水管道内的臭气和害虫进入室内(卫生器具本身带有存水弯的，不必再设存水弯)
排水支管	排水支管是将卫生器具或生产设备排出的污水(或废水)排入立管中去的横支管
排水立管	各层排水支管的污(废)水排入立管，立管应设在靠近杂质多、排水量大的排水点处
排水横干管	对于大型高层公共建筑，由于排水立管很多，为了减少首层的排出管的数量而在管道层内设置排水横干管，以接收各排水立管的排水，然后再通过数量较少的立管，将污水(或废水)排到各排出管
排出管	排出管是立管与室外检查井之间的连接管道，它将一根或几根立管流来的污水排至室外管道中去
通气管	通气管通常是指立管向上延伸出屋面的一段(称为伸顶通气管)；当建筑物到达一定层数且排水支管连接卫生器具大于一定数量时，还有专用通气管

根据排水性质的不同，室内排水系统可分为生活污水系统、工业废水排水系统、雨水排水系统三类。

①生活污水系统：排除住宅、公共建筑和工厂各种卫生器具排出的污水，还可分为粪便污水系统和生活废水系统。

②工业废水排水系统：排除工厂企业在生产过程中所产生的生产污水和生产废水。

③雨水排水系统：排除屋面的雨水和融化的雪水。

2)室外排水通常与市政下水管网相连接。各种排水管路的布置及系统规划，受到环保条例的制约，其中，工业排水必须经回收处理达到标准才能排放。

2. 采暖系统

(1)室内采暖系统的组成。室内采暖系统一般由管道、水箱、用热设备和开关调节配件等组成。其中，热水采暖系统的设备包括散热器、膨胀水箱、补给水箱、集气罐、除污器、放气阀及其他附件等。蒸汽采暖系统的设备除散热器外，还有冷凝水收集箱、减压器及疏水器等。室内采暖的管道分为导管、立管和支管。一般由热水(或蒸汽)干管、回水(或冷凝水)干管接至散热器支管组成。导管多采用无缝钢管，立、支管多采用焊接钢管(镀锌或不镀锌)。管道的连接方式有焊接和丝接两种。直径在 32 mm 以上时多采用焊接；直径在 32 mm 以下时多采用丝接。

（2）室内采暖系统的分类。根据热媒的种类，采暖系统可分为热水采暖系统、蒸汽采暖系统、热风采暖系统。

1）热水采暖系统即热媒为热水的采暖系统。根据热水在系统中循环流动动力的不同，热水采暖系统又分为自然循环热水采暖系统（即重力循环热水采暖系统）、机械循环热水采暖系统（即以水泵为动力的采暖系统）、蒸汽喷射热水采暖系统。

2）蒸汽采暖系统即热媒为蒸汽的采暖系统。根据蒸汽压力的不同，蒸汽采暖系统又分为低压蒸汽采暖系统和高压蒸汽采暖系统。

3）热风采暖系统即热媒为空气的采暖系统。这种系统是用辅助热媒（放热带热体）把热能从热源输送至热交换器，经热交换器把热能传给主要热媒（受热带热体），再由主要热媒把热能输送至各采暖房间。例如，热风机采暖系统、热泵采暖系统均为热风采暖系统。

3. 燃气系统

（1）燃气输配系统。

1）燃气长距离输送系统。燃气长距离输送系统通常由集输管网、气体净化设备、起点站、输气干线、输气支线、中间调压计量站、压气站、分配站、电保护装置等组成，按燃气种类、压力、质量及输送距离的不同，在系统的设置上有所差异。

2）燃气压送储存系统。燃气压送储存系统主要由压送设备和储存装置组成。压送设备是燃气输配系统的心脏，用来提高燃气压力或输送燃气。目前，在中、低压两级系统中使用的压送设备有罗茨式鼓风机和往复式压送机。储存装置的作用是保证不间断地供应燃气，平衡、调度燃气供变量。其设备主要有低压湿式储气柜、低压干式储气柜、高压储气罐（圆筒形、球形）。燃气压送储存系统的工艺有低压储存、中压输送；低压储存、中低压分路输送等。

（2）燃气管道系统。城镇燃气管道系统由输气干管、中压输配干管、低压输配干管、配气支管和用气管道组成。

1）输气干管是将燃气从气源厂或门站送至城市各高中压调压站的管道，燃气压力一般为高压 A 及高压 B。

2）中压输配干管是将燃气从气源厂或储配站送至城市各用气区域的管道，包括出厂管、出站管和城市道路干管。

3）低压输配干管是将燃气从调压站送至燃气供应地区，并沿途分配给各类用户的管道。

4）配气支管分为中压支管和低压支管。中压支管是将燃气从中压输配干管引至调压站的管道，低压支管是将燃气从低压输配干管引至各类用户室内燃气计量表前的管道。

5）用气管道是将燃气计量表引向室内各个燃具的管道。

5.1.2 给水排水、采暖、燃气工程施工图

1. 给水排水工程施工图

（1）给水排水工程施工图的分类。给水排水工程施工图按内容划分，可以大致分为以下三类：

1）室外管道及附属设备图。其指城镇居住区和工矿企业厂区的给水排水管道施工图。属于这类图样的有区域管道平面图、街道管道平面图、工矿企业厂区管道平面图、管道纵剖面图、管道上的附属设备图、泵站及水池和水塔管道施工图、污水及雨水出口施工图。

2）室内管道及卫生设备图。其指一幢建筑物内用水房间（如厕所、浴室、厨房、试验

室、锅炉房)以及工厂车间用水设备的管道平面布置图、管道系统平面图、卫生设备、用水设备、加热设备和水箱、水泵等的施工图。

3)水处理工艺设备图。其指给水厂、污水处理厂的平面布置图、水处理设备图(如沉淀池、过滤池、曝气池、消化池等全套施工图)、水流或污流流程图。

给水排水工程施工图按图纸表现的形式可分为基本图和详图两大类。基本图包括图纸目录、施工图说明、材料设备明细表、工艺流程图、平面图、轴测图和立(剖)面图;详图包括节点图、大样图和标准图。

(2)给水排水工程施工图的识读。

1)平面图的识读。识读平面图应掌握的主要内容和注意事项如下:

①查明卫生器具、用水设备(开水炉、水加热器等)和升压设备(水泵、水箱)的类型、数量、安装位置、定位尺寸。卫生器具及各种设备通常是用图例来表示的,它只能说明器具和设备的类型,而没有具体表现各部尺寸及构造。因此,必须结合有关详图或技术资料,弄清楚这些器具和设备的构造、接管方式和尺寸。对常用卫生器具和设备的构造和安装尺寸应心中有数,以便准确无误地计算工程量。

②弄清楚给水引入管和污水排出管的平面位置、走向、定位尺寸、与室外给水排水管网的连接形式、管径、坡度等。给水引入管通常是从用水量最大或不允许间断供水的位置引入,这样可使大口径管道最短,供水可靠。给水引入管上一般都装设阀门。阀门如果装在室外阀门井内,在平面图上就能够表示出来,这时要查明阀门的型号、规格及距建筑物的位置。

污水排出管与室外排水总管的连接,是通过检查井来实现的。因此要了解检查井距外墙的距离,即排出管的长度。排出管在检查井内通常取管顶平连接(排出管与检查井内排水管的管顶标高相同),以免排出管埋设过深或产生倒流。

给水引入管和污水排出管通常都注上系统编号,编号和管道种类分别写在直径为 8～10 mm 的圆圈内,圆圈内过圆心画一水平线,线上面标注管道种类。如给水系统写"给"或写汉语拼音字母"J",污水系统写"污"或写汉语拼音字母"W"。线下面标注编号,用阿拉伯数字书写。

③查明给水排水干管、立管、支管的平面位置、走向、管径及立管编号。平面图上的管线虽然是示意性的,但是它还是按一定比例绘制的。因此,计算平面图上的工程量可以结合详图、图注尺寸或用比例尺计算。

当系统内立管较少时,可只在引入管处进行系统编号,只有当立管较多时,才在每个立管旁边进行编号。立管编号标注方法与系统编号标注方法基本相同。

④在给水管道上设置水表时,要查明水表的型号、安装位置以及水表前后的阀门设置。

⑤对于室内排水管道,还要查明清通设备布置情况、明露敷设弯头和三通。例如,有时为了便于通扫,在适当位置设置有门弯头和有门三通(即设有清扫口的弯头和三通)。对于大型厂房,要注意设置检查井和检查井进口管的连接方向;对于雨水管道,要查明雨水斗的型号、数量及布置情况,并结合详图弄清楚雨水斗与天沟的连接方式。

2)系统轴测图的识读。给水和排水管道系统轴测图,通常按系统画成正面斜等测图,主要表明管道系统的立体走向。在给水系统轴测图上卫生器具不画出来,只画出水龙头、淋浴器莲蓬头、冲洗水箱等符号;用水设备如锅炉、热交换器、水箱等则画出示意性的立体图,并在支管上注以文字说明。在排水系统轴测图上也只画出相应的卫生器具的存水弯或器具排水管。

识读系统轴测图应掌握的主要内容和注意事项如下：

①查明给水管道系统的具体走向、干管的敷设形式、管径及其变径情况，阀门的设置，引入管、干管及各支管的标高。

识读给水管道系统图时，一般按引入管、干管、立管、支管及用水设备的顺序进行。

②查明排水管道系统的具体走向、管路分支情况、管径、横管坡度、管道各部标高、存水弯形式、清通设备设置情况，弯头及三通的选用（90°弯头还是135°弯头，正三通还是斜三通等）。

识读排水管道系统图时，一般是按卫生器具或排水设备的存水弯，器具排水管，排水横管、立管、排出管的顺序进行。

在识读时结合平面图及说明，了解和确定管材和管件。排水管道为了保证水流通畅，根据管道敷设的位置往往选用135°弯头和斜三通，在分支处变径有时不用大小头而用变径三通。存水弯有铸铁、黑铁和"P"式、"S"式以及有清扫口和不带清扫口之分。在识读图纸时也要弄清楚卫生器具的种类、型号和安装位置等。

③在给水排水施工图上一般都不表示管道支架，而由施工人员按有关规定和习惯做法自己确定。给水管支架一般分为管卡、钩钉、吊环和角钢托架，支架需要的数量及规格应在识读图纸时确定下来。民用建筑的明装给水管通常用管卡，工业厂房给水管则多用角钢托架或吊环。铸铁排水立管通常用铸铁立管卡子，装设在铸铁排水管的承口上面，每根管子上设一个；铸铁排水横管则采用吊卡，间距不超过2m，吊在承口上。

2. 采暖工程施工图

（1）采暖工程施工图的内容。

1）设计说明书。设计说明书用来说明设计意图和施工中需要注意的问题。通常在设计说明书中应说明的事项主要有：总耗热量，热媒的来源及参数，不同房间内的温度、相对湿度，采暖管道材料的种类、规格，管道保温材料、保温厚度及保温方法，管道及设备的刷油遍数及要求等。

2）施工图。采暖施工图分为室外与室内两部分。室外部分表明一个区域（如一个住宅小区或一个工矿区）内的供热系统热媒输送干管的管网布置情况，其中包括管道敷设总平面图、管道横剖面图、管道纵剖面图和详图。室内部分表明一幢建筑物的供暖设备、管道安装情况和施工要求。它一般包括供暖平面图、系统图、详图、设备材料表及设计说明。

3）设备材料表。采暖工程所需要的设备和材料，在施工图册中都列有设备材料清单，以备订货和采购之用。

（2）室内采暖工程施工图的识读。

1）平面图的识读。室内采暖平面图主要表示管道、附件及散热器在建筑物平面上的位置以及它们之间的相互关系。平面图是采暖施工的主要图纸，识读时要掌握的主要内容和注意事项如下：

①了解建筑物内散热器（热风机、辐射板等）的平面位置、种类、片数以及散热器的安装方式（如明装、暗装或半暗装）。

②了解水平干管的布置方式、干管上的阀门、固定支架、补偿器等的平面位置和型号以及干管的管径。

③通过立管编号查清系统立管的数量和布置位置。

④在热水采暖系统平面图上还标有膨胀水箱、集气罐等设备的位置、型号以及设备上

连接管道的平面布置和管道直径。

⑤在蒸汽采暖系统平面图上还有疏水装置的平面位置及其规格尺寸。水平管的末端常积存有凝结水，为了排除这些凝结水，在系统末端设有疏水装置。另外，当水平干管抬头登高时，在转弯处也要设疏水器。识读时要了解疏水器的规格及疏水装置的组成。

⑥查明热媒入口及入口地沟情况。当热媒入口无节点图时，平面图上一般将入口装置组成的各配件、阀件，如减压阀、混水器、疏水器、分水器、分汽缸、除污器、控制阀门等的管径、规格以及热媒来源、流向、参数等表示清楚。如果入口装置是按标准图设计的，则在平面图上注有规格及标准图号，识读时可按标准图号查阅标准图。如果施工图中画有入口装置节点图，可按平面图标注的节点图编号查找热媒入口放大图进行识读。

2)系统轴测图的识读。采暖系统轴测图表示从热媒入口至出口的管道、散热器、主要设备、附件的空间位置和相互关系。系统轴测图是以平面图为主视图，进行斜投影绘制的斜等测图。识读系统轴测图要掌握的主要内容和注意事项如下：

①采暖系统轴测图可以清楚地表达出干管与立管之间以及立管、支管与散热器之间的连接方式、阀门安装位置及数量，整个系统的管道空间布置等一目了然。散热器支管都有一定的坡度，其中，供水支管坡向散热器，回水支管则坡向回水立管。要了解各管段管径、坡度坡向、水平管的标高、管道的连接方法，以及立管编号等。

②了解散热器的类型及片数。对光滑管散器热要查明散热器的型号（A型或B型）、管径、排数及长度；对翼型或柱型散热器，要查明规格及片数以及带脚散热器的片数；对其他采暖方式，则要查明采暖器具的形式、构造以及标高等。

③查清各种阀件、附件与设备在系统中的位置，凡注有规格型号者，要与平面图和材料明细表进行核对。

④查明热媒入口装置中各种设备、附件、阀门、仪表之间的关系及热媒的来源、流向、坡向、标高、管径等。如有节点详图，要查明详图编号。

3)详图的识读。详图是表明某些供暖设备的制作、安装和连接的详细情况的图样。室内采暖详图包括标准图和非标准图两种。标准图包括散热器的连接和安装、膨胀水箱的制作和安装、集气罐和补偿器的制作和连接等，它可直接查阅标准图集或有关施工图。非标准图是指在平面图、系统图中表示不清的，而又无标准详图的节点和做法，则须另绘制出的详图。

3. 给水排水、采暖施工图常用图形符号

(1)给水排水工程施工图常用图例。

1)管道图例见表 5-1-2。

表 5-1-2　管道图例

序号	名　称	图　例	备　注
1	生活给水管	━━ J ━━	—
2	热水给水管	━━ RJ ━━	—
3	热水回水管	━━ RH ━━	—
4	中水给水管	━━ ZJ ━━	—

序号	名　称	图　例	备　注
5	循环冷却给水管	━━━ XJ ━━━	—
6	循环冷却回水管	━━━ XH ━━━	—
7	热媒给水管	━━━ RM ━━━	—
8	热媒回水管	━━━ RMH ━━━	—
9	蒸汽管	━━━ Z ━━━	—
10	凝结水管	━━━ N ━━━	—
11	废水管	━━━ F ━━━	可与中水 原水管合用
12	压力废水管	━━━ YF ━━━	—
13	通气管	━━━ T ━━━	—
14	污水管	━━━ W ━━━	—
15	压力污水管	━━━ YW ━━━	—
16	雨水管	━━━ Y ━━━	—
17	压力雨水管	━━━ YY ━━━	—
18	虹吸雨水管	━━━ HY ━━━	—
19	膨胀管	━━━ PZ ━━━	—
20	保温管	∿∿∿	也可用文字说明保温范围
21	伴热管	━━━	也可用文字说明保温范围
22	多孔管	━⊼━⊼━⊼━	—
23	地沟管	━━━	—
24	防护套管	━▭━	—
25	管道立管	XL-1 平面　　XL-1 系统	X 为管道类别 L 为立管 1 为编号
26	空调凝结水管	━━━ KN ━━━	—
27	排水明沟	坡向 ⟶	—
28	排水暗沟	坡向 ⟶	—

注：1. 分区管道用加注角标的方式表示；
　　2. 原有管线可用比同类型的新设管线细一级的线型表示，并加斜线，拆除管线则加叉线。

2)管道附件图例见表5-1-3。

表 5-1-3 管道附件图例

序号	名　称	图　例	备　注
1	管道伸缩器		—
2	方形伸缩器		—
3	刚性防水套管		—
4	柔性防水套管		—
5	波纹管		—
6	可曲挠橡胶接头	单球　　双球	—
7	管道固定支架		—
8	立管检查口		—
9	清扫口	平面　　系统	—
10	通气帽	成品　　蘑菇形	—
11	雨水斗	YD-　　　YD- 平面　　系统	—
12	排水漏斗	平面　　系统	—

序号	名　　称	图　　例	备　　注
13	圆形地漏	平面　　系统	通用。如无水封，地漏应加存水弯
14	方形地漏	平面　　系统	—
15	自动冲洗水箱		—
16	挡墩		—
17	减压孔板		—
18	Y形除污器		—
19	毛发聚集器	平面　　系统	—
20	倒流防止器		—
21	吸气阀		—
22	真空破坏器		—
23	防虫网罩		—
24	金属软管		—

3)管件图例见表 5-1-4。

表 5-1-4　管件图例

序号	名　称	图　例
1	偏心异径管	
2	同心异径管	
3	乙字管	
4	喇叭口	
5	转动接头	
6	S 形存水弯	
7	P 形存水弯	
8	90°弯头	
9	正三通	
10	TY 三通	
11	斜三通	
12	正四通	
13	斜四通	
14	浴盆排水管	

(2)采暖工程施工图常用图例。

1)采暖工程管道及附件图例见表 5-1-5。

表 5-1-5 采暖工程管道及附件图例

序号	名　称	图　例	说　明
1	管　道	———————	用于一张图内只有一种管道
		—— A —— / —— F ——	用汉语拼音字头表示管道类别
		– – – – – / – · – · –	用图例表示管道类别
2	采暖 供水(汽)管 回(凝结)水管	——————— / – – – – –	
3	保温管	〰〰〰	可用说明代替
4	软　管	〰〰〰	
5	方形伸缩器	⊓	
6	套管伸缩器	⊏⊐	
7	波形伸缩器	◇	
8	弧形伸缩器	⌒	
9	球形伸缩器	◎	
10	流　向	——→	
11	丝　堵	———|	
12	滑动支架	≡	
13	固定支架	✳	左图：单管 右图：多管

2)采暖工程阀门图例见表 5-1-6。

表 5-1-6　采暖工程阀门图例

序号	名　称	图　例	说　明
1	截 止 阀		
2	闸　阀		
3	止 回 阀		
4	安 全 阀		
5	减 压 阀		左侧：低压 右侧：高压
6	膨 胀 阀		
7	散热器放风门		
8	手动排气阀		
9	自动排气阀		
10	疏 水 器		
11	散热器三通阀		
12	球　阀		
13	电 磁 阀		
14	角　阀		
15	三 通 阀		
16	四 通 阀		
17	节流孔板		

3)采暖设备图例见表 5-1-7。

表 5-1-7　采暖设备图例

序号	名　称	图　例	说　明
1	散热器		左图：平面　右图：立面
2	集气罐		
3	管道泵		
4	过滤器		
5	除污器		上图：平面 下图：立面
6	暖风机		

任务 5.2　给水排水、采暖、燃气工程定额内容与应用

5.2.1　给水排水、采暖、燃气工程定额内容

1. 定额适用范围

《全统定额》第八册《给水排水、采暖、燃气工程》适用于新建、扩建项目中的生活用给水、排水、燃气、采暖热源管道以及附件配件安装，小型容器的制作安装。

2. 定额与其他分册的关系及界限划分

以下内容执行相应定额：

(1)工业管道、生产生活共用的管道、锅炉房和泵类配管以及高层建筑物内加压泵间的管道，执行第六册《工业管道工程》相应项目。

(2)刷油漆、防腐蚀、绝热工程执行第十一册《刷油漆、防腐蚀、绝热工程》相应项目。

3. 定额关于有关费用的规定

(1)脚手架搭拆费按人工费的 5% 计算，其中，人工工资占 25%。

(2)高层建筑增加费(指高度在 6 层或 20 m 以上的工业与民用建筑)按表 5-2-1 计算(其中全部为人工工资)。

表 5-2-1　给水排水、采暖、燃气工程的高层建筑增加费

层　数	9 层以下 (30 m)	12 层以下 (40 m)	15 层以下 (50 m)	18 层以下 (60 m)	21 层以下 (70 m)	24 层以下 (80 m)	27 层以下 (90 m)	30 层以下 (100 m)	33 层以下 (110 m)
按人工费的百分比/%	2	3	4	6	8	10	13	16	19

层　数	36层以下(120 m)	39层以下(130 m)	42层以下(140 m)	45层以下(150 m)	48层以下(160 m)	51层以下(170 m)	54层以下(180 m)	57层以下(190 m)	60层以下(200 m)
按人工费的百分比/%	22	25	28	31	34	37	40	43	46

(3)超高增加费. 定额中操作高度均以 3.6 m 为界限,如超过 3.6 m,其超过部分(指由 3.6 m 至操作物高度)的定额人工费乘以表 5-2-2 中的系数。

表 5-2-2　超高增加费

标高/±m	3.6~8	3.6~12	3.6~16	3.6~20
超高系数	1.10	1.15	1.20	1.25

(4)采暖工程系统调整费按采暖工程人工费的 15% 计算,其中人工工资占 20%。

(5)设置于管道间、管廊内的管道、阀门、法兰、支架安装,人工乘以系数 1.3。

(6)主体结构为现场浇注采用钢模施工的工程,内外浇注的人工乘以系数 1.05,内浇外砌的人工乘以系数 1.03。

4. 定额组成

《全统定额》的《给排水、采暖、燃气安装工程》分册共分为 7 个分部工程,即管道安装,阀门、水位标尺安装,低压器具、水表组成与安装,卫生器具制作安装,供暖器具安装,小型容器制作安装,燃气管道、附件、器具安装。

5.2.2　给水排水、采暖、燃气工程定额计量与计价应用

1. 管道安装

(1)计量与计价说明。

1)管道安装定额适用于室内外生活用给水、排水、雨水、采暖热源管道、法兰、套管、伸缩器等的安装。

2)界线划分。

①给水管道。

a. 室内外界线以建筑物外墙皮 1.5 m 为界,入口处设阀门者以阀门为界;

b. 与市政管道的界线以水表井为界,无水表井者,以与市政管道碰头点为界。

②排水管道。

a. 室内外以出户第一个排水检查井为界;

b. 室外管道与市政管道以与市政管道碰头井为界。

③采暖热源管道。

a. 室内外管道以入口阀门或建筑物外墙皮 1.5 m 为界;

b. 与工业管道以锅炉房或泵站外墙皮 1.5 m 为界;

c. 工厂车间内采暖管道以采暖系统与工业管道碰头点为界;

d. 设在高层建筑内的加压泵间管道以泵站间外墙皮为界。

3)定额包括以下工作内容:

①管道及接头零件安装。

②水压试验或灌水试验。

③室内 DN32 以内的钢管包括管卡及托钩的制作安装。

④钢管包括弯管的制作与安装(伸缩器除外),无论是现场煨制或成品弯管均不得换算。

⑤铸铁排水管、雨水管及塑料排水管均包括管卡及托吊支架、臭气帽、雨水漏斗的制作安装。

⑥穿墙及过楼板铁皮套管安装人工。

4)定额不包括以下工作内容:

①室内外管道沟土方及管道基础,应执行《全国统一建筑工程基础定额》。

②管道安装中不包括法兰、阀门及伸缩器的制作、安装,按相应项目另行计算。

③室内外给水、雨水铸铁管包括接头零件所需的人工,但接头零件价格应另行计算。

④DN32 以上的钢管支架按定额管道支架另行计算。

⑤过楼板的钢套管的制作、安装工料,按室外钢管(焊接)项目计算。

(2)计量与计价规则。

1)各种管道均以施工图所示中心长度,以"m"为计量单位,不扣除阀门、管件(包括减压器、疏水器、水表、伸缩器等组成安装)所占的长度。

2)镀锌铁皮套管制作以"个"为计量单位,其安装已包括在管道安装定额内,不得另行计算。

3)管道支架制作安装,室内管道公称直径在 32 mm 以下的安装工程已包括在内,不得另行计算;公称直径在 32 mm 以上的,可另行计算。

4)各种伸缩器制作安装均以"个"为计量单位。方形伸缩器的两臂,按臂长的两倍合并在管道长度内计算。

5)管道消毒、冲洗、压力试验,均按管道长度以"m"为计量单位,不扣除阀门、管件所占的长度。

(3)计量与计价应用。

【例 5-2-1】 某建筑的屋顶排水系统如图 5-2-1 所示,该建筑采用天沟外排水系统排水,排水管采用承插塑料管 DN50。试计算塑料排水管工程量,并套用全统定额计算安装费用。

【解】 根据全统定额计算规则,各种管道均以施工图所示中心长度,以"m"为计量单位,不扣除阀门、管件(包括减压器、疏水器、水表、伸缩器等组成安装)所占的长度。

塑料管工程量=(9.50－9.00)+1.0+9+1.7+0.8=13(m)

套用《全统定额》8－155,计量单位为"10 m",基价单价为 52.04 元,人工费单价为 35.53 元,材料费单价为 16.26 元,机械费单价为 0.25 元。定额未计主材费用,取主材费用为 5.25 元/m。

由此可得,人工费=13/10×35.53=46.19(元);

材料费=13/10×(16.26+9.67×5.25)=87.14(元);

机械费=13/10×0.25=0.33(元);

基价=46.19+87.14+0.33=133.66(元)。

具体计算结果见表 5-2-3。

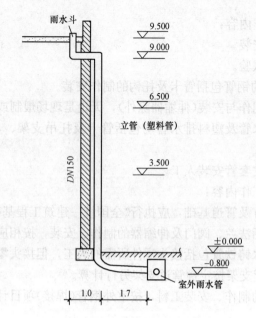

图 5-2-1　某建筑的屋顶排水系统图

表 5-2-3　塑料排水管定额费用

序号	定额编号	工程项目	单位	数量	基价/元	人工费/元	材料费/元	机械费/元
1	8—155	承插塑料排水管	10 m	1.3	133.66	46.19	87.14	0.33

【例 5-2-2】　如图 5-2-2 所示，某室外供热管道中有 $DN100$ 镀锌钢管一段，起止总长度为 130 m，管道中设置方形伸缩器一个，臂长为 0.9 m。试计算该段管道安装工程量，并套用全统定额计算安装费用。

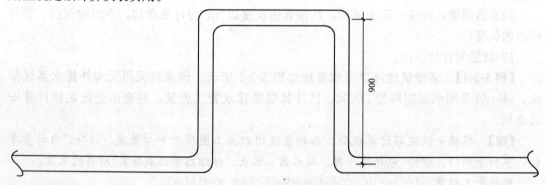

图 5-2-2　方形伸缩器示意图

【解】　根据全统定额，管道安装中不包括法兰、阀门及伸缩器的制作、安装，其按相应项目另行计算。各种伸缩器的制作安装均以"个"为计量单位。方形伸缩器的两臂，按臂长的 2 倍合并在管道长度内计算。

镀锌钢管工程量＝130＋2×0.9＝131.8(m)

方形伸缩器工程量＝1 个

(1)镀锌钢管定额费用。套用《全统定额》8—9，计量单位为"10 m"，基价单价为 77.85

元，人工费单价为 26.47 元，材料费单价为 43.66 元，机械费单价为 7.72 元。定额未计主材费用，取主材费用为 34.5 元/m。

由此可得，人工费 = 131.8/10×26.47 = 348.87(元)；

材料费 = 131.8/10×(43.66+10.15×34.5) = 5 190.75(元)；

机械费 = 131.8/10×7.72 = 101.75(元)；

基价 = 348.87+5 190.75+101.75 = 5 641.37(元)。

(2)方形伸缩器定额费用。套用《全统定额》8—222，计量单位为"个"，基价单价为 183.62 元，人工费单价为 95.67 元，材料费单价为 53.47 元，机械费单价为 34.48 元。

由此可得，基价 = 183.62(元)；

人工费 = 95.67 元；

材料费 = 53.47 元；

机械费 = 34.48 元。

具体计算结果见表 5-2-4。

表 5-2-4　镀锌钢管定额费用

序号	定额编号	工程项目	单位	数量	基价/元	人工费/元	材料费/元	机械费/元
1	8—9	镀锌钢管 DN100	10 m	13.18	5 641.37	348.87	5 190.75	101.75
2	8—222	方形伸缩器	个	1	183.62	95.67	53.47	34.48

【例 5-2-3】　某工程安装保温单管托架，采用 ∟50×5，L 为 410 mm，质量为 3.68 kg，支架手除轻锈，刷防锈漆一遍，刷银粉漆两遍。试计算其工程量，并套用全统定额计算安装费用。

【解】　(1)工程量计算。

根据《全统定额》第八册《给水排水、采暖、燃气工程》，管道支架工程量为 3.68 kg。

根据《全统定额》第十一册《刷油、防腐蚀、绝热工程》，除锈、刷油工程，除锈工程量为 3.68 kg，刷防锈漆工程量为 3.68 kg，刷银粉漆第一遍工程量为 3.68 kg，刷银粉漆第二遍工程量为 3.68 kg。

(2)定额费用计算。

1)管道支架。套用《全统定额》8—178，计量单位为"100 kg"，基价单价为 654.69 元，人工费单价为 235.45 元，材料费单价为 194.98 元，机械费单价为 224.26 元。定额未计主材费用，取主材费用为 2.75 元/kg。

由此可得，人工费 = 3.68/100×235.45 = 8.66(元)；

材料费 = 3.68/100×(194.98+106.00×2.75) = 17.90(元)；

机械费 = 3.68/100×224.26 = 8.25(元)；

基价 = 8.66+17.90+8.25 = 34.81(元)。

2)手除轻锈。套用《全统定额》11—7，计量单位为"100 kg"，基价单价为 17.35 元，人工费单价为 7.89 元，材料费单价为 2.50 元，机械费单价为 6.96 元。

由此可得，基价 = 3.68/100×17.35 = 0.64(元)；

人工费 = 3.68/100×7.89 = 0.29(元)；

材料费 = 3.68/100×2.50 = 0.09(元)；

机械费 = 3.68/100×6.96 = 0.26(元)。

3)刷防锈漆。套用《全统定额》11－119，计量单位为"100 kg"，基价单价为 13.11 元，人工费单价为 5.34 元，材料费单价为 0.81 元，机械费单价为 6.96 元。定额未计主材费用，取主材费用为 7.11 元/kg。

由此可得，人工费＝3.68/100×5.34＝0.20(元)；

材料费＝3.68/100×(0.81＋0.92×7.11)＝0.27(元)；

机械费＝3.68/100×6.96＝0.26(元)；

基价＝0.20＋0.27＋0.26＝0.73(元)。

4)刷银粉漆第一遍。套用《全统定额》11－122，计量单位为"100 kg"，基价单价为 16.00 元，人工费单价为 5.11 元，材料费单价为 3.93 元，机械费单价为 6.96 元。定额未计主材费用，取主材费用为 9.59 元/kg。

由此可得，人工费＝3.68/100×5.11＝0.19(元)；

材料费＝3.68/100×(3.93＋0.25×9.59)＝0.23(元)；

机械费＝3.68/100×6.96＝0.26(元)；

基价＝0.19＋0.23＋0.26＝0.68(元)。

5)刷银粉漆第二遍。套用《全统定额》11－123，计量单位为"100 kg"，基价单价为 15.25 元，人工费单价为 5.11 元，材料费单价为 3.18 元，机械费单价为 6.96 元。定额未计主材费用，取主材费用为 9.59 元/kg。

由此可得，人工费＝3.68/100×5.11＝0.19(元)；

材料费＝3.68/100×(3.18＋0.23×9.59)＝0.20(元)；

机械费＝3.68/100×6.96＝0.26(元)；

基价＝0.19＋0.20＋0.26＝0.65(元)。

具体计算结果见表 5-2-5。

表 5-2-5　单管托架定额费用

序号	定额编号	工程项目	单位	数量	基价/元	人工费/元	材料费/元	机械费/元
1	8－178	单管托架安装	100 kg	0.036 8	34.81	8.66	17.90	8.25
2	11－7	手除轻锈	100 kg	0.036 8	0.64	0.29	0.09	0.26
3	11－119	刷防锈漆	100 kg	0.036 8	0.73	0.20	0.27	0.26
4	11－122	刷银粉漆第一遍	100 kg	0.036 8	0.68	0.19	0.23	0.26
5	11－123	刷银粉漆第二遍	100 kg	0.036 8	0.65	0.19	0.20	0.26

2. 阀门、水位标尺安装

(1)计量与计价说明。

1)螺纹阀门安装适用于各种内外螺纹连接的阀门安装。

2)法兰阀门安装适用于各种法兰阀门的安装。如仅为一侧法兰连接，定额中的法兰、带帽螺栓及钢垫圈数量减半。

3)各种法兰连接用垫片均按石棉橡胶板计算，如用其他材料，不得调整。

4)浮标液面计 FQ-Ⅱ型的安装是按《采暖通风国家标准图集》(N 102－3)编制的。

5)水塔、水池浮漂水位标尺的制作安装，是按《全国通用给水排水标准图集》(S318)编制的。

(2)计量与计价规则。

1)各种阀门安装均以"个"为计量单位。法兰阀门安装，仅为一侧法兰连接时，定额所列法兰、带帽螺栓及垫圈数量减半，其余不变。

2)各种法兰连接用垫片均按石棉橡胶板计算。如用其他材料，不得调整。

3)法兰阀(带短管甲乙)安装均以"套"为计量单位。接口材料不同时可作调整。

4)自动排气阀安装以"个"为计量单位，已包括支架的制作安装，不得另行计算。

5)浮球阀安装均以"个"为计量单位，已包括联杆及浮球的安装，不得另行计算。

6)浮标液面计、水位标尺是按国标编制的，设计与国标不相符时可作调整。

(3)计量与计价应用。

【例 5-2-4】 已知某设计图示，需安装 DN25 螺纹阀门 10 个。求螺纹阀门工程量。

【解】 螺纹阀门工程量＝10 个

套用《全统定额》8－243，计量单位为"个"，基价单价为 6.24 元，人工费单价为 2.79 元，材料费单价为 3.45 元。定额未计主材费用，取主材费用为 14.50 元/个。

由此可得，人工费＝10×2.79＝27.9(元)；

材料费＝10×(3.45＋1.01×14.50)＝180.95(元)；

基价＝27.9＋180.95＝208.85(元)。

具体计算结果见表 5-2-6。

表 5-2-6　螺纹阀门定额费用

序号	定额编号	工程项目	单位	数量	基价/元	人工费/元	材料费/元	机械费/元
1	8－243	螺纹阀门，DN25	个	10	208.85	27.90	180.95	

3. 低压器具、水表组成与安装

(1)计量与计价说明。

1)减压器、疏水器的组成与安装是按《采暖通风国家标准图集》(N108)编制的，如实际组成与此不同，阀门和压力表数量可按实际调整，其余不变。

2)法兰水表安装是按《全国通用给水排水标准图集》(S145)编制的，定额内包括旁通管及止回阀。如实际安装形式与此不同，阀门及止回阀可按实际调整，其余不变。

(2)计量与计价规则。

1)减压器、疏水器的组成与安装以"组"为计量单位。设计组成与定额不同时，阀门和压力表数量可按设计用量进行调整，其余不变。

2)减压器安装按高压侧的直径计算。

3)法兰水表安装以"组"为计量单位，定额中的旁通管及止回阀如与设计规定的安装形式不同，阀门及止回阀可按设计规定进行调整，其余不变。

4. 卫生器具制作安装

(1)计量与计价说明。

1)定额中所有卫生器具的安装项目，均参照《全国通用给水排水标准图集》中的有关标准图集计算，除以下说明者外，设计无特殊要求均不作调整。

2)成组安装的卫生器具，定额均已按标准图集计算了与给水、排水管道连接的人工和材料。

3)浴盆安装适用于各种型号的浴盆，但浴盆支座和浴盆周边的砌砖、瓷砖粘贴应另行计算。

4)洗脸盆、洗手盆、洗涤盆适用于各种型号。

5)化验盆安装中的鹅颈水嘴、化验单嘴、双嘴适用于成品件安装。

6)洗脸盆肘式开关安装，不分单双把均执行同一项目。

7)脚踏开关安装包括弯管和喷头的安装人工和材料。

8)淋浴器铜制品安装适用于各种成品淋浴器安装。

9)蒸汽-水加热器安装项目中，包括莲蓬头安装，但不包括支架制作安装；阀门和疏水器的安装可按相应项目另行计算。

10)冷热水混合器安装项目中，包括温度计安装，但不包括支座制作安装，其工程量可按相应项目另行计算。

11)小便槽冲洗管制作安装定额中，不包括阀门安装，其工程量可按相应项目另行计算。

12)大、小便槽水箱托架安装已按标准图集计算在定额内，不得另行计算。

13)高(无)水箱蹲式大便器、低水箱坐式大便器安装，适用于各种型号。

14)电热水器、电开水炉安装定额内只考虑了本体安装，连接管、连接件等可按相应项目另行计算。

15)饮水器安装的阀门和脚踏开关安装，可按相应项目另行计算。

16)容积式水加热器安装，定额内已按标准图集计算了其中的附件，但不包括安全阀安装、本体保温、刷油漆和基础砌筑。

(2)计量与计价规则。

1)卫生器具的组成与安装以"组"为计量单位，已按标准图综合了卫生器具与给水管、排水管连接的人工与材料用量，不得另行计算。

2)浴盆安装不包括支座和四周侧面的砌砖及瓷砖粘贴。

3)蹲式大便器安装已包括固定大便器的垫砖，但不包括大便器蹲台砌筑。

4)大便槽、小便槽自动冲洗水箱安装以"套"为计量单位，已包括水箱托架的制作安装，不得另行计算。

5)小便槽冲洗管制作与安装以"m"为计量单位，不包括阀门安装，其工程量可按相应定额另行计算。

6)脚踏开关安装，已包括了弯管与喷头的安装，不得另行计算。

7)冷热水混合器安装以"套"为计量单位，不包括支架制作安装及阀门安装，其工程量可按相应定额另行计算。

8)蒸汽-水加热器安装以"台"为计量单位，包括莲蓬头安装，不包括支架制作安装及阀门、疏水器安装，其工程量可按相应定额另行计算。

9)容积式水加热器安装以"台"为计量单位，不包括安全阀安装、保温与基础砌筑，可按相应定额另行计算。

10)电热水器、电开水炉安装以"台"为计量单位，只考虑本体安装，连接管、连接件等工程量可按相应定额另行计算。

11)饮水器安装以"台"为计量单位，阀门和脚踏开关工程量可按相应定额另行计算。

(3)计量与计价应用。

【例 5-2-5】 某工程安装洗脸盆 5 组，由冷水钢管组成。试计算定额工程量，并套用全统定额计算安装费用。

【解】 洗脸盆工程量＝5 组。

套用《全统定额》8－383，计量单位为"10 组"，基价单价为 926.72 元，人工费单价为 122.60 元，材料费单价为 804.12 元。定额未计主材费，取主材费用为 110 元/组。

由此可得，人工费＝5/10×122.60＝61.30(元)；

材料费＝5/10×(804.12＋10.10×110)＝957.56(元)；

基价＝61.30＋957.56＝1 018.86(元)。

具体计算结果见表 5-2-7。

表 5-2-7 洗脸盆定额费用

序号	定额编号	工程项目	单位	数量	基价/元	人工费/元	材料费/元	机械费/元
1	8－383	洗脸盆	10 组	0.5	1 018.86	61.30	957.56	—

5. 供暖器具安装

(1)计量与计价说明。

1)定额参照 1993 年《全国通用暖通空调标准图集·采暖系统及散热器安装》(T9N112)编制。

2)各类型散热器不分明装或暗装，均按类型分别编制。柱型散热器为挂装时，可执行 M132 项目。

3)柱型和 M132 型铸铁散热器安装拉条时，拉条另行计算。

4)定额中列出的接口密封材料，除圆翼汽包垫采用橡胶石棉板外，其余均采用成品汽包垫。如采用其他材料，不作换算。

5)光排管散热器制作、安装项目，单位每 10 m 是指光排管长度。联管作为材料已列入定额，不得重复计算。

6)板式、壁板式，已计算了托钩的安装人工和材料；闭式散热器，如主材价不包括托钩者，托钩价格另行计算。

(2)计量与计价规则。

1)热空气幕安装以"台"为计量单位，其支架制作安装可按相应定额另行计算。

2)长翼、柱型铸铁散热器组成与安装以"片"为计量单位，其汽包垫不得换算；圆翼型铸铁散热器组成安装以"节"为计量单位。

3)光排管散热器制作安装以"m"为计量单位，已包括联管长度，不得另行计算。

(3)计量与计价应用。

【例 5-2-6】 某工程安装 B 型光排管散热器 D45-1.5-4，共 12 组。试计算定额工程量，并套用全统定额计算安装费用。

【解】 根据全统定额，光排管散热器制作、安装项目，其单位"10 m"是指光排管长度。联管作为材料已列入定额，不得重复计算。

D45-1.5-4 光排管散热器表示排管外径为 45 mm，排管长度为 1.5 m，排管排数为 4 排，

则光排管长度＝1.5×4×12＝72 m

套用《全统定额》8－504，计量单位为"10 m"，基价单价为 110.69 元，人工费单价为 42.49 元，材料费单价为 41.49 元，机械费单价为 26.71 元。定额未计主材费用，取主材费用为 28.77 元/m。

由此可得，人工费＝72/10×42.49＝305.93(元)；

材料费＝72/10×(41.49＋10.30×28.77)＝2 432.31(元)；

机械费＝72/10×26.71＝192.31(元)；

基价＝305.93＋2 432.31＋192.31＝2 930.55(元)。

具体计算结果见表 5-2-8。

表 5-2-8　光排管散热器定额费用

序号	定额编号	工程项目	单位	数量	基价/元	人工费/元	材料费/元	机械费/元
1	8－504	光排管散热器	10 m	7.2	2 930.55	305.93	2 432.31	192.31

6. 小型容器制作安装

(1)计量与计价说明。

1)定额参照《全国通用给水排水标准图集》(S151，S342)及《全国通用采暖通风标准图集》(T905，T906)编制，适用于给水排水、采暖系统中一般低压碳钢容器的制作和安装。

2)各种水箱连接管，均未包括在定额内，可执行室内管道安装的相应项目。

3)各类水箱均未包括支架制作安装，如为型钢支架，执行定额"一般管道支架"项目；混凝土或砖支座可按土建相应项目执行。

4)水箱制作包括水箱本身及人孔的质量。水位计、内外人梯均未包括在定额内，发生时，可另行计算。

(2)计量与计价规则。

1)钢板水箱制作，按施工图所示尺寸，不扣除人孔、手孔质量，以"kg"为计量单位。法兰和短管水位计可按相应定额另行计算。

2)钢板水箱安装，按国家标准图集水箱容量以"m³"为计量单位执行相应定额。各种水箱安装，均以"个"为计量单位。

7. 燃气管道及附件、器具安装

(1)计量与计价说明。

1)定额包括低压镀锌钢管、铸铁管、管道附件、器具安装。

2)室内外管道分界。

①地下引入室内的管道以室内第一个阀门为界。

②地上引入室内的管道以墙外三通为界。

3)室外管道与市政管道以两者的碰头点为界。

4)各种管道安装定额包括下列工作内容：

①场内搬运，检查清扫，分段试压。

②管件制作(包括机械煨弯、三通)。

③室内托钩角钢卡制作与安装。

5)钢管焊接安装项目适用于无缝钢管和焊接钢管。

6)编制预算时，下列项目应另行计算：

①阀门安装，按定额相应项目另行计算。

②法兰安装，按定额相应项目另行计算(调长器安装、调长器与阀门联装、燃气计量表安装除外)。

③穿墙套管：铁皮管按本定额相应项目计算，内墙用钢套管按本定额室外钢管焊接定额相应项目计算，外墙钢套管按第六册《工业管道工程》定额相应项目计算。

④埋地管道的土方工程及排水工程，执行相应预算定额。

⑤非同步施工的室内管道安装的打、堵洞眼，执行《全国统一建筑工程基础定额》。

⑥室外管道所有带气碰头。

⑦燃气计量表安装，不包括表托、支架、表底基础。

⑧燃气加热器具只包括器具与燃气管终端阀门连接，其他执行相应定额。

⑨铸铁管安装，定额内未包括接头零件，可按设计数量另行计算，但人工、机械不变。

7)承插煤气铸铁管，是以 N 型和 X 型接口形式编制的；如果采用 N 型和 SMJ 型接口，其人工乘以系数 1.05；当安装 X 型、ϕ400 铸铁管接口时，每个口增加螺栓 2.06 套，人工乘以系数 1.08。

8)燃气输送压力大于 0.2 MPa 时，承插煤气铸铁管安装定额中人工乘以系数 1.3。燃气输送压力的分级见表 5-2-9。

表 5-2-9 燃气输送压力(表压)分级

名 称	低压燃气管道	中压燃气管道		高压燃气管道	
		B	A	B	A
压力/MPa	$P \leqslant 0.005$	$0.005 < P \leqslant 0.2$	$0.2 < P \leqslant 0.4$	$0.4 < P \leqslant 0.8$	$0.8 < P \leqslant 1.6$

(2)计量与计价规则。

1)各种管道安装，均按设计管道中心线长度，以"m"为计量单位，不扣除各种管件和阀门所占长度。

2)除铸铁管外，管道安装中已包括管件安装和管件本身价值。

3)承插铸铁管安装定额中未列出接头零件，其本身价值应按设计用量另行计算，其余不变。

4)钢管焊接挖眼接管工作均在定额中综合取定，不得另行计算。

5)调长器及调长器与阀门连接，包括一副法兰安装，螺栓规格和数量以压力为 0.6 MPa 的法兰装配；如压力不同可按设计要求的数量、规格进行调整，其他不变。

6)燃气表安装按不同规格、型号分别以"块"为计量单位，不包括表托、支架、表底垫层基础，其工程量可根据设计要求另行计算。

7)燃气加热设备、灶具等按不同用途规定型号，分别以"台"为计量单位。

8)气嘴安装按规格型号连接方式，分别以"个"为计量单位。

(3)计量与计价应用。

【例 5-2-7】 某工程安装 JZT2 双眼天然气灶 6 台。试计算其工程量，并套用全统定额计算安装费用。

【解】 双眼灶工程量=6台。

套用《全统定额》8-657，计量单位为"台"，基价单价为8.30元，人工费单价为5.80元，材料费单价为2.50元。定额未计主材费用，取主材费用为1 320.00元/台。

由此可得，人工费=6×5.80=34.80（元）；

材料费=6×（2.50+1 320.00）=7 935.00（元）；

基价=34.80+7 935.00=7 969.80（元）。

具体计算结果见表5-2-10。

表5-2-10　双眼灶定额费用

序号	定额编号	工程项目	单位	数量	基价/元	人工费/元	材料费/元	机械费/元
1	8-657	JZT2双眼灶	台	6	7 969.80	34.80	7 935.00	—

任务5.3　给水排水、采暖、燃气工程清单内容与应用

5.3.1　给水排水、采暖、燃气工程工程量清单内容

1. 清单适用范围

给水排水、采暖、燃气工程适用于采用工程量清单计价的新建、扩建的生活用给水排水、采暖、燃气工程。

2. 相关说明

(1)管道界限的划分。

1)给水管道室内外界限划分：以建筑物外墙皮1.5 m为界，入口处设有阀门者的以阀门为分界。

2)排水管道室内外界限划分：以出户第一个排水检查井为分界。

3)采暖管道室内外界限划分：以建筑物外墙皮1.5 m为界，入口处设有阀门者以阀门为分界。

4)燃气管道室内外界限划分：地下引入室内的管道以室内第一个阀门为界，地上引入室内的管道以墙外三通为界。

(2)管道热处理、无损探伤应按《通用安装工程工程量计算规范》(GB 50856—2013)附录H"工业管道工程相关项目"编码列项。

(3)医疗气体管道及附件应按《通用安装工程工程量计算规范》(GB 50856—2013)附录H"工业管道工程相关项目"编码列项。

(4)管道、设备及支架除锈、刷油、保温除注明者外，应按《通用安装工程工程量计算规范》(GB 50856—2013)附录M"刷油、防腐蚀、绝热工程相关项目"编码列项。

(5)凿槽(沟)、打洞项目应按《通用安装工程工程量计算规范》(GB 50856—2013)附录D"电气设备安装工程相关项目"编码列项。

3. 清单项目组成

《通用安装工程工程量计算规范》(GB 50856—2013)附录K"给水排水、采暖、燃气工

程"共分为 9 个分部，即给水排水、采暖、燃气管道，支架及其他，管道附件，卫生器具，供暖器具，采暖、给水排水设备，燃气器具及其他，医疗气体设备及附件，采暖、空调水工程系统调试。

5.3.2 给水排水、采暖、燃气工程工程量清单计量与计价应用

1. 给水排水、采暖、燃气管道工程

(1)计量与计价规则。给水排水、采暖、燃气管道工程量清单项目设置、项目特征描述的内容、计量单位及工程量计算规则见表 5-3-1。

表 5-3-1　给水排水、采暖、燃气管道(编码：031001)

项目编码	项目名称	项目特征	计量单位	工程量计算规则	工作内容
031001001	镀锌钢管	1.安装部位 2.介质 3.规格、压力等级 4.连接形式 5.压力试验及吹、洗设计要求 6.警示带形式	m	按设计图示管道中心线以长度计算	1.管道安装 2.管件制作、安装 3.压力试验 4.吹扫、冲洗 5.警示带铺设
031001002	钢管				
031001003	不锈钢管				
031001004	铜管				
031001005	铸铁管	1.安装部位 2.介质 3.材质、规格 4.连接形式 5.接口材料 6.压力试验及吹、洗设计要求 7.警示带形式			1.管道安装 2.管件安装 3.压力试验 4.吹扫、冲洗 5.警示带铺设
031001006	塑料管	1.安装部位 2.介质 3.材质、规格 4.连接形式 5.阻火圈设计要求 6.压力试验及吹、洗设计要求 7.警示带形式			1.管道安装 2.管件安装 3.塑料卡固定 4.阻火圈安装 5.压力试验 6.吹扫、冲洗 7.警示带铺设
031001007	复合管	1.安装部位 2.介质 3.材质、规格 4.连接形式 5.压力试验及吹、洗设计要求 6.警示带形式			1.管道安装 2.管件安装 3.塑料卡固定 4.压力试验 5.吹扫、冲洗 6.警示带铺设

项目编码	项目名称	项目特征	计量单位	工程量计算规则	工作内容
031001008	直埋式预制保温管	1. 埋设深度 2. 介质 3. 管道材质、规格 4. 连接形式 5. 接口保温材料 6. 压力试验及吹、洗设计要求 7. 警示带形式	m	按设计图示管道中心线以长度计算	1. 管道安装 2. 管件安装 3. 接口保温 4. 压力试验 5. 吹扫、冲洗 6. 警示带铺设
031001009	承插陶瓷缸瓦管	1. 埋设深度 2. 规格 3. 接口方式及材料 4. 压力试验及吹、洗设计要求 5. 警示带形式			1. 管道安装 2. 管件安装 3. 压力试验 4. 吹扫、冲洗 5. 警示带铺设
031001010	承插水泥管				
031001011	室外管道碰头	1. 介质 2. 碰头形式 3. 材质、规格 4. 连接形式 5. 防腐、绝热设计要求	处	按设计图示以处计算	1. 挖填工作坑或暖气沟拆除及修复 2. 碰头 3. 接口处防腐 4. 接口处绝热及保护层

注：1. 安装部位指管道安装在室内、室外。
2. 输送介质包括给水、排水、中水、雨水、热媒体、燃气、空调水等。
3. 方形补偿器制作安装应包含在管道安装综合单价中。
4. 铸铁管安装适用于承插铸铁管、球墨铸铁管、柔性抗震铸铁管等。
5. 塑料管安装适用于 UPVC、PVC、PP－C、PP－R、PE、PB 管等塑料管材。
6. 复合管安装适用于钢塑复合管、铝塑复合管、钢骨架复合管等复合型管道安装。
7. 直埋保温管包括直埋保温管件安装及接口保温。
8. 排水管道安装包括立管检查口、透气帽。
9. 室外管道碰头：
   (1)适用于新建或扩建工程热源、水源、气源管道与原(旧)有管道碰头。
   (2)室外管道碰头包括挖工作坑、土方回填或暖气沟局部拆除及修复。
   (3)带介质管道碰头包括开头闸、临时放水管线敷设等费用。
   (4)热源管道碰头每处包括供、回水两个接口。
   (5)碰头形式指带介质碰头、不带介质碰头。
10. 管道工程量计算不扣除阀门、管件(包括减压器、疏水器、水表、伸缩器等组成安装)及附属构筑物所占长度；方形补偿器以其所占长度列入管道安装工程量。
11. 压力试验按设计要求描述试验方法，如水压试验、气压试验、渗漏性试验、闭水试验、通球试验、真空试验等。
12. 吹、洗按设计要求描述吹扫、冲洗方法，如水冲洗、消毒冲洗、空气吹扫等。

(2)计量与计价应用。

【**例 5-3-1**】 对【例 5-2-1】编制该承插塑料排水管的分部分项工程项目清单与计价表。

【**解**】 (1)计算清单项目综合单价。

按建筑工程工程取费标准取费，企业管理费费率取25%，利润费费率取15%，计费基础为：人工费＋机械费。

计费基础：46.19＋0.33＝46.52（元）

人工费：46.19元

材料费：87.14元

机械费：0.33元

企业管理费：46.52×25%＝11.63（元）

利润：46.52×15%＝6.98（元）

小计：46.19＋87.14＋0.33＋11.63＋6.98＝152.27（元）

综合单价：152.27/13＝11.71（元）

(2)编制分部分项工程项目清单与计价表。根据《通用安装工程工程量计算规范》（GB 50856—2013)，塑料管项目编码为031001006，计量单位为"m"，计算规则为按设计图示管道中心线以长度计算，则编制的分部分项工程项目清单与计价表见表5-3-2。

表5-3-2　分部分项工程项目清单与计价表

序号	项目编码	项目名称	项目特征描述	计量单位	工程量	金额/元		
						综合单价	合价	其中：暂估价
1	031001006001	塑料管	承插塑料排水管，DN50	m	13	11.71	152.27	—

【例5-3-2】　对【例5-2-2】编制该镀锌钢管的分部分项工程项目清单与计价表。

【解】　根据《通用安装工程工程量计算规范》（GB 50856—2013)的规定，方形伸缩器制作安装应包含在管道安装综合单价中。

(1)计算清单项目综合单价。

计费基础：348.87＋95.67＋101.75＋34.48＝580.77（元）

人工费：348.87＋95.67＝444.54（元）

材料费：5 190.75＋53.47＝5 244.22（元）

机械费：101.75＋34.48＝136.23（元）

企业管理费：580.77×25%＝145.19（元）

利润：580.77×15%＝87.12（元）

小计：444.54＋5 244.22＋136.23＋145.19＋87.12＝6 057.30（元）

综合单价：6 057.30/131.8＝45.96（元）

(2)编制分部分项工程项目清单与计价表。根据《通用安装工程工程量计算规范》（GB 50856—2013)的规定，镀锌钢管项目编码为031001001，计量单位为"m"，计算规则为按设计图示管道中心线以长度计算，则编制的分部分项工程项目清单与计价表见表5-3-3。

表5-3-3　分部分项工程项目清单与计价表

序号	项目编码	项目名称	项目特征描述	计量单位	工程量	金额/元		
						综合单价	合价	其中：暂估价
1	031001001001	镀锌钢管	镀锌钢管，DN100	m	131.8	45.96	6 057.30	—

2. 支架及其他

(1)计量与计价规则。支架及其他工程量清单项目设置、项目特征描述的内容、计量单位及工程量计算规则见表5-3-4。

表 5-3-4 支架及其他(编码：031002)

项目编码	项目名称	项目特征	计量单位	工程量计算规则	工作内容
031002001	管道支架	1. 材质 2. 管架形式	1. kg 2. 套	1. 以"kg"计算，按设计图示质量计算 2. 以"套"计算，按设计图示数量计算	1. 制作 2. 安装
031002002	设备支架	1. 材质 2. 形式			
031002003	套管	1. 名称、类型 2. 材质 3. 规格 4. 填料材质	个	按设计图示数量计算	1. 制作 2. 安装 3. 除锈、刷油

注：1. 单件支架质量 100 kg 以上的管道支吊架执行设备支吊架制作安装。
2. 成品支架安装执行相应管道支架或设备支架项目，不再计取制作费，支架本身价值含在综合单价中。
3. 套管制作安装，适用于穿基础、墙、楼板等部位的防水套管、填料套管、无填料套管及防火套管等，应分别列项。

(2)计量与计价应用。

【例 5-3-3】 对【例 5-2-3】编制该单管托架的分部分项工程项目清单与计价表。

【解】 (1)管道支架。根据《通用安装工程工程量计算规范》(GB 50856—2013)的规定，管道支架项目编码为 031002001，若以"kg"计量，按设计图示质量计算。

计费基础：8.66＋8.25＝16.91(元)

人工费：8.66 元

材料费：17.90 元

机械费：8.25 元

企业管理费：16.91×25％＝4.23 元

利润：16.91×15％＝2.54(元)

小计：8.66＋17.90＋8.25＋4.23＋2.54＝41.58(元)

综合单价：41.58/3.68＝11.30(元)

(2)金属结构刷油。根据《通用安装工程工程量计算规范》(GB 50856—2013)的规定，除锈、刷油需套用规范附录 M"刷油、防腐蚀、绝热工程"。金属结构刷油项目编码为031201003，若以"kg"计量，按金属结构的理论质量计算，包括除锈、调配、涂刷。

计费基础：0.29＋0.20＋0.19＋0.19＋0.26＋0.26＋0.26＋0.26＝1.91(元)

人工费：0.29＋0.20＋0.19＋0.19＝0.87(元)

材料费：0.09＋0.27＋0.23＋0.20＝0.79(元)

机械费：0.26＋0.26＋0.26＋0.26＝1.04(元)

企业管理费：1.91×25％＝0.48(元)

利润：1.91×15％＝0.29(元)

小计：0.87＋0.79＋1.04＋0.48＋0.29＝3.47(元)

综合单价：3.47/3.68＝0.94(元)

编制的分部分项工程项目清单与计价表见表5-3-5。

表 5-3-5　分部分项工程项目清单与计价表

序号	项目编码	项目名称	项目特征描述	计量单位	工程量	金额/元		
						综合单价	合价	其中：暂估价
1	031002001001	管道支架	单管托架，∟50×5	kg	3.68	11.30	41.58	—
2	031201003001	金属结构刷油	手除轻锈，刷防锈漆一遍，刷银粉漆两遍	kg	3.68	0.94	3.47	—

3. 管道附件

(1)计量与计价规则。管道附件工程量清单项目设置、项目特征描述的内容、计量单位及工程量计算规则见表5-3-6。

表 5-3-6　管道附件(编码：031003)

项目编码	项目名称	项目特征	计量单位	工程量计算规则	工作内容
031003001	螺纹阀门	1. 类型 2. 材质 3. 规格、压力等级 4. 连接形式 5. 焊接方法	个	按设计图示数量计算	1. 安装 2. 电气接线 3. 调试
031003002	螺纹法兰阀门				
031003003	焊接法兰阀门				
031003004	带短管甲乙阀门	1. 材质 2. 规格、压力等级 3. 连接形式 4. 接口方式及材质			
031003005	塑料阀门	1. 规格 2. 连接形式			1. 安装 2. 调试
031003006	减压器	1. 材质 2. 规格、压力等级 3. 连接形式 4. 附件配置	组		组装
031003007	疏水器				
031003008	除污器(过滤器)	1. 材质 2. 规格、压力等级 3. 连接形式			安装
031003009	补偿器	1. 类型 2. 材质 3. 规格、压力等级 4. 连接形式	个		

项目编码	项目名称	项目特征	计量单位	工程量计算规则	工作内容
031003010	软接头（软管）	1. 材质 2. 规格 3. 连接形式	个（组）	按设计图示数量计算	安装
031003011	法兰	1. 材质 2. 规格、压力等级 3. 连接形式	副（片）		安装
031003012	倒流防止器	1. 材质 2. 型号、规格 3. 连接形式	套		
031003013	水表	1. 安装部位(室内外) 2. 型号、规格 3. 连接形式 4. 附件配置	组（个）		组装
031003014	热量表	1. 类型 2. 型号、规格 3. 连接形式	块		
031003015	塑料排水管消声器	1. 规格 2. 连接形式	个		安装
031003016	浮标液面计		组		
031003017	浮漂水位标尺	1. 用途 2. 规格	套		

注：1. 法兰阀门安装包括法兰连接，不得另计。阀门安装如仅为一侧法兰连接，应在项目特征中描述。
2. 塑料阀门连接形式需注明热熔连接、粘接、热风焊接等方式。
3. 减压器规格按高压侧管道规格描述。
4. 减压器、疏水器、倒流防止器等项目包括组成与安装工作内容，项目特征应根据设计要求描述附件配置情况，或根据××图集或××施工图做法描述。

(2)计量与计价应用。

【例 5-3-4】 对【例 5-2-4】编制该螺纹阀门的分部分项工程项目清单与计价表。

【解】 1)计算清单项目综合单价。

计费基础：27.90 元

人工费：27.90 元

材料费：180.95 元

企业管理费：27.90×25％＝6.98(元)

利润：27.90×15％＝4.19(元)

小计：27.90＋180.95＋6.98＋4.19＝220.02(元)

综合单价：220.02/10＝22.00(元)

(2)编制分部分项工程项目清单与计价表。根据《通用安装工程工程量计算规范》(GB 50856—2013)的规定，螺纹阀门项目编码为031003001，计量单位为"个"，计算规则为按设计图示数量计算，则编制的分部分项工程项目清单与计价表见表5-3-7。

表5-3-7 分部分项工程项目清单与计价表

序号	项目编码	项目名称	项目特征描述	计量单位	工程量	金额/元		
						综合单价	合价	其中：暂估价
1	031003001001	螺纹阀门	螺纹阀门，DN25	个	10	22.00	220.02	—

4. 卫生器具

(1)计量与计价规则。卫生器具工程量清单项目设置、项目特征描述的内容、计量单位及工程量计算规则见表5-3-8。

表5-3-8 卫生器具(编码：031004)

项目编码	项目名称	项目特征	计量单位	工程量计算规则	工作内容
031004001	浴缸	1. 材质 2. 规格、类型 3. 组装形式 4. 附件名称、数量	组	按设计图示数量计算	1. 器具安装 2. 附件安装
031004002	净身盆				
031004003	洗脸盆				
031004004	洗涤盆				
031004005	化验盆				
031004006	大便器				
031004007	小便器				
031004008	其他成品卫生器具				
031004009	烘手器	1. 材质 2. 型号、规格	个		安装
031004010	淋浴器	1. 材质、规格 2. 组装形式 3. 附件名称、数量			1. 器具安装 2. 附件安装
031004011	淋浴间				
031004012	桑拿浴房				
031004013	大、小便槽自动冲洗水箱	1. 材质、类型 2. 规格 3. 水箱配件 4. 支架形式及做法 5. 器具及支架除锈、刷油设计要求	套		1. 制作 2. 安装 3. 支架制作、安装 4. 防锈、刷油
031004014	给、排水附(配)件	1. 材质 2. 型号、规格 3. 安装方式	个(组)		安装

项目编码	项目名称	项目特征	计量单位	工程量计算规则	工作内容
031004015	小便槽冲洗管	1. 材质 2. 规格	m	按设计图示长度计算	
031004016	蒸汽—水加热器	1. 类型 2. 型号、规格 3. 安装方式	套	按设计图示数量计算	1. 制作 2. 安装
031004017	冷热水混合器				
031004018	饮水器				
031004019	隔油器	1. 类型 2. 型号、规格 3. 安装部位			安装

注: 1. 成品卫生器具项目中的附件安装,主要指给水附件,包括水嘴、阀门、喷头等,排水配件包括存水弯、排水栓、下水口等以及配备的连接管。
  2. 浴缸支座和浴缸周边的砌砖、瓷砖粘贴,应按现行国家标准《房屋建筑与装饰工程工程量计算规范》(GB 50854—2013)相关项目编码列项;功能性浴缸不含电机接线和调试,应按《通用安装工程工程量计算规范》(GB 50856—2013)附录D"电气设备安装工程"相关项目编码列项。
  3. 洗脸盆适用于洗脸盆、洗发盆、洗手盆安装。
  4. 器具安装中若采用混凝土或砖基础,应按现行国家标准《房屋建筑与装饰工程工程量计算规范》(GB 50854—2013)相关项目编码列项。
  5. 给、排水附(配)件是指独立安装的水嘴、地漏、地面扫出口等。

(2)计量与计价应用。

【例5-3-5】 对【例5-2-5】编制该洗脸盆的分部分项工程项目清单与计价表。

【解】 (1)计算清单项目综合单价。

计费基础:61.30元

人工费:61.30元

材料费:597.56元

企业管理费:61.30×25%=15.33(元)

利润:61.30×15%=9.20(元)

小计:61.30+597.56+15.33+9.20=683.39(元)

综合单价:683.39/5=136.68(元)

(2)编制分部分项工程项目清单与计价表。根据《通用安装工程工程量计算规范》(GB 50856—2013)的规定,洗脸盆项目编码为031004003,计量单位为"组",计算规则为按设计图示数量计算,则编制的分部分项工程项目清单与计价表见表5-3-9。

表5-3-9 分部分项工程项目清单与计价表

序号	项目编码	项目名称	项目特征描述	计量单位	工程量	综合单价	合价	其中:暂估价
1	031004003001	洗脸盆	洗脸盆,冷水,钢管组成	组	5	136.68	683.39	—

5. 供暖器具

(1)计量与计价规则。供暖器具工程量清单项目设置、项目特征描述的内容、计量单位及工程量计算规则见表 5-3-10。

表 5-3-10　供暖器具(编码：031005)

项目编码	项目名称	项目特征	计量单位	工程量计算规则	工作内容
031005001	铸铁散热器	1. 型号、规格 2. 安装方式 3. 托架形式 4. 器具、托架除锈、刷油设计要求	片(组)	按设计图示数量计算	1. 组对、安装 2. 水压试验 3. 托架制作、安装 4. 除锈、刷油
031005002	钢制散热器	1. 结构形式 2. 型号、规格 3. 安装方式 4. 托架除锈、刷油设计要求	组(片)		1. 安装 2. 托架安装 3. 托架刷油
031005003	其他成品散热器	1. 材质、类型 2. 型号、规格 3. 托架刷油设计要求			
031005004	光排管散热器	1. 材质、类型 2. 型号、规格 3. 托架形式及做法 4. 器具、托架除锈、刷油设计要求	m	按设计图示排管长度计算	1. 制作、安装 2. 水压试验 3. 除锈刷油
031005005	暖风机	1. 质量 2. 型号、规格 3. 安装方式	台	按设计图示数量计算	安装
031005006	地板辐射采暖	1. 保温层材质、厚度 2. 钢丝网设计要求 3. 管道材质、规格 4. 压力试验及吹扫设计要求	1. m² 2. m	1. 以"m²"计算,按设计图示采暖房间净面积计算 2. 以"m"计算,按图示管道长度计算	1. 保温层及钢丝网铺设 2. 管道排布、绑扎、固定 3. 与分集水器连接 4. 水压试验、冲洗 5. 配合地面浇注
031005007	热媒集配装置	1. 材质 2. 规格 3. 附件名称、规格、数量	台	按设计图示数量计算	1. 制作 2. 安装 3. 附件安装
031005008	集气罐	1. 材质 2. 规格	个		1. 制作 2. 安装

注：1. 铸铁散热器,包括拉条制作安装。
　　2. 钢制散热器结构形式,包括钢制闭式、板式、壁板式、扁管式及柱式散热器等,应分别列项计算。
　　3. 光排管散热器,包括联管制作安装。
　　4. 地板辐射采暖,包括与分集水器连接和配合地面浇注用工。

（2）计量与计价应用。

【例 5-3-6】　对【例 5-2-6】编制该光排管散热器的分部分项工程项目清单与计价表。

【解】　（1）计算清单项目综合单价。

计费基础：305.93＋192.31＝498.24（元）

人工费：305.93 元

材料费：2 432.31 元

机械费：192.31 元

企业管理费：498.24×25％＝124.56（元）

利润：498.24×15％＝74.74（元）

小计：305.93＋2 432.31＋192.31＋124.56＋74.74＝3 129.85（元）

综合单价：3 129.85/72＝43.47（元）

（2）编制分部分项工程项目清单与计价表。根据《通用安装工程工程量计算规范》(GB 50856—2013)的规定，光排管散热器项目编码为 031005004，计量单位为"m"，计算规则为按设计图示排管长度计算，则编制的分部分项工程项目清单与计价表见表 5-3-11。

表 5-3-11　分部分项工程项目清单与计价表

序号	项目编码	项目名称	项目特征描述	计量单位	工程量	金额/元		
						综合单价	合价	其中：暂估价
1	031005004001	光排管散热器	B 型光排管散热器 D45-1.5-4	m	72	43.47	3 129.85	—

6. 采暖、给水排水设备

采暖、给水排水设备工程量清单项目设置、项目特征描述的内容、计量单位及工程量计算规则见表 5-3-12。

表 5-3-12　采暖、给水排水设备(编码：031006)

项目编码	项目名称	项目特征	计量单位	工程量计算规则	工作内容
031006001	变频给水设备	1. 设备名称 2. 型号、规格 3. 水泵主要技术参数 4. 附件名称、规格、数量 5. 减震装置形式	套	按设计图示数量计算	1. 设备安装 2. 附件安装 3. 调试 4. 减震装置制作、安装
031006002	稳压给水设备				
031006003	无负压给水设备				
031006004	气压罐	1. 型号、规格 2. 安装方式	台		1. 安装 2. 调试
031006005	太阳能集热装置	1. 型号、规格 2. 安装方式 3. 附件名称、规格、数量	套		1. 安装 2. 附件安装

项目编码	项目名称	项目特征	计量单位	工程量计算规则	工作内容
031006006	地源(水源、气源)热泵机组	1. 型号、规格 2. 安装方式 3. 减压装置形式	组	按设计图示数量计算	1. 安装 2. 减震装置制作、安装
031006007	除砂器	1. 型号、规格 2. 安装方式	台		安装
031006008	水处理器	1. 类型 2. 型号、规格			
031006009	超声波灭藻设备				
031006010	水质净化器				
031006011	紫外线杀菌设备	1. 名称 2. 规格			
031006012	热水器、开水炉	1. 能源种类 2. 型号、容积 3. 安装方式			1. 安装 2. 附件安装
031006013	消毒器、消毒锅	1. 类型 2. 型号、规格			安装
031006014	直饮水设备	1. 名称 2. 规格	套		
031006015	水箱	1. 材质、类型 2. 型号、规格	台		1. 制作 2. 安装

注：1. 变频给水设备、稳压给水设备、无负压给水设备安装说明：
    (1)压力容器包括气压罐、稳压罐、无负压罐。
    (2)水泵包括主泵及备用泵，应说明数量。
    (3)附件包括给水装置中配备的阀门、仪表、软接头，应说明数量，包含设备、附件之间的管路连接。
    (4)泵组底座安装，不包括基础砌(浇)筑，应按现行国家标准《房屋建筑与装饰工程工程量计算规范》(GB 50854—2013)相关项目编码列项。
    (5)控制柜安装及电气接线、调试，应按《通用安装工程工程量计算规范》(GB 50856—2013)附录D"气设备安装工程"相关项目编码列项。
  2. 地源热泵机组，接管以及接管上的阀门、软接头、减震装置和基础另行计算，应按相关项目编码列项。

7. 燃气器具

（1）计量与计价规则。燃气器具工程量清单项目设置、项目特征描述的内容、计量单位及工程量计算规则，见表 5-3-13。

表 5-3-13　燃气器具及其他（编码：031007）

项目编码	项目名称	项目特征	计量单位	工程量计算规则	工作内容
031007001	燃气开水炉	1. 型号、容量 2. 安装方式 3. 附件型号、规格	台	按设计图示数量计算	1. 安装 2. 附件安装
031007002	燃气采暖炉				
031007003	燃气沸水器、消毒器	1. 类型 2. 型号、规格 3. 安装方式 4. 附件型号、规格			
031007004	燃气热水器				
031007005	燃气表	1. 类型 2. 型号、容量 3. 连接方式 4. 托架设计要求	块 （台）		1. 安装 2. 托架制作、安装
031007006	燃气灶具	1. 用途 2. 类型 3. 型号、规格 4. 安装方式 5. 附件型号、规格	台		1. 安装 2. 附件安装
031007007	气嘴	1. 单嘴、双嘴 2. 材质 3. 型号、规格 4. 连接形式	个		
031007008	调压器	1. 类型 2. 型号、规格 3. 安装方式	台		安装
031007009	燃气抽水缸	1. 材质 2. 规格 3. 连接形式	个		
031007010	燃气管道调长器	1. 规格 2. 压力等级 3. 连接形式			
031007011	调压箱、调压装置	1. 类型 2. 型号、规格 3. 安装部位	台		
031007012	引入口砌筑	1. 砌筑形式、材质 2. 保温、保护材料设计要求	处		1. 保温（保护）台砌筑 2. 填充保温（保护）材料

注：1. 沸水器、消毒器适用于容积式沸水器、自动沸水器、燃气消毒器等。
    2. 燃气灶具适用于人工煤气灶具、液化石油气灶具、天然气灶具等，用途应描述民用或公用，类型应描述所采用气源。
    3. 调压箱、调压装置安装部位应区分室内、室外。
    4. 引入口砌筑形式应说明地上、地下。

(2)计量与计价应用。

【例 5-3-7】 对【例 5-2-7】编制该双眼灶的分部分项工程项目清单与计价表。

【解】 (1)计算清单项目综合单价。

计费基础：34.80 元

人工费：34.80 元

材料费：7 935.00 元

企业管理费：$34.80 \times 25\% = 8.70$(元)

利润：$34.80 \times 15\% = 5.22$(元)

小计：$34.80 + 7\,935.00 + 8.70 + 5.22 = 7\,983.72$(元)

综合单价：$7\,983.72/6 = 1\,330.62$(元)

(2)编制分部分项工程项目清单与计价表。根据《通用安装工程工程量计算规范》(GB 50856—2013)的规定，燃气灶具项目编码为 031007006，计量单位为"台"，计算规则为按设计图示数量计算，则编制的分部分项工程项目清单与计价表见表 5-3-14。

表 5-3-14 分部分项工程项目清单与计价表

序号	项目编码	项目名称	项目特征描述	计量单位	工程量	金额/元		
						综合单价	合价	其中：暂估价
1	031007006001	燃气灶具	JZT2 双眼灶	台	6	1 330.62	7 983.72	—

8. 医疗气体设备及附件

医疗气体设备及附件工程量清单项目设置、项目特征描述的内容、计量单位及工程量计算规则见表 5-3-15。

表 5-3-15 医疗气体设备及附件(编码：031008)

项目编码	项目名称	项目特征	计量单位	工程量计算规则	工作内容
031008001	制氧机	1. 型号、规格 2. 安装方式	台	按设计图示数量计算	1. 安装 2. 调试
031008002	液氧罐				
031008003	二级稳压箱				
031008004	气体汇流排		组		
031008005	集污罐		个		安装
031008006	刷手池	1. 材质、规格 2. 附件材质、规格	组		1. 器具安装 2. 附件安装
031008007	医用真空罐	1. 型号、规格 2. 安装方式 3. 附件材质、规格	台		1. 本体安装 2. 附件安装 3. 调试
031008008	气水分离器	1. 规格 2. 型号			安装

项目编码	项目名称	项目特征	计量单位	工程量计算规则	工作内容
031008009	干燥机	1. 规格 2. 安装方式	台	按设计图示数量计算	1. 安装 2. 调试
031008010	储气罐		台		
031008011	空气过滤器		个		
031008012	集水器		台		
031008013	医疗设备带	1. 材质 2. 规格	m	按设计图示长度计算	
031008014	气体终端	1. 名称 2. 气体种类	个	按设计图示数量计算	

注：1. 气体汇流排适用于氧气、二氧化碳、氮气、笑气、氩气、压缩空气等医用气体汇流排安装。
2. 空气过滤器适用于医用气体预过滤器、精过滤器、超精过滤器等的安装。

9. 采暖、空调水工程系统调试

采暖、空调水工程系统调试工程量清单项目设置、项目特征描述的内容、计量单位及工程量计算规则见表 5-3-16。

表 5-3-16　采暖、空调水工程系统调试（编码：031009）

项目编码	项目名称	项目特征	计量单位	工程量计算规则	工作内容
031009001	采暖工程系统调试	1. 系统形式 2. 采暖（空调水）管道工程量	系统	按采暖工程系统计算	系统调试
031009002	空调水工程系统调试			按空调水工程系统计算	

注：1. 由采暖管道、阀门及供暖器具组成采暖工程系统。
2. 由空调水管道、阀门及冷水机组组成空调水工程系统。
3. 当采暖工程系统、空调水工程系统中管道工程量发生变化时，系统调试费用应作相应调整。

项目小结

本项目介绍了给水排水、采暖、燃气工程施工图识读基础，全统定额给水排水、采暖、燃气工程安装分册的定额适用范围、定额说明、计算规则，《通用安装工程工程量计算规范》(GB 50856—2013)中给水排水、采暖、燃气工程安装工程量清单项目设置和计算规则，给出了给水排水、采暖、燃气工程安装计量、计价的准则，并通过例题的具体讲解，介绍了给水排水、采暖、燃气工程安装计量、计价的实际应用方法。

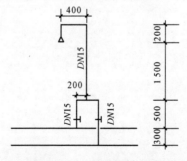

思考与练习

一、填空题

1. 室内给水系统按其用途不同可分为_____、_____、_____。

2. 根据排水性质的不同，室内排水系统可分为_____、_____、_____。

3. 采暖工程系统调整费按采暖工程人工费的_____计算，其中人工工资占_____。

4. 全统定额规定，承插煤气铸铁管是以 N 型和 X 型接口形式编制的；如果采用 N 型和 SMJ 型接口时，其人工乘以系数_____。

5. 单件支架质量_____以上的管道支吊架执行设备支吊架制作安装。

二、思考题

1. 给水排水、采暖、燃气工程管道安装的界限如何划分？

2. 全统定额规定，方形伸缩器应如何计量？

3. 给水排水、采暖、燃气管道清单项目特征描述中的输送介质是指什么？

4. 在清单计价模式下，器具安装中若采用混凝土或砖基础，应如何编码列项？

三、计算题

1. 某工程安装 NC 型轴流式暖风机 3 台，质量在 150 kg 以下，根据市场价格信息，每台 NC 型轴流式暖风机价格为 850 元。试计算其工程量，并套用全统定额，对其编制分部分项工程项目清单与计价表。

2. 某工程安装 H150×1 000 型钢制闭式散热器 10 片，根据市场价格信息，每片散热器价格为 120 元。试计算其工程量，并套用全统定额，对其编制分部分项工程项目清单与计价表。

3. 题图 5-1 所示为淋浴器示意图，试计算其工程量。

题图 5-1　淋浴器示意图

4. 已知某设计图示，室内需装 DN50 的承插铸铁排水管（石棉水泥接口）200 m，根据市场价格信息，每米承插铸铁排水管价格为 35.00 元。试计算其工程量，并套用全统定额，对其编制分部分项工程项目清单与计价表。

参 考 文 献

[1] 中华人民共和国建设部. 全国统一安装工程预算定额[S]. 北京：中国计划出版社，2000.

[2] 中华人民共和国住房和城乡建设部. GB 50500—2013 建设工程工程量清单计价规范[S]. 北京：中国计划出版社，2013.

[3] 中华人民共和国住房和城乡建设部. GB 50856—2013 通用安装工程工程量计算规范[S]. 北京：中国计划出版社，2013.

[4] 王丽. 安装工程预算与施工组织管理[M]. 北京：中国建筑工业出版社，2005.

[5] 曹丽君. 安装工程预算与清单报价[M]. 北京：机械工业出版社，2011.

[6] 贾宝秋，马少华. 建筑工程技术与计量（安装工程部分）[M]. 北京：中国计划出版社，2006.

[7] 张怡，方林海. 安装工程定额与预算[M]. 北京：中国水利水电出版社，2003.

[8] 温艳芳. 安装工程计量与计价实务[M]. 2 版. 北京：化学工业出版社，2013.

[9] 冯钢，景巧玲. 安装工程计量与计价[M]. 3 版. 北京：北京大学出版社，2014.

[10] 周承绪. 安装工程概预算手册[M]. 2 版. 北京：中国建筑工业出版社，2001.